电气自动化通用设备应用系列

三菱变频器入门与典型应用

主　编　王　建　徐洪亮
副主编　张　宏　李迎波　陈玉楼　何海龙
参　编　张　凯　王春晖　李娜娜　侯艳丽　吴　婧
主　审　李　伟

中国电力出版社
CHINA ELECTRIC POWER PRESS

内容提要

变频器是近年来广泛流行的被国外称为“新近国家三大支柱”之一的工业自动化理想控制装置，现已广泛应用于自动化的各个领域。

本书以三菱系列变频器为例，系统地介绍了变频器的基本使用方法及操作技能，并介绍了十余种典型应用线路。全书共分3章：第1章变频器基础知识，主要介绍了变频器的选用、安装与维护，参数的基本操作等；第2章通用变频器的基本应用，主要介绍了变频器的正反转控制、点动控制、组合运行控制、外接两地控制、多段速控制，以及程序操作和PID控制运行操作；第3章介绍通用变频器与PLC在典型控制系统中的应用，包括恒压供水系统、中央空调控制系统、运料小车控制系统、物料传送分拣控制系统等。本书章节内容按照“基本知识”“实践演练”“自我训练”模块划分，对理论知识点到为止，适当简化对“是什么”的陈述，尽量压缩对“为什么”的解释，在可允许的篇幅内充分放大对“怎么办”的具体说明，以提升技能操作为目的。

本书可作为工矿企业的电气技术人员，中、高级电工，设备操作人员的入门读物，也可供专业院校高技能人才培训和相关人员自学使用。

图书在版编目（CIP）数据

三菱变频器入门与典型应用／王建，徐洪亮主编. —北京：中国电力出版社，2009.3（2021.11重印）
（电气自动化通用设备应用系列）
ISBN 978-7-5083-8050-6

Ⅰ. 三…　Ⅱ. ①王…②徐…　Ⅲ. 变频器－基本知识
Ⅳ. TN773

中国版本图书馆CIP数据核字（2008）第168576号

中国电力出版社出版、发行
（北京市东城区北京站西街19号　100005　http://www.cepp.sgcc.com.cn）
三河市航远印刷有限公司印刷
各地新华书店经售
*
2009年3月第一版　2021年11月北京第十一次印刷
710毫米×980毫米　16开本　16印张　286千字
印数17001—18000册　定价**30.00**元

前 言

PREFACE

国家《高技能人才培养体系建设“十一五”规划纲要》（简称《纲要》）要求，在“十一五”期间，要完善高技能型人才培养体系建设，加快培养一大批结构合理、素质优良的技术技能型、复合技能型和知识建设技能型高技能人才。《纲要》是加快推进人才强国战略，提升产业工人队伍整体素质，增强我国核心竞争力和自主创新能力的重要举措。

为加快培养一大批数量充足、结构合理、素质优良的技术技能型、复合技能型和知识技能型高技能人才，我们组织有关专家、学者和高级技师编写了一套《电气自动化通用设备应用系列》丛书。在本丛书的编写过程中，贯彻了“简明实用，突出重点”的原则，把编写重点放在以下几个主要方面：

第一，内容上突出新知识、新技术、新工艺和新材料，力求反映电气自动化的四新技术。涵盖了可编程控制器、变频器、单片机、触摸屏、传感器以及工控组态等现代工业支柱的内容。

第二，坚持以能力为本，编写形式上采用了理论和技能全面兼顾的模式，力求使本丛书在编写形式上有所创新，以任务驱动型为主线，使本丛书更为实用。

第三，从推广综合应用的角度出发，突出了各项技术的综合和典型应用，服务于生产实际。

但愿本丛书为广大电气工作人员所乐用，使本丛书成为您的良师益友！

由于时间和编者的水平有限，书中难免存在缺点错误，敬请广大读者对本丛书提出宝贵意见。

编　者

目　录

CONTENTS

第 1 章 变频器的基本知识

学习目标

1. 掌握变频器的基本理论。
2. 熟悉变频器的外形、结构及组成部件。
3. 熟悉变频器的面板的操作技能。

1.1 变频器的常识

学习目的

1. 熟悉变频器的种类及应用。
2. 掌握变频器的工作原理。

◎ [基础知识]

变频器是将固定频率的交流电变换为频率连续可调的交流电的装置。随着微电子学、电力电子技术、计算机技术和自动控制理论等的发展，变频器技术也在不断发展，其应用越来越普遍。变频器的外观如图 1－1 所示。

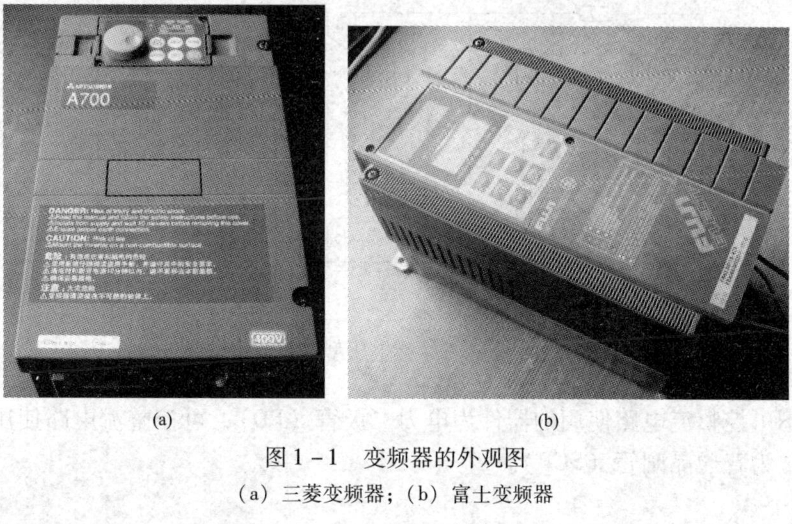

(a) (b)

图 1－1 变频器的外观图

（a）三菱变频器；（b）富士变频器

1.1.1 变频器的结构

通用变频器由主电路和控制电路组成，其基本结构如图 1－2 所示。主电路包括整流器、中间直流环节和逆变器。控制电路由运算电路、检测电路、控制信号的输入/输出电路和驱动电路组成。

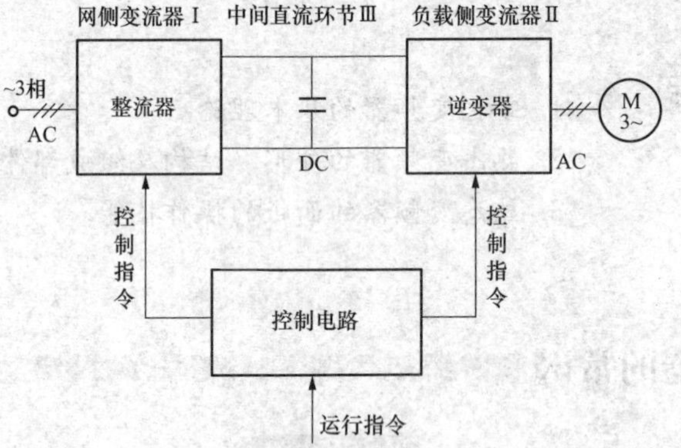

图 1－2 通用变频器的基本结构

1. 主电路

(1) 整流电路。整流电路的主要作用是把三相（或单相）交流电转变成直流电，为逆变电路提供所需的直流电源。按使用的器件不同，整流电路可分为不可控整流电路和可控整流电路。如图 1－3 中的 VD1～VD6。

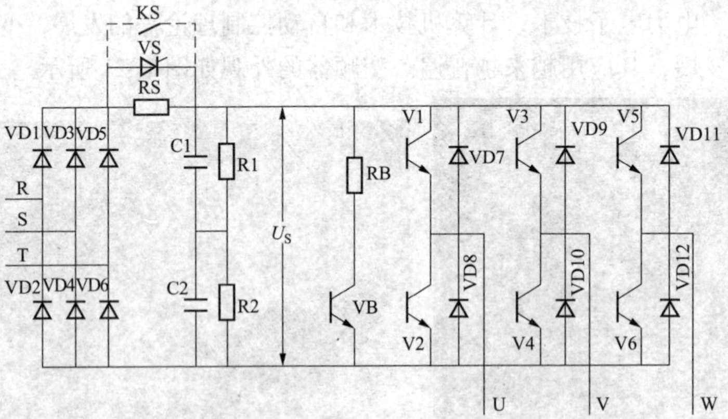

图 1－3 交－直－交电压型变频器主电路

不可控整流电路使用的器件为电力二极管（PD），可控整流电路使用的器件通常为普通晶闸管（SCR）。

1）电力二极管（PD）。电力二极管指可以承受高电压大电流，具有较大耗散功率的二极管。电力二极管的内部结构是一个 PN 结，加正向电压导通，加反向电压截止，是不可控的单向导通器件。电力二极管与普通二极管的结构、工作原理和伏安特性相似，但它们的主要参数和选择原则不尽相同。电力二极管的图形符号如图 1－4 所示，其中 A 为阳极，K 为阴极，伏安特性如图 1－4（d）所示，主要参数有正向平均电流 I_F、反向重复峰值电压 U_{RRM}、反向不重复峰值电压 U_{RSM} 和正向平均电压 U_F 等。

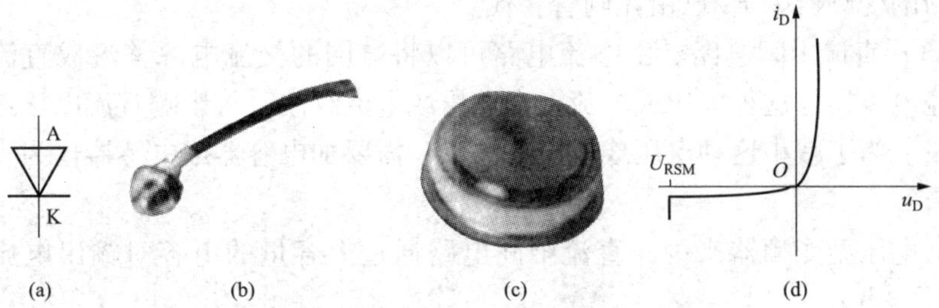

图 1－4　电力二极管图形符号和伏安特性

（a）符号；（b）、（c）外形；（d）伏安特性

2）普通晶闸管（SCR）。普通晶闸管是双极型电流控制器件，其图形符号如图 1－5（a）所示，其中，A 为阳极，K 为阴极，G 为门极，其伏安特性如图 1－5（b）所示。当对晶闸管的阳极和阴极两端加正向电压，同时在它的门极和阴极两端也适当加正向电压时，晶闸管开通。但导通后门极失去控制作用，不能用门极控制晶闸管关断，所以它是半控器件。其主要参数有断态重复峰值电压 U_{DRM}、反向重复峰值电压 U_{RRM}、通态平均电压 U_{TAV}、通态平均电流 $I_{T(AV)}$、维持电流 I_H、擎住电流 I_L、通态浪涌电流 I_{TSM} 等。

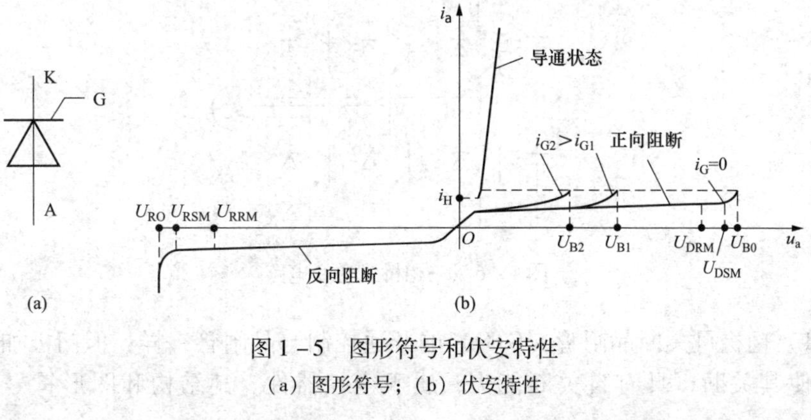

图 1－5　图形符号和伏安特性

（a）图形符号；（b）伏安特性

（2）滤波及限流电路。滤波电路通常由若干个电解电容并联成一组，如图1-3中C1和C2。为了解决电容C1和C2均压问题，在两电容旁各并联一个阻值相等的均压电阻R1和R2。

在图1-3中，串接在整流桥和滤波电容之间的限流电阻Rs和短路开关（虚线所划开关）组成了限流电路。当变频器接入电源的瞬间，将有一个很大的冲击电流经整流桥流向滤波电容，整流桥可能因电流过大而在接入电源的瞬间受到损坏，限流电阻Rs可以削弱该冲击电流，起到保护整流桥的作用。在许多新的变频器中Rs已由晶闸管替代。

（3）直流中间电路。由整流电路可以将电网的交流电源整流成直流电压或直流电流，但这种电压或电流含有电压或电流纹波，将影响直流电压或电流的质量。为了减小这种电压或电流的波动，需要加电容器或电感器作为直流中间环节。

对电压型变频器来说，直流中间电路通过大容量的电容对输出电压进行滤波。

对电流型变频器来说，直流中间电路通过电感对输出电压进行滤波。

（4）逆变电路。逆变电路是变频器最主要的部分之一，它的功能是在控制电路的控制下，将直流中间电路输出的直流电压转换为电压、频率均可调的交流电压，实现对异步电动机的变频调速控制。变频器中应用最多的是三相桥式逆变电路，如图1-6所示，它是由电力晶体管（GTR）组成的三相桥式逆变电路，该电路关键是对开关器件电力晶体管进行控制。目前，常用的开关器件有门极可关断晶闸管（GTO）、电力晶体管（GTR或BJT）、功率场效应晶体管（P-MOSFET）以及绝缘栅双极型晶体管（IGBT）等，在使用时要查阅相关的使用手册。

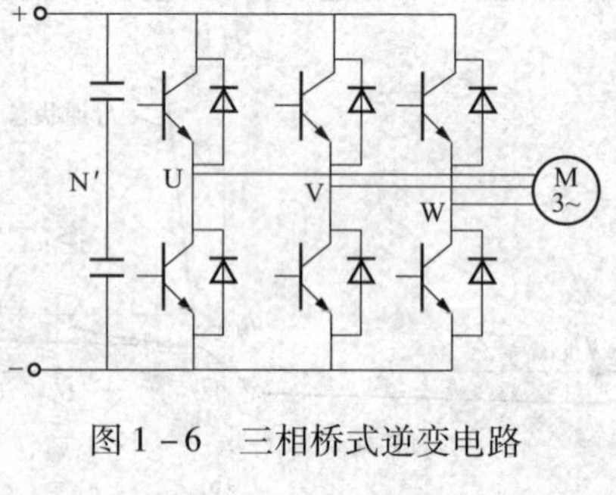

图1-6　三相桥式逆变电路

1）门极可关断晶闸管（GTO）的开通控制与晶闸管一样，但门极加负电压可使其关断，具有自关断能力，属于全控器件。其结构和图形符号如图

1－7所示，其中，A 为阳极，K 为阴极，G 为门极，它的外形与普通晶闸管一样，其开关特性示意图如图 1－8 所示，图中 t_d为延迟时间 t_r为上升时间、t_s为储存时间，t_f为下降时间、t_t为尾部时间。其多数参数与普通晶闸管相同，另外还有最大可关断阳极电流 I_{TGQM}和关断增益 G_{off}等参数。

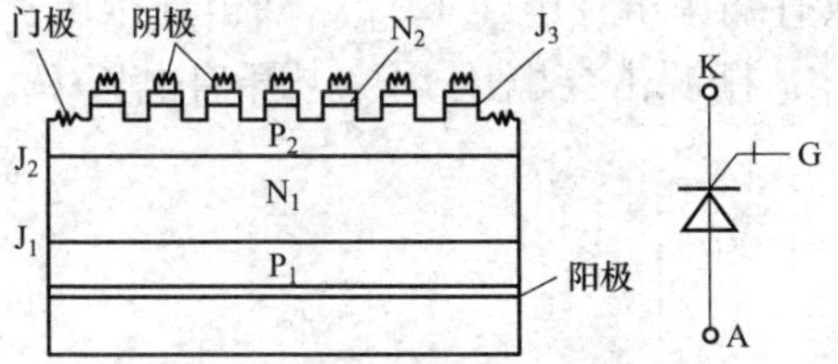

图 1－7　门极可关断晶闸管的结构和图形符号

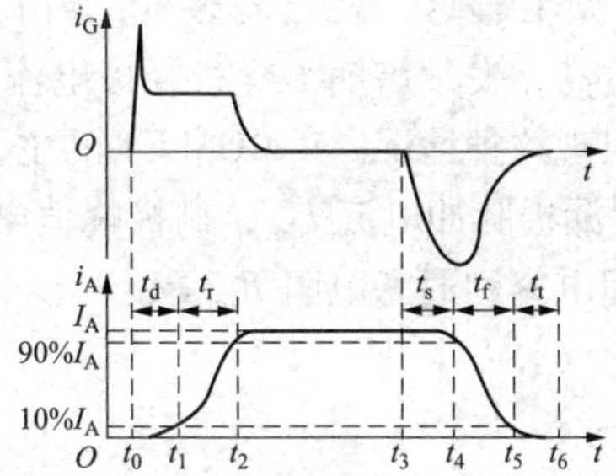

图 1－8　开关特性示意图

2）电力晶体管通常又称为双极型晶体管，是一种大功率高反压晶体管，属于全控型器件。其工作原理与普通中、小功率晶体管相似，但主要工作在开关状态，不用于信号放大。它所承受的电压和电流数值较大。GTR 作为大功率开关应用最多的是 GTR 模块，其结构和外形如图 1－9 所示，其中，B 为基极、C 为集电极、E 为发射极。主要参数有反向击穿电压 U_{CEO}、最大工作电流 I_{CM}、集电极最大耗散功率 P_{CM}、开通时间 t_{on}、关断时间 t_{off}等。

3）电力 MOS 场效应晶体管（P-MOSFET）是单极型全控器件，由于电压控制，具有驱动功率小，控制线路简单，工作频率高的特点。其结构和图形符号如图 1－10 所示，其中，G 为栅极，D 为漏极，S 为源极。P-MOSFET 的转移特性如图 1－11 所示，当 $u_{cs}<U_t$时，i_p近似为零；当 $u_{cs}>U_t$时，随着 u_{gs}的

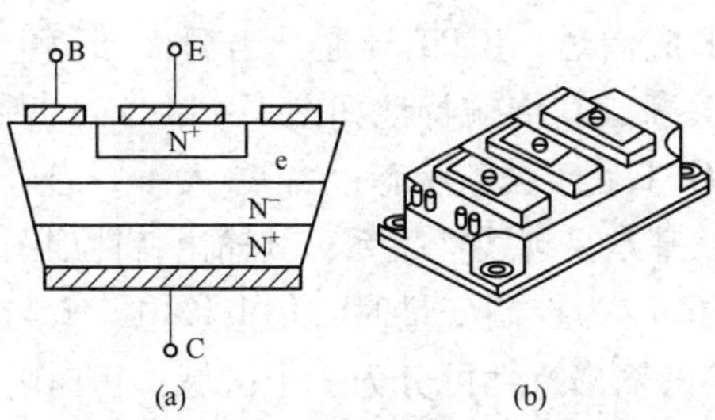

图 1－9　GTR 模式的结构和外形

（a）结构示意图；（b）外形图

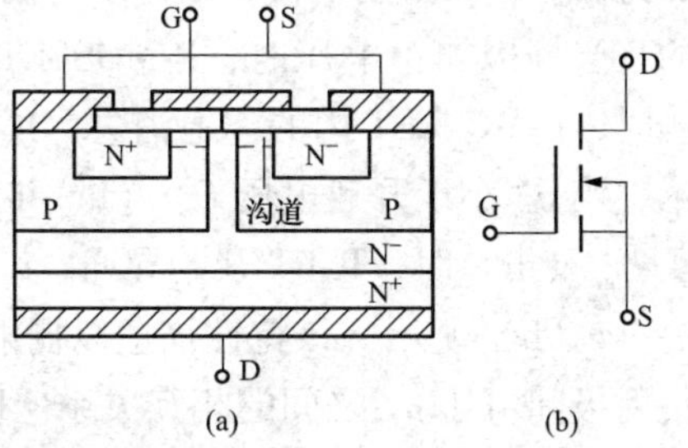

图 1－10　P-MOSFET 的结构和图形符号

（a）结构示意图；（b）图形符号

增大 i_d也增大。当 i_p较大时，i_d与 u_{cs}的关系近似为线性。P-MOSFET 的输出特性如图 1－12 所示，输出特性分为可调电阻区Ⅰ、饱和区Ⅱ和雪崩区Ⅲ三个区域。在可调电阻区Ⅰ中，器件的阻值是变化的；在饱和区Ⅱ，当 u_{gs}不变时，i_d几乎不随 u_{ds}的增加而增加，近似为一常数。当 P-MOSFET 用于线性放大时，就工作在该区。在雪崩区Ⅲ，当 u_{ds}增加到某一数值时，漏极 PN 结反偏，电压过高，发生雪崩击穿，漏极电流 i_d突然增加，造成器件的损坏，使用时应避免出现这种情况。P-MOSFET 的主要参数有漏源击穿电压 BU_{ds}，漏极连续电流 I_d，漏极脉冲电流 I_{dm}，栅极峰值电流 I_{GP}，栅源击穿电压 BU_{cs}，开启电压 U_t，极间电容和通态电阻 R_{on}等。

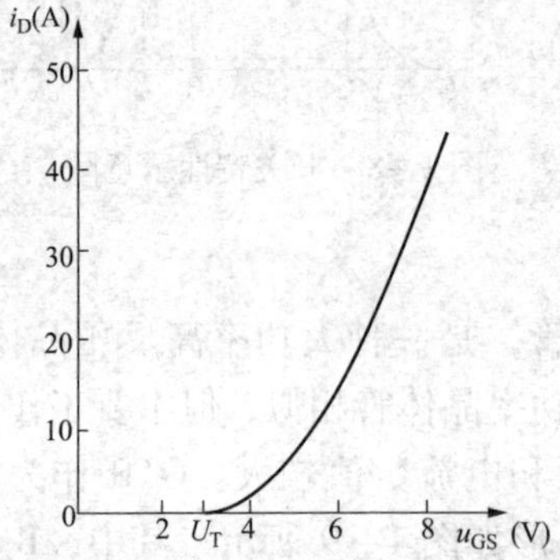

图 1－11　P-MOSFET 的转移特性

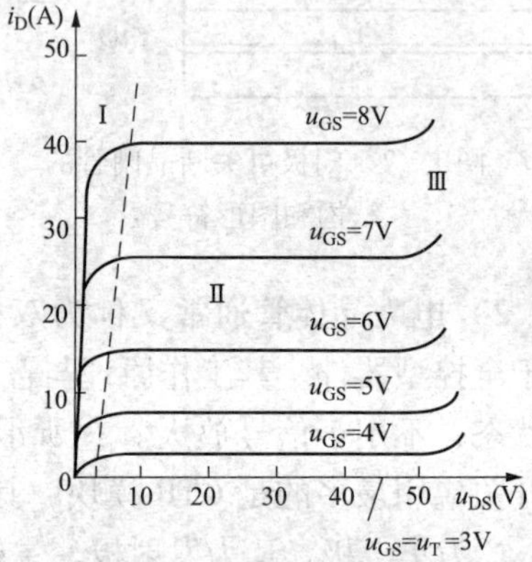

图 1－12　P-MOSFET 的输出特性

4）绝缘栅双极型晶体管（IGBT）是复合型全控器件，具有输入阻抗高、工作速度快、通态电压低、阻断电压高、承受电流大等优点，是功率开关电源和逆变器理想的电力半导体器件。其结构和图形符号如图 1－13 所示，其中，G 为栅极，C 为集电极，E 为发射极。IGBT 的开通和关断是由栅极电压来控制的。当栅极加正电压时，P-MOSFET 内形成沟道，IGBT 导通；当栅极加负电压时，P-MOSFET 内的沟道消失，IGBT 关断。其传输特性如图 1－14（a）所示，当 u_{ce}小于开启电压 U_{ge}（th）时，IGBT 处于关断状态；当 u_{ge}大于开启电压 U_{ge}（th）时，IGBT 开始导通，i_c与 u_{ge}基本呈现线性关系，其输出特性如图 1－14（b）所示，该特性描述以栅射电压 u_{ge}为控制变量时，集电极电流 i_c与集射极间电压 u_{ce}之间的相互关系。IGBT 的输出特性可分为三个区域：正向阻断区、有源区、饱和区。IGBT 的主要参数有集电极－发射极击穿电压 U_{ces}，栅极－发射极击穿电压 U_{ces}，集电极额定最大直流 I_c，集电极－发射极间的饱和压降 U_{ce}（sat）和开关频率等。

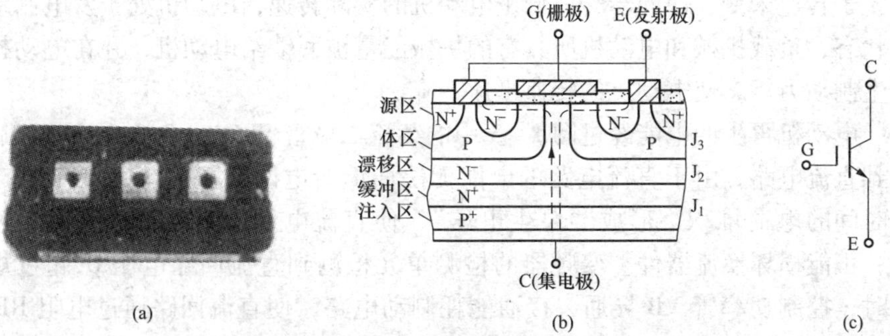

图 1－13　IGBT 模块的外形、结构示意图、图形符号

（a）IGBT 模块的外形；（b）结构示意图；（c）图形符号

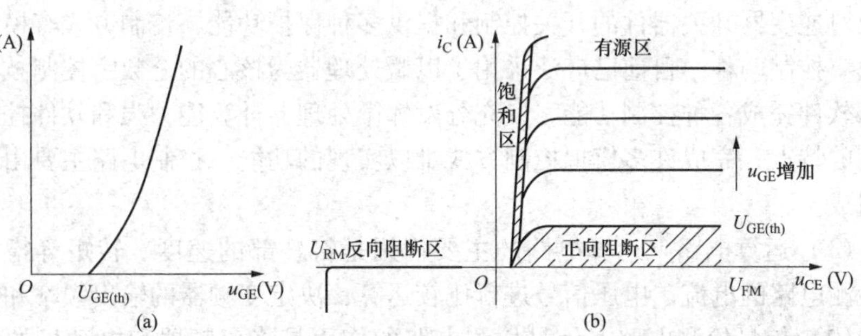

图 1－14　IGBT 的静态特性

（a）传输特性；（b）输出特性

在中小容量的变频器中多采用 PWM 开关方式的逆变电路，换流器件为大功率晶体管（GTR）、绝缘栅双极晶体管（IGBT）或功率场效应晶体管（P-MOSFET）。随着可关断晶闸管（GTO）容量和可靠性的提高，在中大容量的变频器中采用 PWM 开关方式的 GTO 晶闸管逆变电路逐渐成为主流。

在图 1－3 中，由开关管器件 V1 ~ V6 构成的电路称为逆变桥，由 VD7 ~ VD12 构成续流电路。续流电路的作用如下：

1）为电动机绕组的无功电流返回直流电路提供通路。

2）当频率下降使同步转速下降时，为电动机的再生电能反馈至直流电路提供通路。

3）为电路的寄生电感在逆变过程中释放能量提供通路。

（5）能耗制动电路。在变频调速中，电动机的降速和停机是通过减小变频器的输出频率从而降低电动机的同步转速的方法来实现的。当电动机减速时，在频率刚减小的瞬间，电动机的同步转速随之降低，由于机械惯性，电动机转子转速未变，使同步转速低于电动机的实际转速，电动机处于发电制动运行状态，负载机械和电动机所具有的机械能量被回馈给电动机，并在电动机中产生制动力矩，使电动机的转速迅速下降。

电动机再生的电能经过图 1－3 中的续流二极管 VD7～VD12 全波整流后反馈到直流电路，由于直流电路的电能无法回馈给电网，在 C1 和 C2 上将产生短时间的电荷堆积，形成“泵生电压”，使直流电压升高。当直流电压过高时，可能损坏换流器件。变频器的检测单元检测到直流回路电压 U_s 超过规定值时，控制功率管 VB 导通，接通能耗制动电路，使直流回路通过电阻 RB 释放电能。

2. 变频器控制电路

为变频器的主电路提供通断控制信号的电路称为控制电路。其主要任务是完成对逆变器开关器件的开关控制和提供多种保护功能，控制方式有模拟控制和数字控制两种。目前已广泛采用了以微处理器为核心的全数字控制技术，主要靠软件完成各种控制功能，以充分发挥微处理器计算能力强和软件控制灵活性高的特点，完成许多模拟控制方式难以实现的功能。控制电路主要由以下部分组成：

（1）运算电路。运算电路的主要作用是将外部的速度、转矩等指令信号同检测电路的电流、电压信号进行比较运算，决定变频器的输出频率和电压。

（2）信号检测电路。信号检测电路的作用是将变频器和电动机的工作状态反馈至微处理器，并由微处理器按事先确定的算法进行处理后为各部分电路提供所需的控制或保护信号。

（3）驱动电路。驱动电路的作用是为变频器中逆变电路的换流器件提供驱动信号。当逆变电路的换流器件为晶体管时，称为基极驱动电路；当逆变电路的换流器件为可控硅（SCR）、IGBT 或 GTO 时，称为门极驱动电路。

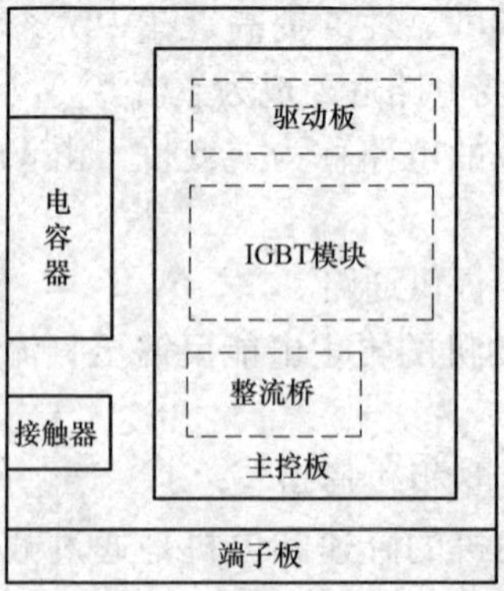

图 1－15　三菱变频器的内部布置

（4）保护电路。保护电路的主要作用是对检测电路得到的各种信号进行运算处理，以判断变频器本身或系统是否出现异常。当检测到出现异常时，保护电路进行各种必要的处理，如使变频器停止工作或抑制电压、电流值等。三菱变频器的内部布置如图 1－15 所示。

1.1.2　变频器的基本工作原理

异步电动机的同步转速，即旋转磁场

的转速为

$$n_1 = \frac{60f}{p}$$

式中 n_1——同步转速，r/min；

f_1——定子电流频率，Hz；

p——栅极对数。

异步电动机的轴转速为

$$n = n_1(1-s) = \frac{60f_1}{p}(1-s)$$

式中 s——异步电动机的转差率，$s=(n_1-n)/n_1$。

改变异步电动机的供电频率，可以改变其同步转速，实现调速运行。

对异步电动机进行调速控制时，希望电动机的主磁通保持额定值不变。磁通太弱，则铁芯利用不充分，同样的转子电流下，电磁转矩小，电动机的负载能力下降；磁通太强，则处于过励磁状态，使励磁电流过大，这就限制了定子电流的负载分量，为使电动机不过热，负载能力也要下降。异步电动机的气隙磁通（主磁通）是由定、转子合成磁动势产生的，如何才能使气隙磁通保持恒定呢？

由电动机理论可知，三相异步电动机定子每相电动势的有效值为

$$E_1 = 4.44 f_1 N_1 \Phi_m$$

式中 E_1——旋转磁场切割定子绕组产生的感应电动势，V；

f_1——定子电流频率，Hz；

N_1——定子相绕组有效匝数；

Φ_m——每极磁通量，Wb。

由上式可见，Φ_m的值是由E_1和f_1共同决定的，对E_1和f_1进行适当的控制，就可以使气隙磁通Φ_m保持额定值不变。具体分析如下：

（1）基频以下的恒磁通变频调速。这是考虑从基频（电动机额定频率f_{1n}）向下调速的情况。为了保持电动机的负载能力，应保持气隙主磁通Φ_m不变，这就要求降低供电频率的同时降低感应电动势，保持E_1/f_1=常数，即保持电动势与频率之比为常数进行控制。这种控制又称为恒磁通变频调速，属于恒转矩调速方式。

但是，E_1很难被直接检测和控制。当E_1和f_1的值较高时，定子的漏阻抗压降相对比较小，如忽略不计，则可以近似地保持定子相电压U_1和频率f_1的比值为常数，即认为$U_1=E_1$，保持U_1/f_1为常数即可，这就是恒压频比控制方式，是近似的恒磁通控制。

当频率较低时，U_1和E_1都较小，定子漏阻抗压降（主要是定子电阻压降）不能再忽略。这种情况下，可以人为地适当提高定子电压以补偿定子电压降的影响，使气隙磁通基本保持不变。U/f的控制关系如图1－16所示。实际装置中U_1与f_1的函数关系并不简单的如曲线2所示。通用变频器中U_1与f_1之间的函数关系有很多种，可以根据负载性质和运行状况加以选择。

（2）基频以上的弱磁变频调速。这是考虑由基频开始向上调速的情况。频率由额定值f_{in}向上增大，但电压U_1受额定电压U_{in}的限制不能再升高，只能保持$U_1=U_{in}$不变。这样必然会使主磁通随着f_1的上升而减小，相当于直流电动机弱调速的情况，属于近似的恒功率调速方式。

综合上述两种情况，异步电动机变频调速的基本控制方式如图1－17所示。

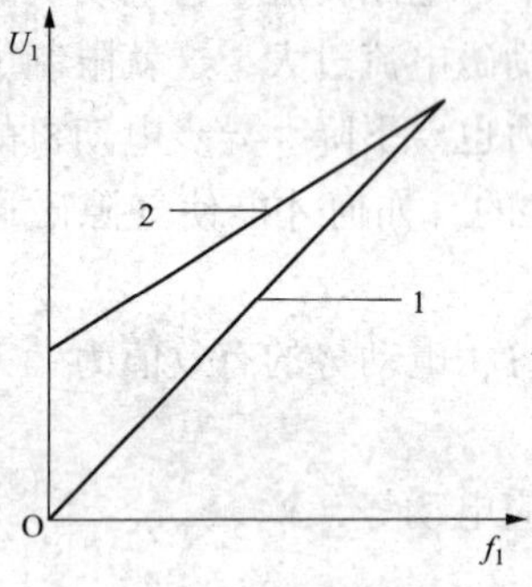

图1－16　U/f的控制关系

1为$U_1/f_1=C$（C为常数）时的电压—频率关系，

2表示的是有电压补偿时（近似的$E_1/f_1=C$，

C为常数）的电压—频率关系。

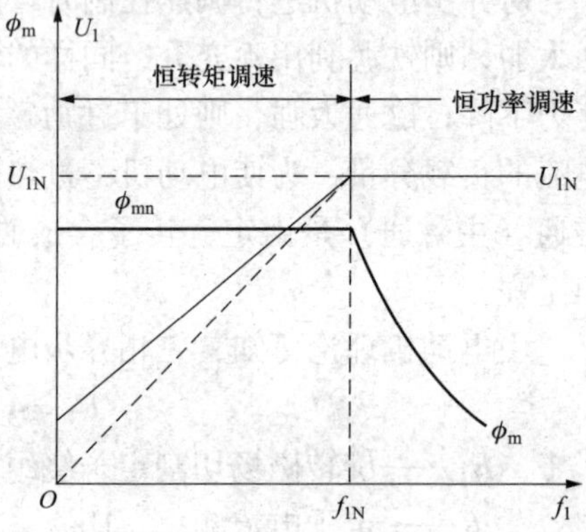

图1－17　基本控制方式

由上面的分析可知，异步电动机的变频调速必须按照一定的规律同时改变其定子电压和频率，即必须通过变频装置获得电压频率均可调节的供电电源，实现所谓的VVVF（Variable Voltage Variable Frequency）调速控制。变频器可适应这种异步电动机变频调速的基本要求。

1.1.3　变频器的种类

1. 按变频的原理分类

（1）交－交变频器。单相交－交变频器的原理框图如图1－18所示。它只有一个变换环节就可以把恒压恒频（CVCF）的交流电源转换为变压变频（VVVF）的电源，因此称为直接变频器，或称为交－交变频器。

图 1－18　交－交变频器

（2）交－直－交变频器。交－直－交变频器又称为间接变频器。基本组成电路有整流电路和逆变电路两部分，整流电路将工频交流电整流成直流电，逆变电路再将直流电逆变成频率可调节的交流电。根据变频电源的性质，交－直－交变频器可分为电压型变频器和电流型变频器。交－直－交变频器的原理框图如图 1－19 所示。

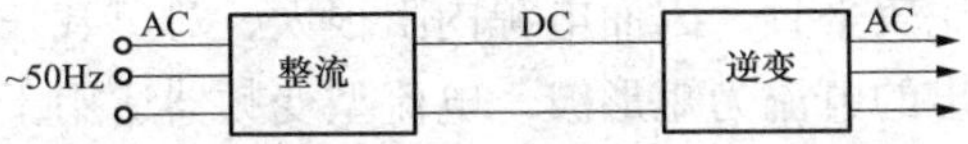

图 1－19　交－直－交变频器的原理框图

1）电压型变频器。在电压型变频器中，整流电路产生的直流电压通过电容进行滤波后供给逆变电路。由于采用大电容滤波，故输出电压波形比较平直，在理想情况下可以看成一个内阻为零的电压源，逆变电路输出的电压为矩形波或阶梯波。电压型变频器多用于不要求正反转或快速加减速的通用变频器。电压型变频器的主电路结构如图 1－20（a）所示。

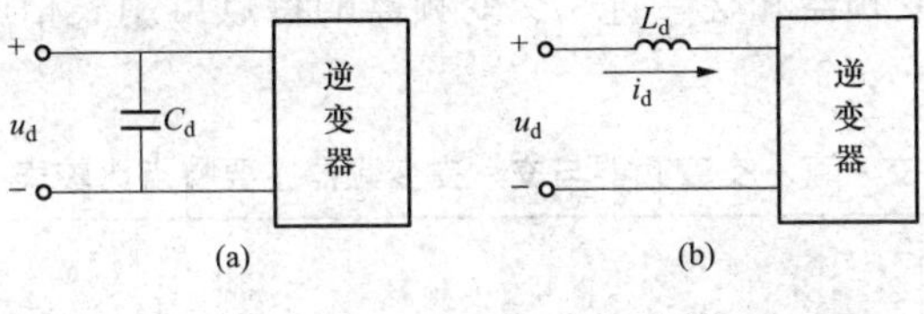

图 1－20　电压型和电流型变频器的主电路结构

（a）电压型变频器；（b）电流型变频器

这种变频器在大多数情况下采用 6 脉波运行方式，晶闸管在一个周期内导通 180°。该电路的特点是：中间直流环节的储能元件采用大电容，负载的无功功率将由它来缓冲。由于大电容的作用，主电路直流电压 E_d 比较平稳，电动机端的电压为方波或阶梯波。由于直流电源内阻比较小，相当于电压源，故称为电压源型变频器或电压型变频器。

对负载电动机而言，变频器是一个交流电压源，在不超过容量限度的情况下，可以驱动多台电动机并联运行，具有不选择负载的通用性。其缺点是电动机处于再生发电状态时，回馈到直流侧的无功能量难以回馈给交流电网。要实现这部分能量向电网的回馈，必须采用可逆变流器。如图1-21所示，电网侧交流器采用两套全控整流器反并联，电动时由电桥Ⅰ供电，回馈时电桥Ⅱ作有源逆变运行（$\alpha>90°$），将再生能量回馈给电网。

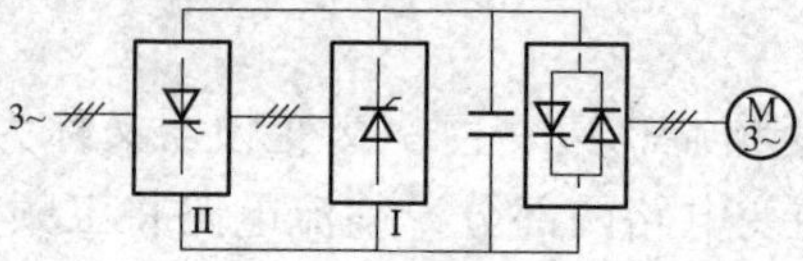

图1-21　再生能量回馈型电压型变频器

2）电流型变频器。当交-直-交变频器的中间直流环节采用大电感滤波时，直流电流波形比较平直，因而电源内阻很大，对负载来说基本上是一个电流源，逆变电路输出的电流为矩形波。电流型变频器适用于频繁可逆运转的变频器和大容量的变频器。电流型变频器的主电路结构如图1-20（b）所示。

这种电流型变频器，其逆变器中晶闸管每周期工作120°，属于120°导电型。电流型变频器的一个较突出的优点是，当电动机处于再生发电状态时，回馈到直流侧的再生电能可以方便地回馈到交流电网，不需在主电路内附加任何设备，只要利用电网侧的不可逆变流器改变其输出电压极性（控制角$\alpha>90°$）即可。这种电流型变频器可用于频繁加、减速的大容量电动机的传动，在大容量风机、泵类节能调速中也有应用。

（3）交-交变频器和交-直-交变频器的特点可用表格的形式加以对比，见表1-1。

表1-1　　交-直-交变频器与交-交变频器主要特点比较表

类别 / 比较项目	交-直-交变频器	交-交变频器
换能形式	两次换能，效率略低	一次换能，效率较高
换流方式	强迫换流或负载谐振换流	电源电压换流
装置元器件数量	元器件数量较少	元器件数量较多
调频范围	频率调节范围宽	一般情况下，输出最高频率为电网频率的1/3~1/2
电网功率因数	用可控整流调压时，功率因数在低压时较低；用斩波器或PWM方式调压时，功率因数高	较低
适用场合	可用于各种电力拖动装置、稳频稳压电源和不停电电源	特别适用与低速大功率拖动

(4) 根据调压方式的不同，交-直-交变频器又分为脉幅调制和脉宽调制两种。

1) 脉幅调制（PAM）。它是改变电压源的电压 E_d 或电流源的电流 I_d 的幅值进行输出控制的方式。因此，逆变器部分只控制频率，整流器部分只控制电压或电流。

脉冲幅值调制方式（Pulse Amplitude Modulation），简称 PAM 方式，是通过改变直流电压的幅值进行调压的方式。在此类变频器中，逆变器只负责调节输出频率，而输出电压的调节则由相控整流器（见图 1-22）或直流斩波器（见图 1-23）通过调节直流电压 E_d 去实现。采用相控整流器调压时，电网侧的功率因数随调节深度的增加而降低，而采用直流斩波器调压时，电网侧功率因数在不考虑谐波影响时，可以达到 $\cos\varphi_1 \approx 1$。

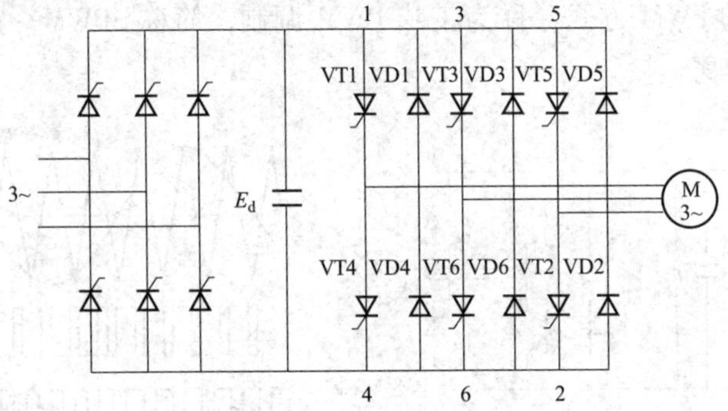

图 1-22　相控整流器

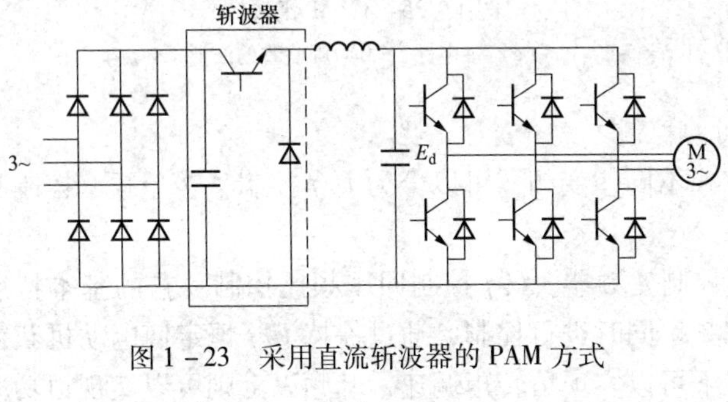

图 1-23　采用直流斩波器的 PAM 方式

PAM 方式下，高压和低压时 6 脉冲方波逆变器的输出线电压波形如图 1-24 所示。

2) 脉宽调制（PWM）。脉宽调制方式中，变频器输出电压的大小是通过改变输出脉冲的占空比来实现的。脉冲宽度调制方式简称 PWM 方式。最常见

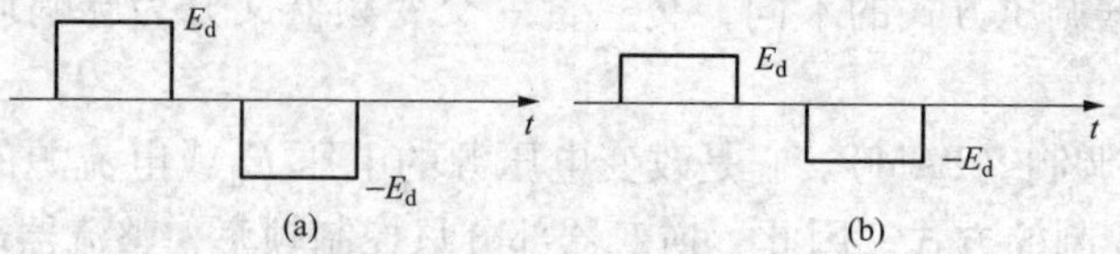

图 1－24　输出电压波形

（a）高压时；（b）低压时

的主电路如图 1－25（a）所示。变频器中的整流器采用不可控的二极管整流电路。变频器的输出频率和输出电压的调节均由逆变器按 PWM 方式来完成。

调压原理的示意图如 1－25（b）所示。利用参考电压波 u_r 与载频三角波 u_c 互相比较来决定主开关器件的导通时间而实现调压，即利用脉冲宽度的改变来得到幅值不同的正弦基波电压。这种参考信号为正弦波，输出电压平均值近似为正弦波的 PWM 方式，称为正弦 PWM 调制，简称 SPWM，是目前最常用的一种调制方案。

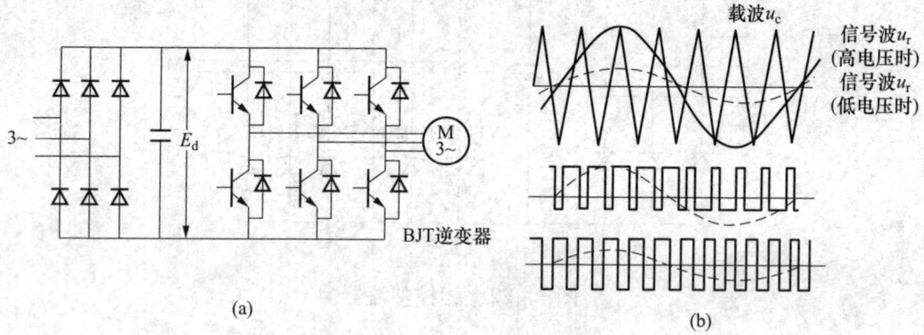

图 1－25　PWM 变频器

（a）主电路；（b）调节时的波形

2. 按变频的控制方式分类

按控制方式不同，变频器可以分为 U/f 控制、转差频率控制和矢量控制三种类型。

（1）U/f 控制变频器。U/f 控制即压频比控制。它的基本特点是对变频器输出的电压和频率同时进行控制，通过保持 U/f 恒定使电动机获得所需的转矩特性。基频以下可以实现恒转矩调速，基频以上则可以实现恒功率调速。这种方式的控制电路成本低，多用于精度要求不高的通用变频器。

U/f 方式又称为 VVVF 控制方式，其简化的原理框图如图 1－26 所示。主电路中逆变器采用 BJT，用 PWM 方式进行控制。逆变器的控制脉冲发生器同时受控于频率指令 f^* 和电压指令 U，而 f^* 与 U 之间的关系是由 U/f 曲线发生器（U/f模式形成）决定的。这样经 PWM 控制之后，变频器的输出频率f与输出电压U之间的关系就是U/f曲线发生器所确定的关系。由图 1－26 可见，转速的改变是靠改变频率的设定值f^*来实现的。电动机的实际转速要根据负载的大小，即转差率的大小来决定。负载变化时，在$f*$不变的条件下，转子转速将随负载转矩变化而变化，故常用于对调速精度要求不十分严格或负载变化较小的场合。

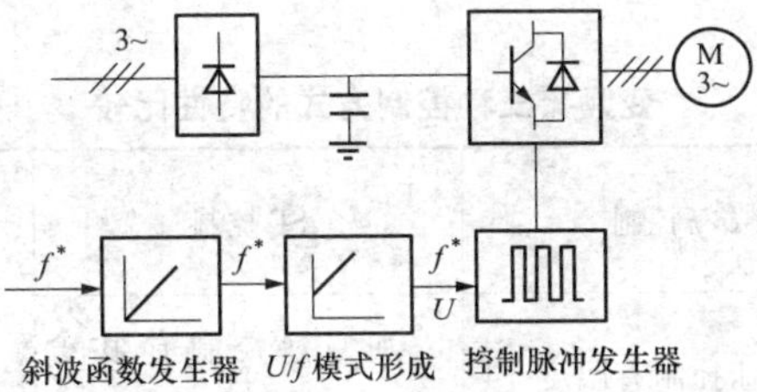

图 1－26　U/f控制方式

U/f控制是转速开环控制，无须速度传感器，控制电路简单，负载可以是通用标准异步电动机。U/f控制方式通用性强、经济性好，是目前通用变频器产品中使用较多的一种控制方式。

（2）SF 控制变频器。SF 控制即转差频率控制，是在U/f控制基础上的一种改进方式。在U/f控制方式下，如果负载变化，转速也会随之变化，转速的变化量与转差率成正比。U/f控制的静态调速精度较差，可采用转差频率控制方式来提高调速精度。转差频率控制方式下，变频器通过电动机、速度传感器构成速度反馈闭环调速系统。变频器的输出频率由电动机的实际转速与转差频率之和来自动设定，从而达到在调速控制的同时也使输出转矩得到控制。该方式是闭环控制，故与U/f控制相比，调速精度与转矩动特性较优。但是由于这种控制方式需要在电动机轴上安装速度传感器，并需依据电动机特性调节转差，故通用性较差。

（3）VC 控制变频器。VC 即矢量控制，是 20 世纪 70 年代提出来的对交流电动机的一种新的控制思想和控制技术，也是异步电动机的一种理想调速方法。U/f控制方式和 SF 控制方式的控制思想都建立在异步电动机的静态数学模型上，因此动态性能指标不高。采用 VC 方式可提高变频调速的动态性能。VC 的基本思想是将异步电动机的定子电流分解为产生磁场的电流分量（励磁电流）和与其相垂直的产生转矩的电流分量（转矩电流），并分别加以控制，即模仿直流电动机的控制方式对电动机的磁场和转矩分别进行控制，可获得类似于直流调速系统的动态性能。由于在这种控制方式中必须同时控制异步电动机定子电流的幅值和相位，即控制定子电流矢量，故这种控制方式被称为 VC。

VC 方式使异步电动机的高性能成为可能。VC 变频器不仅在调速范围上可以与直流电动机相匹敌，而且可以直接控制异步电动机转矩的变化，所以已经在许多需要精密或快速控制的领域得到应用。

（4）变频器三种控制方式比较。变频器三种控制方式比较如表 1－2 所示。

表 1－2　　变频器三种控制方式的特性比较

比较项目＼类别		*U/f* 控制	SF 控制	VC 控制
加减速特性		加减速控制有限度，4 个象限运转时在零速度附近有空载时间，过电流抑制能力小	加减速控制有限度（比 *U/f* 控制有提高），4 个象限运转时通常在零速度附近有空载时间，过电流抑制能力中	加、减速时的控制无限度，可以进行连续 4 个象限运转，过电流抑制能力大
速度控制	范围	1:10	1:20	1:100 以上
	响应		5～10rad/s	30～100rad/s
	控制精度	根据负载条件转差频率发生变动	与速度检出精度、控制运算精度有关	模拟最大值的 0.5%，数字最大值的 0.05%
转矩控制		原理上不可能	除车辆调速等外，一般不适用	可以控制静止转矩
通用性		基本上不需要因电动机特性差异进行调整	需要根据电动机特性给定转差频率	按电动机不同的特性需要给定磁场电流、转矩电流、转差频率等多个控制量
控制构成		最简单	较简单	稍复杂

3. 按用途分类

（1）通用变频器。通用变频器的特点是其具有通用性。随着变频技术的发展和市场需要的不断扩大，通用变频器也在朝着两个方向发展：一是低成本的简易型通用变频器；二是高性能的多功能通用变频器。它们分别具有以下特点：

简易型通用变频器是一种以节能为主要目的而简化了一些系统功能的通用变频器。它主要应用于水泵、风扇、鼓风机等对于系统调速性能要求不高的场合，并具有体积小、价格低等方面的优势。

高性能的多功能通用变频器在设计过程中充分考虑了在变频器应用中可能出现的各种需要，并为满足这些需要在系统软件和硬件方面都做了相应的准备。在使用时，用户可以根据负载特性选择算法并对变频器的各种参数进行设定，也可以根据系统的需要选择厂家所提供的各种备用选件来满足系统的特殊需要。高性能的多功能通用变频器除了可以应用于简易型变频器的所有应用场合之外，还可以广泛应用于电梯、数控机床、电动车辆等对调速系统的性能有较高要求的场合。

（2）专用变频器高性能专用变频器。随着控制理论、交流调速理论和电力电子技术的发展，异步电动机的 VC 得到发展，VC 变频器及其专用电动机构成的交流伺服系统已经达到并超过了直流伺服系统。此外，由于异步电动机还具有环境适应性强、维护简单等许多直流伺服电动机所不具备的优点，在要求高速、高精度的控制中，这种高性能交流伺服变频器正在逐步代替直流伺服系统。

1）高频变频器。在超精密机械加工中常要用高速电动机。为了满足其驱动的需要，出现了采用 PAM 控制的高频变频器，其输出主频可达 3kHz，驱动两极异步电动机时的最高转速为 180 000r/min。

2）高压变频器。高压变频器一般是大容量的变频器，最高功率可做到 5000kW，电压等级为 3、6、10kV。

1.1.4 脉宽调制技术

脉宽调制控制方式就是对逆变电路开关器件的通断进行控制，使输出端得到一系列幅值相等而宽度不等的脉冲，其脉冲宽度随正弦规律变化，用这些脉冲来代替正弦波所需要的波形。也就是在输出波形的一个周期中产生若干个脉冲，使各脉冲的等值电压为正弦波，所获得的输出平滑且低次谐波少。按一定的规则对各脉冲的宽度进行调制，既可改变逆变电路输出电压的大小，也可以改变输出频率的大小。

如图 1－27 所示的是电压型相控交－直－交型变频电路。为了使输出电压和输出频率都得到控制，变频器通常由一个可控整流电路和一个逆变电路组成，控制整流电路以改变输出电压，控制逆变电路来改变输出频率。图 1－28 所示为电压型 PWM 交－直－交型变频电路。图 1－27 中的可控整流电路在这里由不可控整流电路代替，逆变电路采用自关断器件。这种 PWM 型变频电路的主要特点有：可以得到相当接近正弦波的输出电压；整流电路采用二极管，可获得接近于 1 的功率因数；电路结构简单；通过控制输出脉冲宽度可改变输出电压，加快了变频过程的动态响应。

基于上述原因，在自关断器件出现并成熟后，PWM 控制技术获得了很快的发展，已成为电力电子技术中一个重要的组成部分。

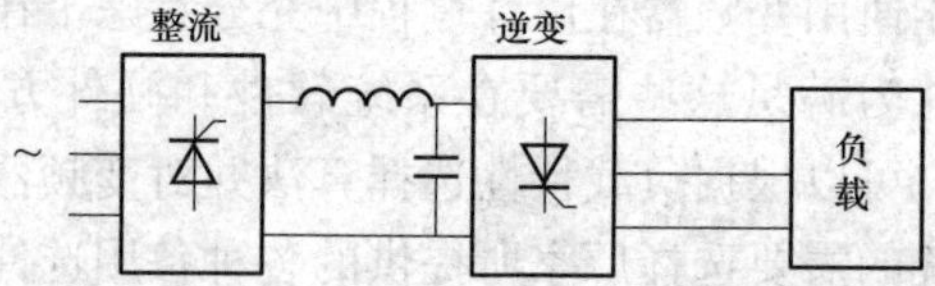

图 1 – 27　相控交 – 直 – 交型变频电路

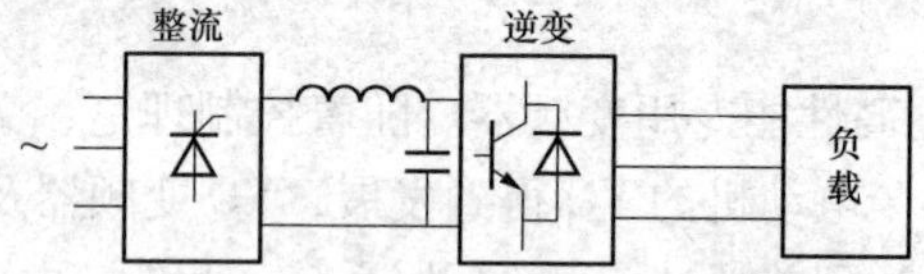

图 1 – 28　PWM 交 – 直 – 交型变频电路

1. PWM 控制的基本原理

在采样控制理论中有一个重要的结论：冲量相等而形状不同的窄脉冲加在具有惯性的环节上，其效果基本相同。冲量指窄脉冲的面积。这里所说的效果基本相同，是指该环节的输出响应波形基本相同。如把各输出波形用傅里叶变换分析，则它们的低频段特性非常接近，仅在高频段略有差异。如图 1 – 29 所示，图（a）、（b）、（c）的面积（即冲量）都等于 1。把它们分别加在具有相同惯性的同一环节上，输出响应基本相同。脉冲越窄，输出的差异越小。

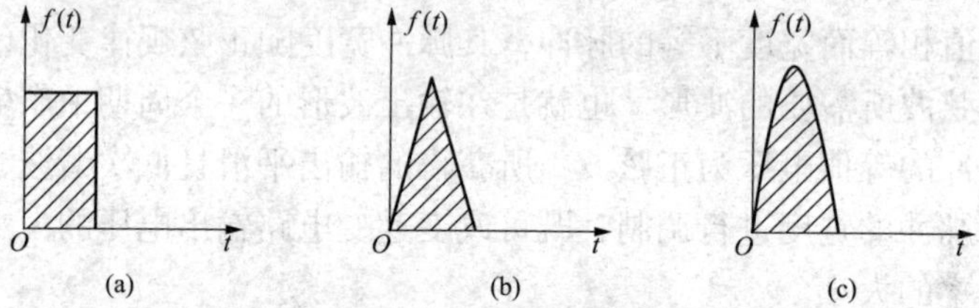

图 1 – 29　冲量相等形状不同的三种窄脉冲

（a）矩形脉冲；（b）三角形脉冲；（c）正弦半波脉冲

上述结论是 PWM 控制的重要理论基础。下面来分析如何用一系列等幅而不等宽的脉冲代替正弦波。

把图 1 – 30（a）所示的正弦半波波形 N 等份，就可把正弦半波看成由 N 个脉冲相连所组成的波形。这些脉冲宽度相等，都等于 π/N，但幅值不等，且脉冲顶部不是水平直线，而是曲线，各脉冲的幅值按正弦规律变化。如果把上述脉冲序列用同样数量的等幅而不等宽的矩形脉冲序列代替，使矩形脉冲的中点和相应正弦等分的中点重合，且使矩形脉冲和相应正弦部分面积（冲量）

相等，就得到图 1 - 30（b）所示的脉冲序列，这就是 PWM 波形。可以看出，各脉冲的宽度是按正弦规律变化的。根据冲量相等效果相同的原理，PWM 波形和正弦半波是等效的。对于正弦波的负半周，也可以用同样的方法得到 PWM 波形。像这种脉冲的宽度按正弦规律变化，和正弦波等效的 PWM 波形，也称为 SPWM（Sinusoidal PWM）波形。

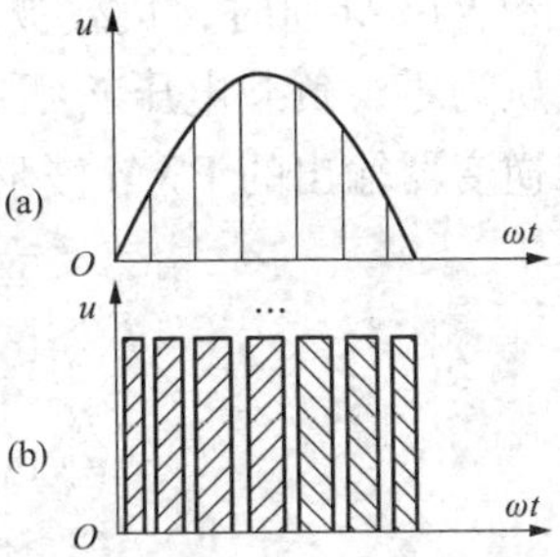

图 1 - 30　PWM 原理示意图
（a）正弦波；（b）调制波

在 PWM 波形中，各脉冲的幅值是相等的，要改变等效输出正弦波的幅值时，只要按同一比例系数改变各脉冲的宽度即可。因此，在图 1 - 28 的交 - 直 - 交型变频器中，整流电路采用不可控的二极管电路即可，PWM 逆变电路输出的脉冲电压就是直流侧电压的幅值。

根据上述原理，在给出了正弦波频率、幅值和半个周期内的脉冲数后，PWM 波形各脉冲的宽度和间隔就可以准确计算出来。按照计算机结果控制电路中各开关器件的通断，就可以得到所需要的 PWM 波形。但是，这种计算很烦琐。因为在正弦波的频率、幅值等变化时，结果都会变化。较为实用的是采用调制的方法，即把所期望的波形作为调制信号，把接受调制的信号作为载波，通过对载波的调制得到所期望的 PWM 波形。一般采用等腰三角波作为载波，因为等腰三角波上下宽度与高度呈现线性关系且左右对称，当它与任何一个平缓变化的调制信号波相交时控制电路中开关器件的通断，就可以得到宽度与信号波幅值成正比的脉冲，这正好符合 PWM 控制要求。当调制信号波为正弦波时，所得到的波形就是 SPWM 波形。这种情况应用最广。本章所介绍的 PWM 控制主要就是指 SPWM 控制。当调制信号不是正弦波时，也能得到与调制信号等效的 PWM 波形。

图 1 - 31 所示为采用电力晶体管作为开关器件的电压型单相桥式逆变电路。假设负载为电感性，对各晶体管的控制按下面规律进行：在正半周期，让晶体管 VT1 一直保持导通，而让晶体管 VT4 交替通断。当 VT1 和 VT4 都导通时，负载上所加的电压为直流电源电压 U_d。当 VT1 导通而 VT4 关断后，由于电感性负载中的电流不能突变，负载电流将通过二极管 VD3 续流，若忽略晶体管和二极管的导通压降，则负载上所加电压为零。如负载电流较大，那么直到使 VT4 再一次导通之前，VD3 一直持续导通。如负载电流较快地衰减到零，在 VT4 再一次导通之前，负载电压也一直为零。这样，负载上的输出电压 u_o 就可得到零和 U_d 交替的两种电平。同样，在负半周期，让晶体管 VT2 保持导

通。当 VT3 导通时，负载被加上负电压 $-U_d$，当 VT3 关断时，VD4 续流，负载电压为零，负载电压 u_o可得到 U_d和零交替的两种电平。这样，在一个周期内，逆变器输出的 PWM 波形就由 $\pm U_d$和 0 三种电平组成。

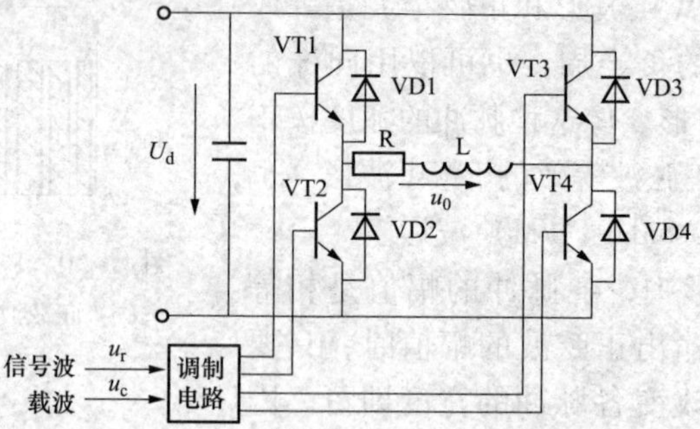

图 1－31　单相桥式 PWM 逆变电路

图 1－32 是单极性控制下的波形图，此种控制方式可以控制 VT4 或 VT3 通断。载波 u_c在信号波 u_r的正半周为正极性的三角波，在负半周为负极性的三角波，调制信号 u_r为正弦波。在 u_r和 u_c的交点时刻控制晶体管 VT4 或 VT3 的通断，在 u_r的正半周，VT1 保持导通，当 $u_r > u_c$时使 VT4 导通，负载电压 $u_o = -u_d$；当 $u_r < u_c$时，使 VT4 关断，$u_o = 0$。在 u_r的负半周，VT1 关断，VT2 保持导通，当 $u_r < u_c$时使 VT3 导通，$u_o = -u_d$；当 $u_r > u_c$时，使 VT3 关断，$u_o = 0$。这样，就得到了 SPWM 波形。图中的虚线 u_{of}表示 u_o中的基波分量。像这种在 u_r的半个周期内三角波载波只在一个方向变化，所得到的 PWM 波形也只在一个方向变化的控制方式称为单极性 PWM 控制方式。

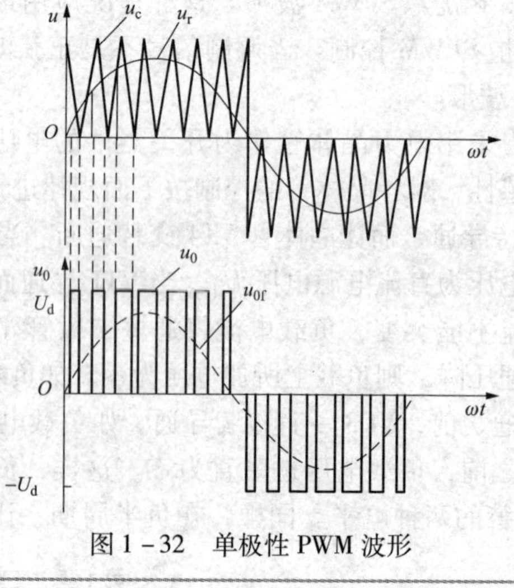

图 1－32　单极性 PWM 波形

与单极性 PWM 控制方式不同的是双极性 PWM 控制方式。图 1－31 所示的单相桥式逆变电路在采用双极性控制方式时的波形如图 1－33 所示。在此种控制方式下，仍然在调制信号 u_r 和载波信号 u_c 的交点时刻控制各开关器件的通断。在 u_r 的正负半周，对各开关器件的控制规律相同，当 $u_r > u_c$ 时，给晶体管 VT1 和 VT4 以导通信号，给 VT1 和 VT4 以关断信号，输出电压 $u_o = -u_{do}$。可以看出，同一个半桥上下两个桥晶体管的驱动信号极性相反，处于互补工作方式。当感性负载电流较大时，直到下一次 VT1 和 VT4 重新导通前，负载电流方向始终未变，VD2 和 VD3 持续导通，而 VT2 和 VT3 始终未导通。从 VT2 和 VT3 导通向 VT1 和 VT4 导通切换时，VD1 和 VD4 的续流情况和上述情况类似。

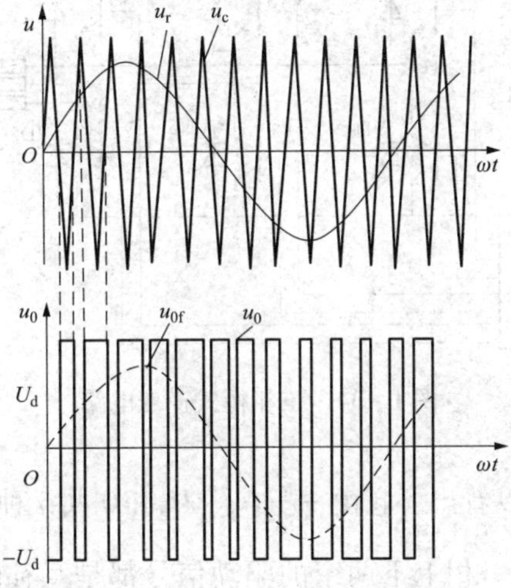

图 1－33　双极性 PWM 波形

在 PWM 型逆变电路中，使用最多的是图 1－34 所示的三相桥式逆变电路，其控制方式一般都采用双极性方式。U、V 和 W 三相的 PWM 控制通常共用一个三角波载波 u_c，三相调制信号 u_{ru}、u_{rv} 和 u_{rw} 的相位依次相差 120°。U，V 和 W 各相功率开关器件的控制规律相同，现以 U 相为例来说明。当 $u_{ru} > u_c$ 时，给上桥臂晶体管 VT1 以导通信号，给下桥臂晶体管 VT4 以关断信号，则 U 相相对于直流电源假想中点 N′的输出电压 $u_{uN'} = u_d/2$。当 $u_{ru} < u_c$ 时，给 VT4 以导通信号，给 VT1 以关断信号，$u_{uN'} = -u_d/2$。VT1 和 VT4 的驱动信号始终是互补的。当给 VT1（VT4）加导通信号时，可能是 VT1（VT4）导通，也可能是二极管 VD1（VD4）续流导通，这要由感性负载中原来电流的方向和大小来决定，与单相桥式逆变电路双极性 PWM 控制时的情况相同。V 相和 W 相的

控制方式和 U 相相同。$u_{uN'}$、$u_{vN'}$和 $u_{WN'}$的波形如图 1－35 所示。这些波形都只有 ±u_d两种电平。像这种逆变电路的相电压（$u_{uN'}$、$u_{vN'}$、$u_{WN'}$）只能输出两种电平的三相桥式电路，是无法实现单极性控制的。图中线电压 u_{uv}的波形可由 $u_{uN'}$ － $u_{vN'}$得出。当 VT1 和 VT6 导通时，$u_{uv}=U_d$，当 VT3 和 VT4 导通时，$u_{uv}=-U_d$，当 VT1 和 VT3 或 VT4 和 VT6 导通时，$u_{uv}=0$，因此，逆变器输出线电压由 ±U_d、0 三种电平构成。图 1－35 中的负载相电压可由下式求得

$$u_{uN}=u_{uN'}-\frac{(u_{UN'}+u_{VN'}+u_{WN'})}{3}$$

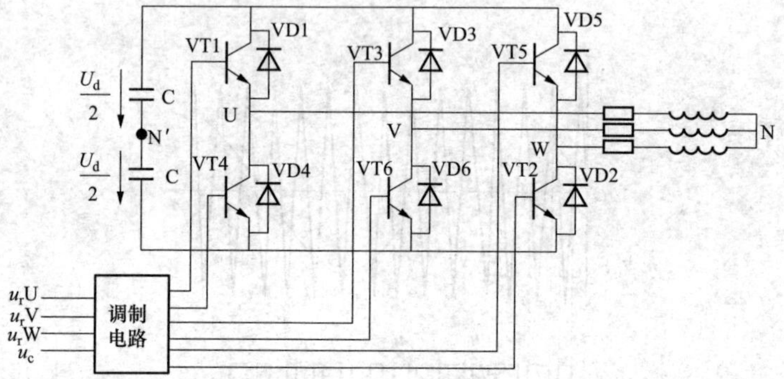

图 1－34　三相桥式逆变电路

从图 1－35 中可以看出，它由 ±$\frac{2}{3}U_d$、U_d和 0 共 5 种电平组成。在双极性 PWM 控制方式中，同一相上下两个的驱动信号都是互补的。但实际上为了防止上下两个管子直通而造成短路，在给一个桥臂加关断信号后，再延迟 Δt 时间，才给另一个施加导通信号。延迟时间的长短主要由功率开关器件的关断时间决定。这个时间将影响输出的 PWM 波形，使其偏离正弦波。

2. PWM 型逆变电路的控制方式

在 PWM 型逆变电路中，载波频率 f 与调制信号频率 f_r之比 $N=f_c/f_r$称为载波比，根据载波和信号波是否同步及载波比的变化情况，PWM 逆变电路可以分为异步调制和同步调制两种控制方式。

（1）异步调制载波信号和调制信号不保持同步关系的调制方式称为异步调制。图 1－35 中的波形就是异步调制三相 PWM 波形。在调制信号的半个周期内，输出脉冲的个数不固定，脉冲相位也不固定，正负半周期的脉冲不对称，同时，半周期内前后 1/4 周期的脉冲也不对称。

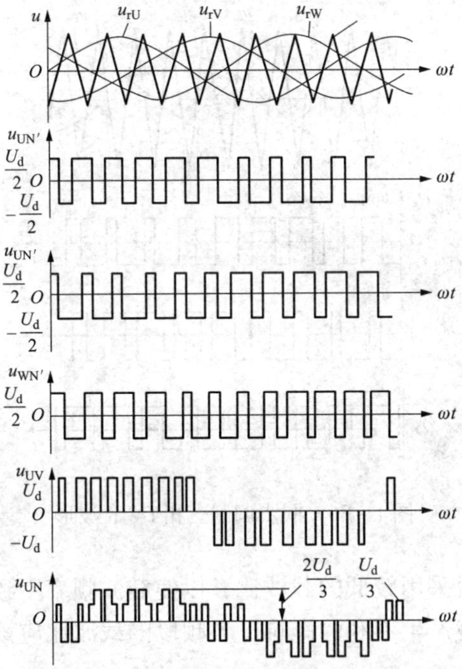

图 1－35　三相 PWM 逆变电路波形

当调制信号频率较低时，载波比 N 较大，半周期内的脉冲数较多，正负半周期脉冲不对称性和半周期内前后 1/4 周期脉冲不对称性的影响都较大，输出波形接近正弦波。当调制信号频率增高时，载波比 N 减小，半周期内的脉冲数减少，输出脉冲的不对称性影响就变大，还会出现脉冲的跳动。同时，输出波形和正弦波之间的差异也变大，电路输出特性变坏。对于三相 PWM 型逆变电路来说，三相输出的对称性变差。因此，在采用异步调制方式时，希望尽量提高载波频率，以使在调制信号频率较高时仍能保持较大的载波比，改善输出特性。

（2）同步调制载波比 N 等于常数，并在变频时使载波信号和调制信号保持同步的调制方式称为同步调制，如图 1－36 所示波形是 $N=9$ 时的同步调制三相 PWM 波形。

在逆变电路输出频率很低时，因为在半周期内输出脉冲的数目是固定的，所以由 PWM 产生的 f_C 附近的谐波频率也相应降低。这种频率较低的谐波通常不易被滤除，如果负载为电动机，则会产生较大的转矩脉动和噪声。为克服上述缺点，一般都采用分段同步调制的方法，即把逆变电路的输出频率范围划分成若干个频段，每个频段内都保持载波比 N 恒定，不同频段的载波比不同。

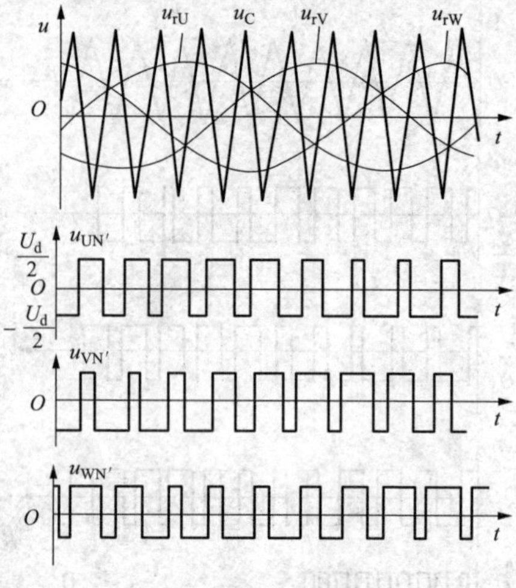

图 1－36　同步调制三相 PWM 波形

在输出频率的高频段采用较低的载波比，以使载波频率不致过高，保持在功率不致过低而导致负载产生不利的影响，各频段的载波比应该都取 3 的整数倍且为奇数。

如图 1－37 所示为分段同步调制的一个例子，各频率段的载波比标在图中。为了防止频率在切换点附近时载波比来回跳动，在各频率切换点采用了后切换的方法。图中切换点处的实线表示输出频率增高时的切换频率，虚线表示输出频率降低时的切换频率，前者略高于后者而形成后切换。载波频率还受到微型计算机计算速度和控制算法计算量的限制。

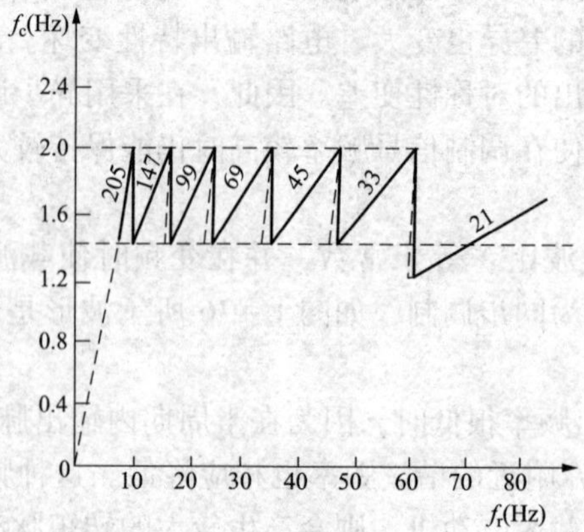

图 1－37　分段同步调制

同步调制方式比异步调制方式复杂一些，但使用微型计算机控制时还是容易实现的。也有些电路在低频输出时采用异步调制方式，而在高频输出时切换到同步调制方式，这种方式可把两者的优点结合起来，和分段同步调制方式的效果接近。

◎［技能实操］

1.1.5 变频器的面板介绍

变频器上端盖如图 1－38 所示。变频器的数字操作显示面板如图 1－39 所示。

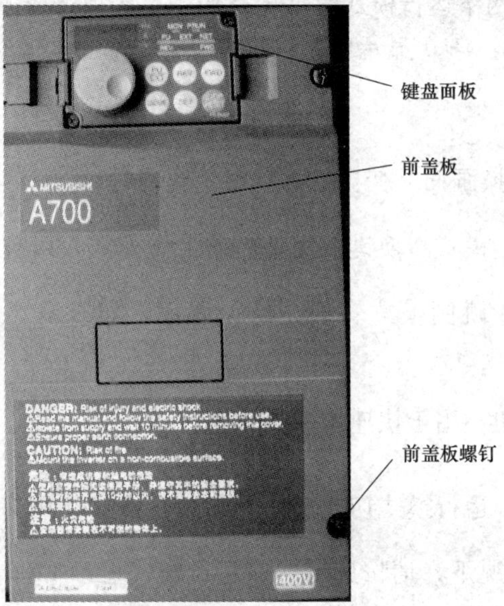

图 1－38　变频器上端盖

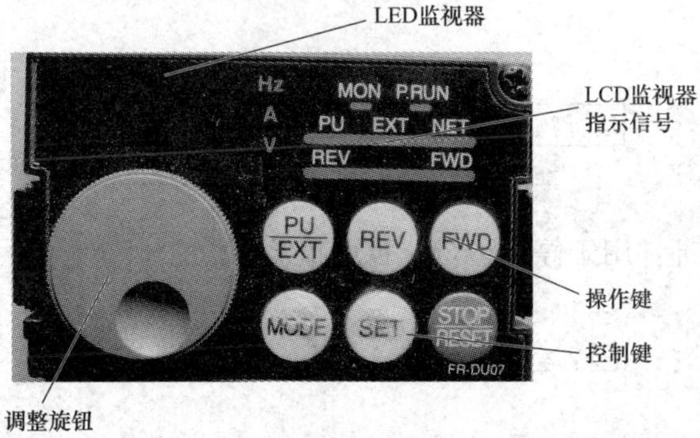

图 1－39　变频器的数字操作显示面板

1. LED 监视器

LED 监视器由 7 段 LED4 位显示。显示设定频率、输出频率等各种监视数据以及报警代码等。

2. LED 监视器指示信号

LED 监视器指示信号主要有三种功能：

（1）显示下列运行状态之一：FWD，正转运行；REV，反转运行；STOP，停止。

（2）显示选择的运行模式：PU，PU 运行模式时灯亮；EXT，外部运行模式时灯亮；NET，网络运行模式时灯亮；MON，监视选择模式时灯亮。

（3）单位显示：Hz，显示频率时灯亮；A，显示电流时灯亮；V，显示电压时灯亮。

3. 操作键

操作键用于更换画面、变更数据和设定频率等。

（1）

键：模式转换键，用来更改工作模式，由现行画面转换为菜单画面，或者在运行/跳闸模式转换至初始画面。如显示、运行及程序设定模式等。

（2）旋钮：用于快速增加或减小数据。

（3）

键：运行模式切换键，外部运行模式（用另行设置的频率和启动信号进行）的情况下，请按此键，使运行模式显示 EXT 亮灯（组合运行模式请改变 Pr. 79）。

（4）

键：用于确定各类设置。如果在运行中按下，监视器将循环显示：

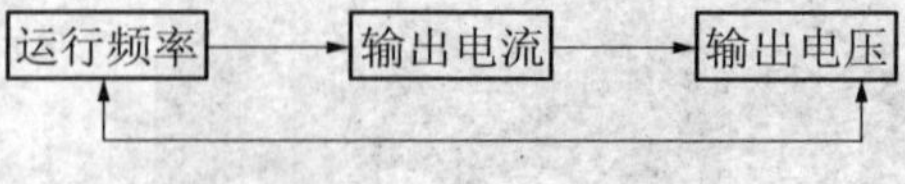

（5）

键：用于停止运行；也可报警复位。

（6）

键：正转运行。

（7）

键：反转运行。

1.1.6 键盘面板操作体系

基本操作包括监视器、频率设定，参数设定和报警历史等，如图 1－40 所示。

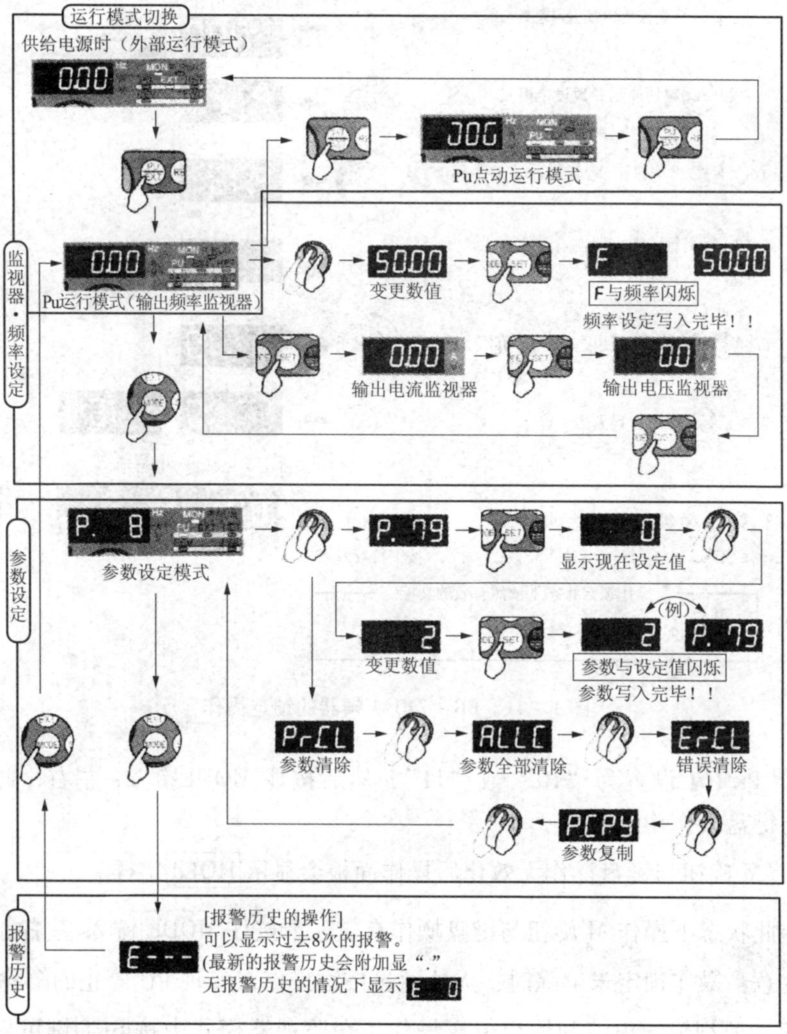

图 1－40 键盘面板基本操作

（1）锁定操作。FR－740 变频器的锁定操作，可以防止参数变更或防止发生意外启动或停止，使操作面板的 M 旋钮、键盘操作无效化。请设置 Pr. 161 频率设定/键盘锁定操作选择为“10”或“11”（键锁有效）。操作步骤如图 1－41 所示。

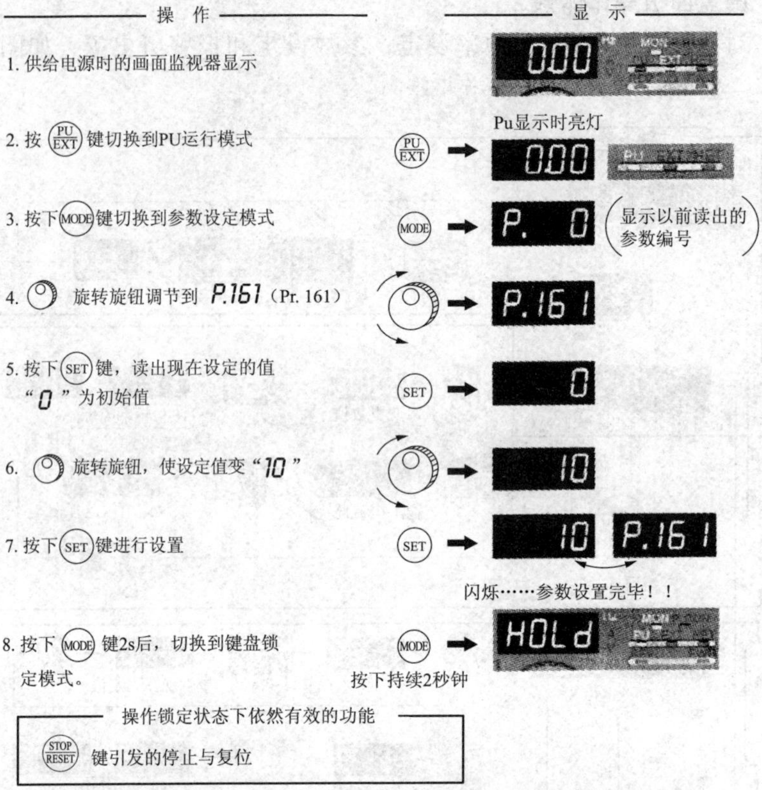

图 1－41　FR－740 变频器的锁定操作

1）Pr. 161 设置为“10”或“11”，然后按住 MODE 键 2s 左右，此时 M 旋钮与键盘操作均无效。

2）M 旋钮与键盘操作无效化后操作面板会显示[HOLd]字样。

在此状态下操作 M 旋钮与键盘操作有效，请按住[MODE]键 2s 左右。

注意：操作锁定未解除时，无法通过按键操作来实现 PU 停止的解除。

（2）监视输出电流和输出电压操作。在监视器模式中按[SET]键可以循环显示输出频率、输出电压和输出电流。FR－740 变频器的监视操作如图 1－42 所示。

（3）第一优先监视器操作。持续按下 SET 键 1s，可设置监视器最先显示的内容（想恢复到输出频率监视器的情况下，先让频率显示到监视器上，然后持续按住[SET] 1s）。

操　作 | 显　示

1. 运行中用(MODE)键使输出频率显示到监视器上。

2. 运行中或停止中，与运行模式无关，用(SET)键可把输出电流显示到监视器上。

3. 再次按下(SET)键时输出电压显示到监视器上。

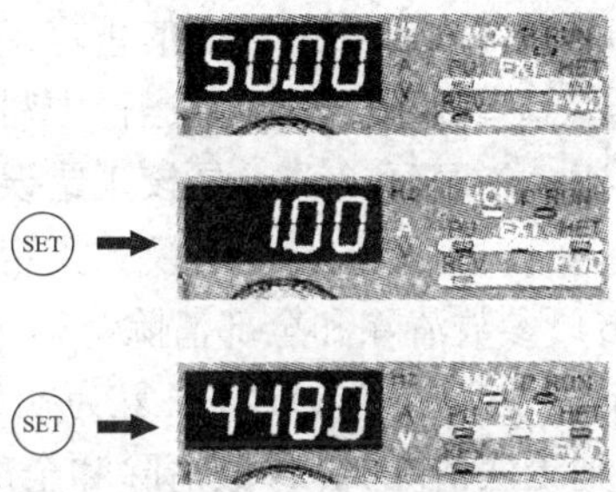

图 1－42　FR－740 变频器的监视操作

（4）按就会显示现在的设定频率。

（5）变更参数设定值的操作。变更参数设定值的操作如图 1－43 所示。本例以变更上限频率的操作为例。

操　作 | 显　示

1. 供给电源时的画面监视器显示

2. 按(PU/EXT)键切换到PU运行模式

3. 按下(MODE)键切换到参数设定模式

4. 请旋转◎旋钮调节到 P.　1（Pr.1）

5. 按下(SET)，读取当前设定的值
显示“1200”（初始值）

6. 请旋转◎，变更为设定值“5000”

7. 按下(SET)键进行设置

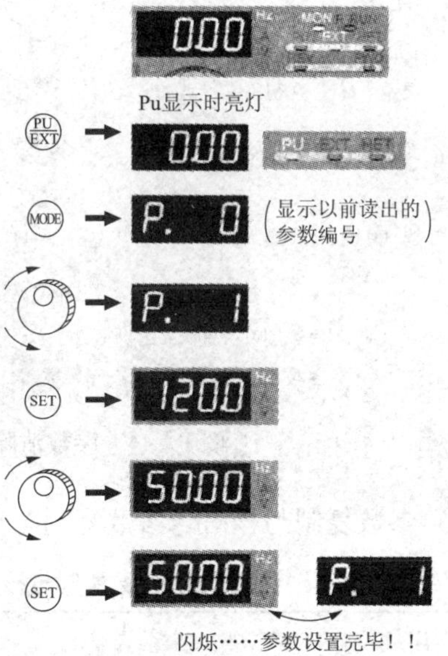

- ◎旋转旋钮可以读取其他参数
- 按(SET)键再次显示设定值
- 按2次(SET)键显示下一个参数
- (MODE)按下2次后，返回到频率监视器

图 1－43　变更上限频率的操作

注意：在操作过程中如有Er 1 ~ Er 4，则表示下列错误：

Er 1——显示……，是禁止写入错误；

Er 2——显示……，是运行中写入错误；

Er 3——显示……，是校正错误；

Er 4——显示……，是模式指定错误。

（6）参数清除和全部清除。通过设定 Pr. CL 进行参数清除，ALLC 参数全部清除 = “1”，使参数将恢复为初始值（如果设定为 Pr. 77 参数写入选择 = “1”，则无法清除），参数清除和全部清除操作如图 1 – 44 所示。

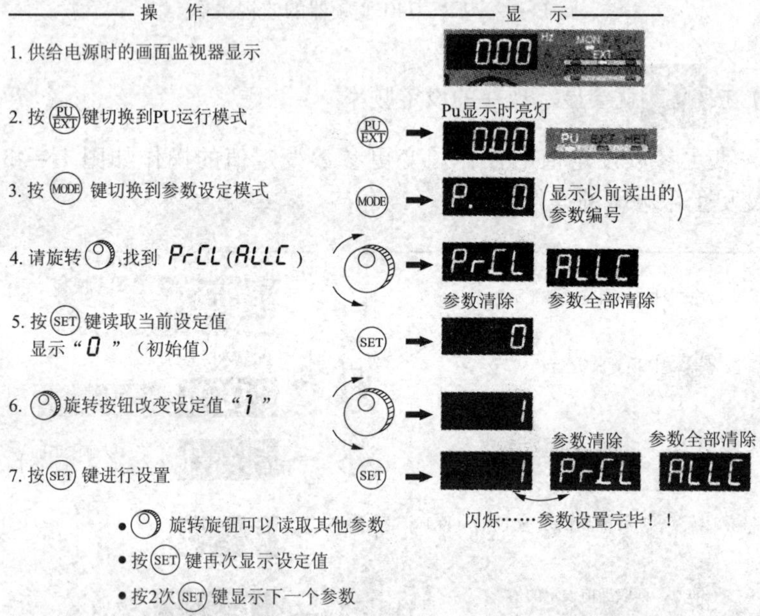

图 1 – 44　参数清除和全部清除操作

（7）参数复制与核对。参数复制与核对的设定值见表 1 – 3。

表 1 – 3　　参数复制与核对的设定值

PCPY	内　　容
0	取消
1	将复制源的参数复制到操作面板
2	将已经复制到操作面板的参数写入复制目标变频器
3	核对变频器和操作面板的参数

1）复制目标变频为 FR－740 变频器系列以外时，会显示“机型错误”。

2）关于参数能否进行复制，请参见 FR－740 变频器参数后进行确认。

3）在参数复制的写入过程中，如果因电源切断、按下操作面板等导致写入中断时，请再次实施写入操作，或通过参数核对来确认设定值是否正确。

◎［实战演练］

1.1.7 实战内容

（1）认识变频器的外形结构。

（2）掌握变频器面板的拆装方法。

（3）熟悉变频器面板的操作。

1.1.8 设备、工具和材料准备

（1）工具。电工工具 1 套。

（2）仪表。MF－500B 型万用表。

（3）器材。FR－A740－2.2k－CHT 变频器 1 台、1.1kW 电动机 1 台。

1.1.9 操作步骤

1. 变频器部件的认识

变频器从外部结构上看，有开启式和封闭式两种。开启式的散热性能好，但接线端子外露，适用于电器柜内部安装；封闭式的接线端子全部在内部，不打开盖子是看不见的。这里所用的变频器是封闭式的。

2. 前端盖的拆卸方法

（1）松开操作面板的两处螺钉（螺钉不能拆下）。如图 1－45 所示。

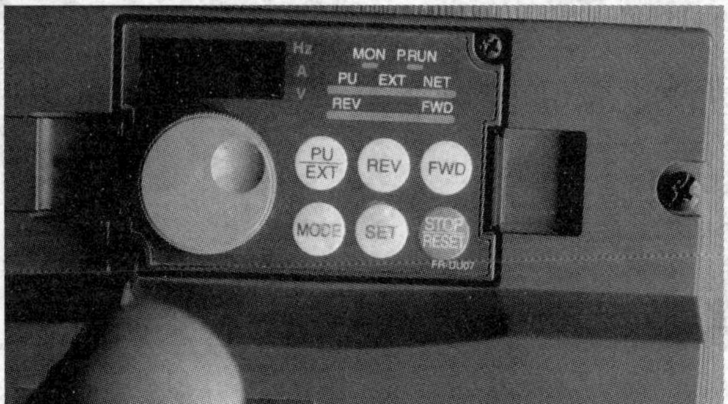

图 1－45 拆卸螺钉

（2）按住操作面板左右两侧的插销，把操作面板往前拉出后卸下。如图 1－46 所示。

图 1－46　卸下操作面板

3. 拆装键盘面板

（1）22kW 以下变频器的拆装：

1）拆卸。先松开盖板的固定螺钉，如图 1－47（a）所示。然后一边按着表面护盖上的安装卡爪，一边以左边的固定卡爪为支点向上拉然后取下。如图 1－47（b）所示。

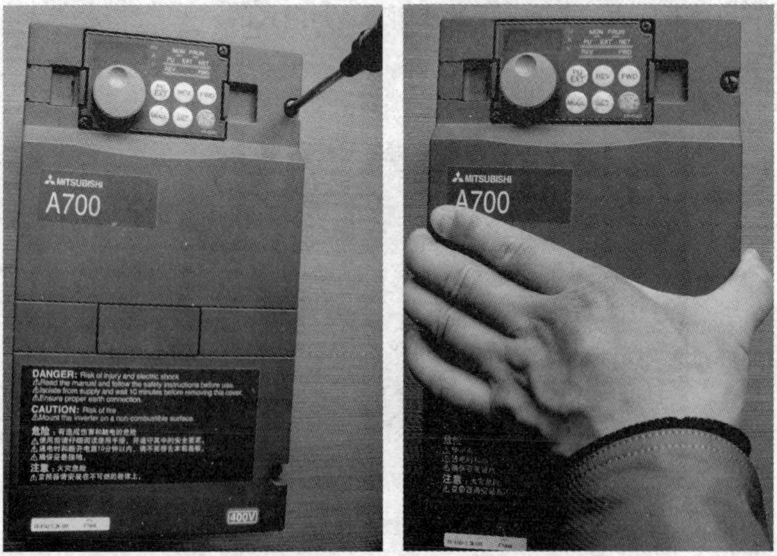

(a)　　(b)

图 1－47　拆下面板

（a）拆卸螺钉；（b）取下面板

2）安装。先将表面护盖左侧的两处固定卡爪插入机体的接口，如图1－48（a）所示。然后以固定卡爪部分为支点确实地将表面护盖压进机体（也可以带操作面板安装，但要注意接口完全连接好），如图1－48（b）所示；最后请拧紧安装螺钉，如图1－48（c）所示。

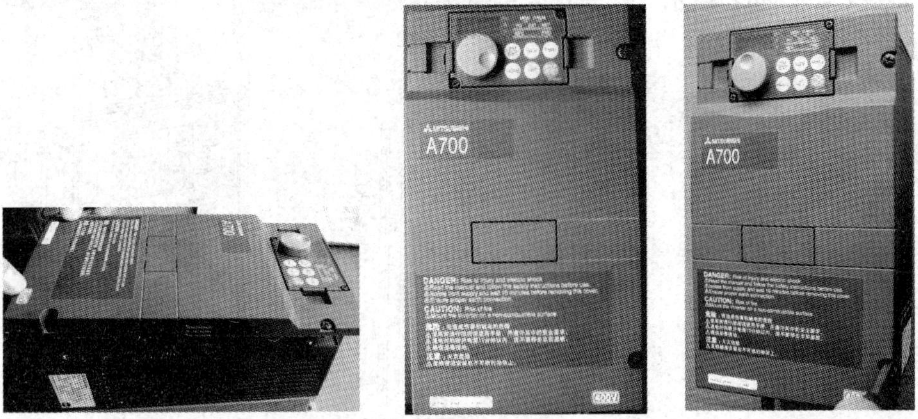

(a) (b) (c)

图1－48　安装面板

（a）插入接口；（b）将护盖压进机体；（c）拧紧安装螺钉

（2）30kW以上变频器的拆装：

1）拆卸。先拆下安装前盖板1用的螺钉，如图1－49（a）所示；然后卸下前盖板2的螺钉，如图1－49（b）所示；最后按住前盖板2上右边的两个安装插销并以左面的固定插销为支点向身前拉，就可以将其拆下，如图1－49（c）所示。

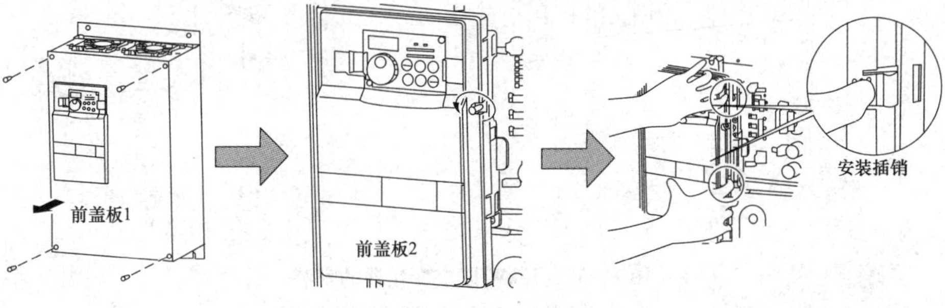

(a) (b) (c)

图1－49　30kW以上变频器的拆卸

（a）拆卸前盖板1螺钉；（b）拆卸前盖板2螺钉；（c）拆下端盖

2）安装。先将盖板 2 的左侧两处固定插销插入主机的插入口，如图 1－50（a）所示；然后以盖板插销为支点，把前盖板 2 完全推入机身，（也可以带操作面板安装，但要注意接口完全连接好），如图 1－50（b）所示；拧紧安装前盖板 2 用的螺钉，如图 1－51（c）所示；最后安装前盖板 1 用的螺钉，如图 1－51（d）所示。

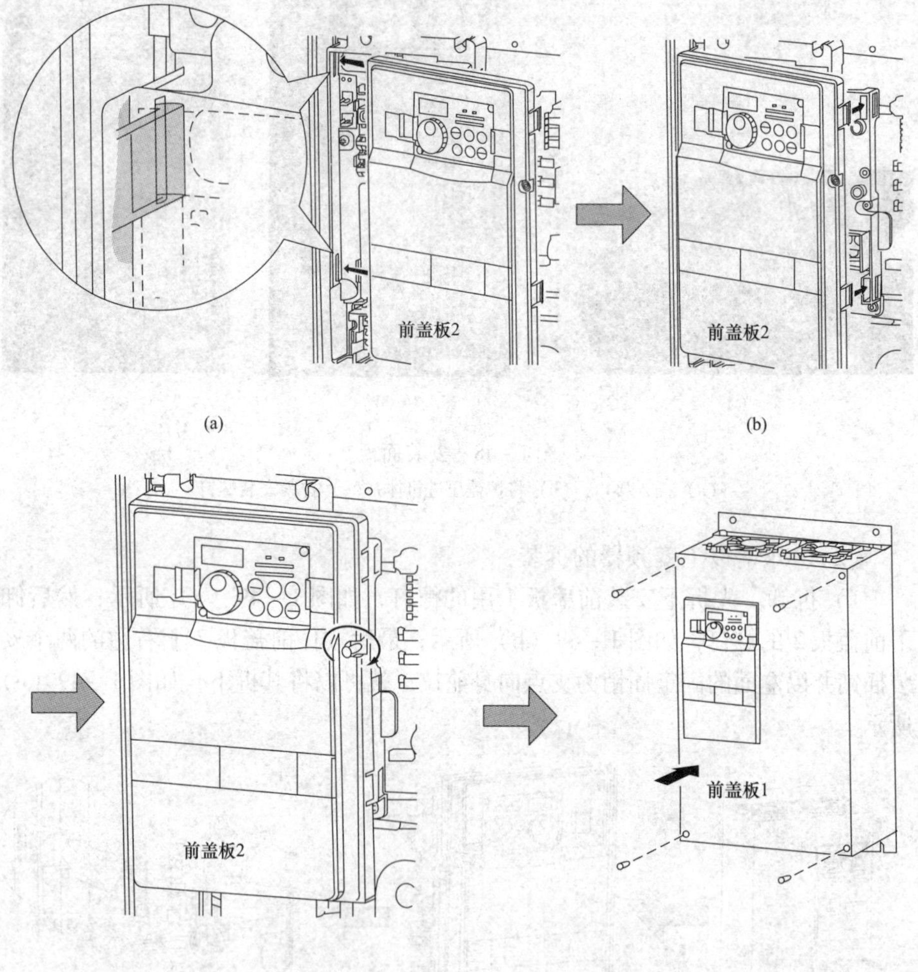

图 1－50　30kW 以上变频器的安装

（a）插入接口；（b）将护盖压进机体；

（c）拧紧前盖板 2 螺钉；（d）拧紧前盖板 1 螺钉

（3）注意事项。

1）不要在带电的情况下拆下操作面板。

2）不要在带电时进行拆装。

3）抬起时要缓慢轻拿。

◎［自我训练］

1. 变频器通常有哪几部分组成?

2. 什么是电压型变频器和电流型变频器？各有什么特点?

3. 简述 PWM 型变频器的工作原理。

4. 简述拆开前盖板的拆卸方法与安装方法步骤。

5. 简述操作面板的拆卸与安装方法步骤。

6. 按［实战演练］所述操作步骤完成下列操作：

（1）认识通用变频器的铭牌、外观和结构。

（2）反复练习前盖板的拆卸与安装。

（3）反复练习操作面板的拆卸与安装。

1.2 变频器的选用、安装与维护

学习目的

1. 熟悉变频器的选用原则。

2. 掌握变频器的安装要求、安装步骤和维护方法。

◎［基础知识］

1.2.1 变频器的选用

变频器的选择不仅与电动机的结构形式及容量有关，还与电动机所带负载的类型有关。

1. 笼型电动机

笼型电动机选择变频器拖动时，主要依据以下几项要求：

（1）依据负载电流选择变频器。电动机采用变频器运转同采用工频电源运转相比，由于输出电压、电流中所含高次谐波的影响，电动机的效率、功率因数将降低，电流增加 10%。

（2）标准电动机在额定电压、额定电流和额定频率下运行时电流为最大，温升也为最大，不允许超负载转矩使用。额定频率为 50Hz 的电动机在 60Hz 下运转时温度有裕量，可以在额定电流（额定转矩）下使用。

选择变频器的额定电流应大于标准电动机的额定电流，变频器的容量应不小于标准电动机的容量。

2. 绕线转子异步电动机

绕线转子异步电动机采用变频器控制运行，大多是对老设备进行改造，以充分利用已有的电动机。改用变频器调速时，可将绕线转子异步机的转子短路，去掉电刷和启动器。考虑到电动机输出时的温升问题，所以所选变频器容量要降低10%以上。绕线转子异步电动机转子内阻较小，是一种高效的笼形异步电动机，但容易发生谐波电流引起的过电流跳闸现象，所以应选择比通常容量稍大的变频器。

由于绕线转子异步电动机变速负荷的 GD^2（飞轮矩）一般比较大，因此设定变频器的加、减速时间要长一些。

3. 变极电动机

变极电动机为2~4极变速，采用变频器控制时改接引线即可，从而可以在更广的调速范围内使用。

变极电动机采用变频器控制，选择及使用时应注意以下几点：

（1）切换极数一定要在电动机停止后进行，如果在旋转中切换，切换时将流过很大的电流，变频器过电流保护动作使电动机处于自由停车状态，不能继续运转。

（2）变极电动机的机座号比一般电动机大，电流也大，所以需要选择大级数容量的变频器。

（3）在工频电源下使用的变极电动机改为变频器控制时，转动部分的强度、轴承寿命等都有限制。特别要注意在高极数下、工频以上运转时最高频率的设置。

4. 带制动器的电动机

在生产设备中，为了电动机定位、安全急停车和停止时保持静止，必须使用带机械式制动器的电动机。机械式制动器有各种结构，带圆盘形制动器有交流电磁铁式和直流电磁铁式两种。

带制动器的电动机用变频器传动时，需要注意以下几点：

（1）制动器电源一定要接在变频器的输入端。由于变频器的输出电压在低速时为低电压，所以电磁铁的吸引力减弱，制动器将不能松开，因此，制动器电源不能同电动机一样接在变频器的输出侧。

（2）从工频以上频率的速度停止。这种制动器是利用摩擦将机械能变为热能消耗掉，制动能量与转速的二次方成比例。为了防止制动盘的异常磨损、烧伤，因此，通用制动器电动机采用变频器传动时必须充分注意从工频以上频率开始的制动。最好先用变频器内藏再生制动回路或者选用件制动单元减速到工频以下频率，然后再用制动器制动。

5. 变频器类型的选择

（1）风机、泵类负载。此类负载 $T_L \propto n^2$，低速下负载转矩较小，通常可以选择普通功能型。

（2）恒转矩类负载。例如挤压机、搅拌机、传送带、厂内运输电车、起重机的平移机构、起重机的提升机构和提升机等，有两种情况：

1）采用普通功能型变频器。为了实现恒转矩调速，常采用加大电动机和变频器容量的方法，以提高低速转矩。

2）采用具有转矩控制功能的高功能型变频器实现恒转矩负载的恒速运行，是比较理想的。因为这种变频器低速转矩大，静态机械特性硬度大，不怕冲击负载，具有挖土机特性。从目前看，这种变频器的性能价格比还是相当令人满意的。

恒转矩负载下的传动电动机，如果采用通用标准电动机，则应考虑低速下的强迫通风冷却。新设备投产，可以考虑使用专为变频调速设计加强了绝缘等级，并考虑了低速强迫通风的变频专用电动机。

（3）轧钢、造纸、塑料薄膜加工线。这一类对动态性能要求较高的机械，原来多采用直接传动方式。目前，矢量控制型变频器已经通用化，加之笼型电动机具有坚固耐用、不用维护、价格便宜等优点，所以，对于要求精度高、响应快的生产机械，采用具有矢量控制高性能型通用变频器是一种很好的方案。

1.2.2 变频器的安装

1. 通用变频器的安装要求

变频器属于电子器件装置，为了确保变频器安全、可靠地稳定运行，变频器的安装环境应满足下列要求：

（1）环境温度。温度是影响变频器寿命及可靠性的重要因素，一般要求为 -10 ~40℃。如散热条件好（如除去外壳），则上限温度可提高到50℃。如果变频器长期不用，存放温度最好在 -10 ~30℃之间。如果不能满足这些要求，应安装空调。

（2）环境温度。相对湿度不超过90%（无结露现象）。对于新建厂房或在阴雨季节，每次开机前，应检查变频器是否有结露现象，以避免变频器发生短路故障。

（3）安装场所。宜在海拔 1000m 以下使用。如果海拔超过 1000m，则其散热能力下降，变频器最大允许输出电流和电压都要降低使用。

在室内使用时，安装位置应选择无直射阳光、无腐蚀性气体及易燃气体、尘埃少的环境。潮湿、腐蚀性气体及尘埃是造成变频器内部电子器件生锈、接触不良、绝缘性能降低的重要因素。对于有导电性尘埃的场所，要采用封闭结构。对有可能产生腐蚀性气体的场所，应对控制板进行防腐处理。

2. 安装说明

（1）墙挂式安装。由于变频器本身具有较好的外壳，故在一般情况下，允许直接靠墙安装，称为墙挂式。如图 1－51 所示。

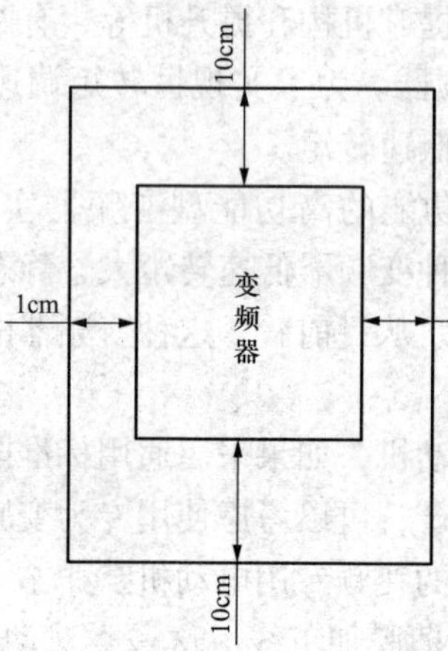

图 1－51　墙挂式安装变频器周围的间隙

为了具有良好的通风，变频器与周围阻挡物之间的距离应符合以下要求：

1）两侧大于或等于 100mm。

2）上下方大于或等于 150mm。

为了改善冷却效果，所有变频器都应垂直安装。此外，为了防止异物掉在变频器的出风口而阻塞风道，最好在变频器出风口的上方加装保护网罩。

（2）柜式安装。当周围的尘埃较多时，或和变频器配用的其他控制电器较多而需要和变频器安装在一起时，采用柜式安装。具体的安装方法如下：

1）在比较洁净、尘埃很少时，尽量采用柜外冷却方式。如图 1－52（a）所示。

2）如果采用柜内冷却时，应在柜顶加装抽风式冷却风扇。冷却风扇的位置应尽量在变频器的上方，如图 1－52（b）所示。

当一台控制柜内装有两台或两台以上变频器时，应尽量并排安装（横向排列），如图 1－53（a）所示；如必须采用纵向排列时，则应在两台变频器间加一块隔板，以避免下面变频器出来的热风直接进入到上面的变频器内，如图 1－53（b）所示。

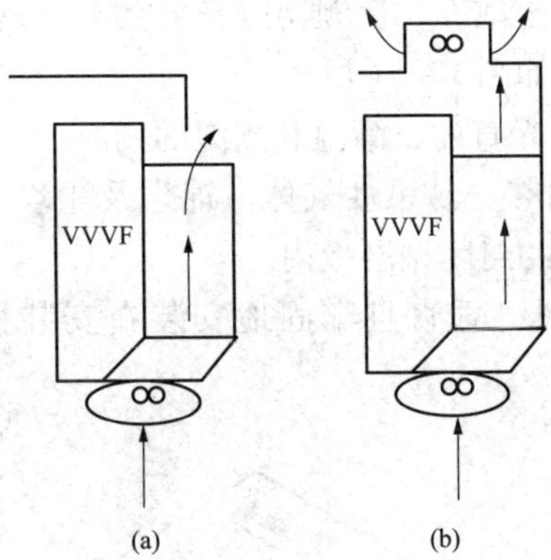

图 1－52　变频器周围的间隙

（a）柜外冷却方式；（b）柜内冷却方式

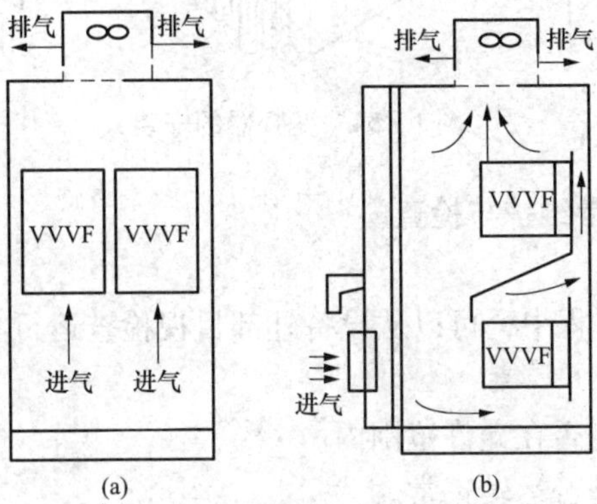

图 1－53　两台变频器在电气柜中的安装方法

（a）横向排列；（b）纵向排列

变频器在控制柜内切勿上下颠倒或平放安装，变频控制柜在室内的空间位置，要便于变频器的定期维护。

3. 安装注意事项

（1）变频器使用了塑料零件，为了不造成破损，要小心使用，不要在前盖板上用力太大。

（2）变频器应安置在不易受振动的地方，注意台车、冲床等的振动。

（3）注意周围的温度。周围温度对变频器的使用寿命影响很大，因此安装场所的周围温度不能超过允许温度（－10～50℃）。

（4）安装在不可燃的表面上。变频器可能达到很高的温度（最高约

150℃)，为了使热量易于散发，变频器应安装在不可燃的表面上，并在其周围留有足够的空间散热，如图 1－51 所示。

(5) 避免安装在阳光直射、高温和潮湿的场所。

(6) 避免安装在油雾、易燃性气体、棉尘及尘埃等较多的场所，或安装在可阻挡任何悬浮物质的封闭型屏板内。

(7) 变频器要用螺钉垂直且牢固地安装在安装板上，方向如图 1－54 所示。

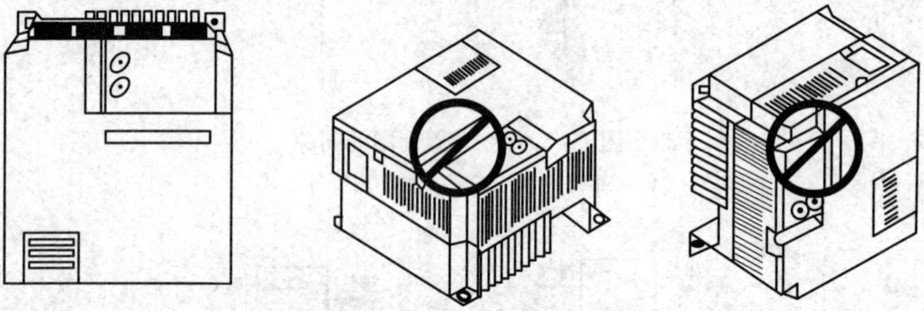

图 1－54　变频器的安装

1.2.3　变频器的日常维护与检查

1. 日常检查

变频器在运行过程中，可以从设备外部目视检查运行状况有无异常。主要检查项目有：

(1) 电源电压是否在允许范围内。

(2) 冷却系统是否运转正常。

(3) 变频器、电动机是否过热、变色或有异味。

(4) 变频器、电动机是否有异常振动和噪声。

(5) 安装地点的环境有无异常。

2. 变频器的定期维护

定期维护应放在暂时停产期间，在变频器停机后进行。主要维护项目有：

(1) 对紧固件进行必要的紧固。

(2) 清扫冷却系统积尘。

(3) 检查绝缘电阻是否在允许范围内。

(4) 检查导体、绝缘物是否有腐蚀、变色或破损。

(5) 确认保护电路的动作。

(6) 检查冷却风扇、滤波电容器、接触器等的工作情况。

3. 维护时的注意事项

（1）操作前必须切断电源，且在主电路滤波电容器放电完毕，电源指示灯 HL 熄灭后再行作业，以确保操作者的安全。

（2）在出厂前，生产厂家都已对变频器进行了初始设定，一般不能任意改变这些设定。在改变了初始设定后又希望恢复初始设定值时，一般需进行初始化操作。

（3）在新型变频器的控制电路中使用了许多 CMOS 芯片，用手指直接触摸电路板将会使这些芯片因静电作用而损坏，因此不能用手直接触摸电路板。

（4）在通电状态下不允许进行改变接线或拔插连接件等操作。

（5）在变频器工作过程中不允许对电路信号进行检查。这是因为连接测量仪表时所出现的噪声以及误操作可能会使变频器出现故障。

（6）当变频器发生故障而无故障显示时，注意不能再轻易通电，以免引起更大的故障。这时应对断电做电阻特性参数测试，初步查找故障原因。

◎［技能实操］

1.2.4　变频器的接线

1. 主电路的接线

（1）主电路的基本接线。变频器主电路的基本接线如图 1－55 所示。变频器的输入端和输出端是绝对不允许接错的。万一将电源进线接到了 U、V、W 端，则不管哪个逆变管导通，都将引起两相间的短路而将逆变管迅速烧坏，如图 1－56 所示。

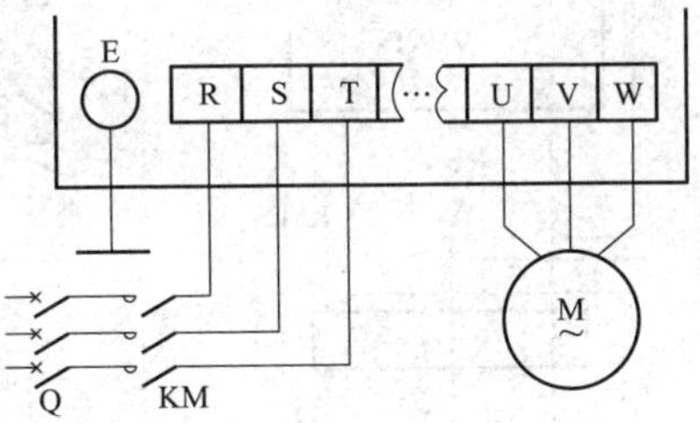

图 1－55　主电路的基本接线

Q—空气断路器；KM—接触器；R、S、T—变频器的输入端，接电源进线；U、V、W—变频器的输出端，接电动机

注意：不能用接触器 KM 的触头来控制变频器的运行和停止，应该使用控制面板上的操作键或接线端子上的控制信号；变频器的输出端不能接电力电容器或浪涌吸收器；电动机的旋转方向如果和生产工艺要求不一致，最好用调换

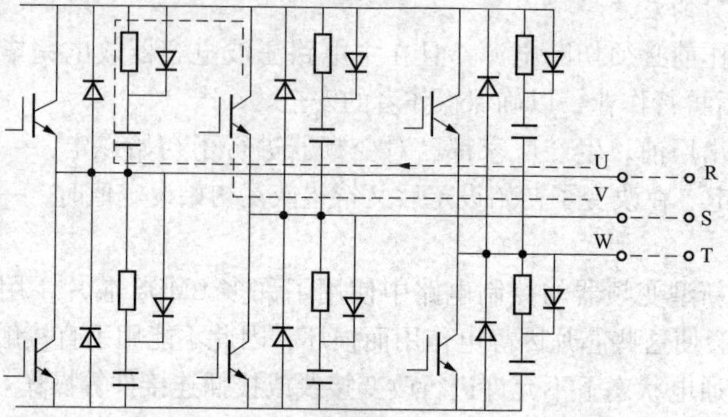

图 1-56　电源接错的后果

变频器输出相序的方法，不要用调换控制端子 FWD 或 REV 的控制信号的方法来改变电动机的旋转方向。

设计变频器与工频电源的切换电路。某些负载是不允许停机的，当变频器发生故障时，必须迅速将电动机切换到工频电源上，使电动机不停止工作。变频器与工频电源的切换电路如图 1-57 所示。

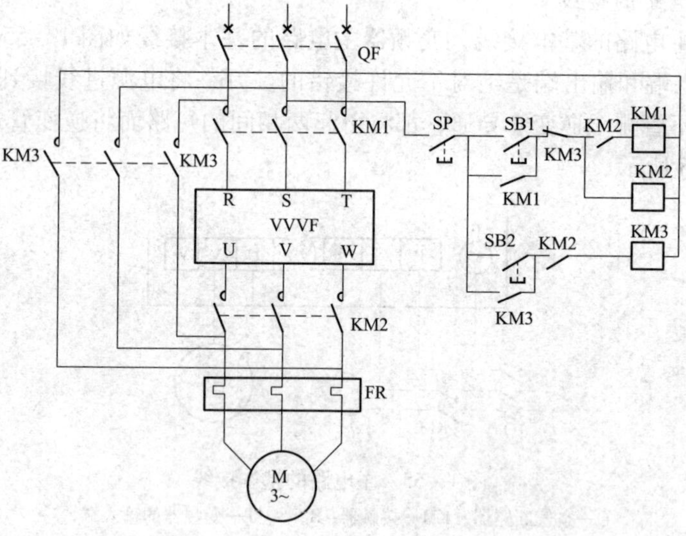

图 1-57　变频器与工频电源的切换电路

（2）主电路线径的选择。主电路线路包括电源与变频器之间的导线及变频器与电动机之间的导线。

1）电源与变频器之间的导线。一般来说，电源与变频器之间的导线的选择方法和同容量普通电动机的电线选择方法相同。考虑到其输入侧的功率因数往往较低，应本着宜大不宜小的原则来决定线径。

2）变频器与电动机之间的导线。因为频率下降时，电压也要下降，在电流相等的条件下，线路电压降 ΔU 在输出电压中的比例将上升，而电动机得到电压的比例则下降，有可能导致电动机发热。所以在选择变频器与电动机之间的导线时，最关键的因素便是线路电压降的影响。一般要求

$$\Delta U \leqslant (2\sim3)\%U_{\mathrm{N}}$$

ΔU 的计算公式为

$$\Delta U=\frac{\sqrt{3}I_{\mathrm{MN}}R_0}{1000}\cdot l$$

式中 I_{MN}——电动机的额定电流，A；

R_0——单位长度（每米）导线的电阻，mΩ/m；

l——导线长度，m。

常用电动机引出线的单位长度电阻值见表1-4。

表1-4　常用电动机引出线的单位长度电阻值

标称截面值（mm^2）	1.0	1.5	2.5	4.0	6.0	10.0	16.0	25.0	35.0
R_0（mΩ/m）	17.8	11.9	6.92	4.40	2.92	1.73	1.10	0.69	0.49

2. 控制电路的接线

（1）模拟量控制线。模拟量控制线主要包括：① 输入侧的给定信号线与反馈信号线；② 输入侧的频率信号线和电流信号线。

模拟量信号的抗干扰能力较低，因此必须使用屏蔽线。屏蔽层靠近变频器的一端，应接控制电路的公共端（COM），而不要接到变频器的地端（E）或大地，如图1-58所示；屏蔽层的另一端应该悬空。布线时还应该遵守以下原则：① 尽量远离主电路100mm以上；② 尽量不和主电路交叉，如必须有交叉时，应采取垂直交叉的方法。

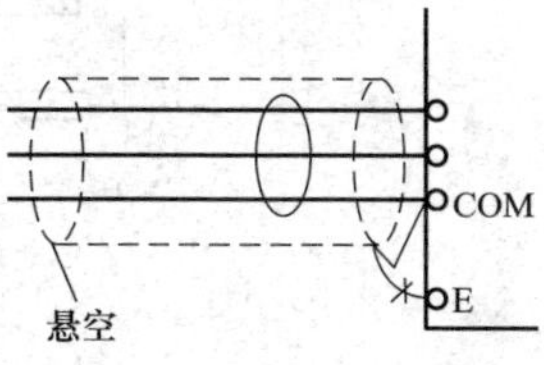

图1-58　屏蔽线的接法

（2）开关量控制线。如启动、点动、多挡转速控制等方式。一般来说，模拟量控制线的接线原则也都适用于开关量控制线。但开关量的抗干扰能力较强，故在距离不远时，允许不使用屏蔽线，但同一信号的两根线必须绞在一

起。如果操作台离变频器较远，应该先将控制信号转变成能远距离传送的信号，再将能远距离传送的信号转变成变频器所要求的信号。

（3）变频器的接地。所有变频器都专门有一个接地端子“E”，用户应将此端子与大地相接。当变频器和其他设备，或有多台变频器一起接地时，每台设备都分别与地线相接，如图1－59（a）所示；不允许将一台设备的接地端和另一台设备的接地端相接后再接地，如图1－59（b）所示。

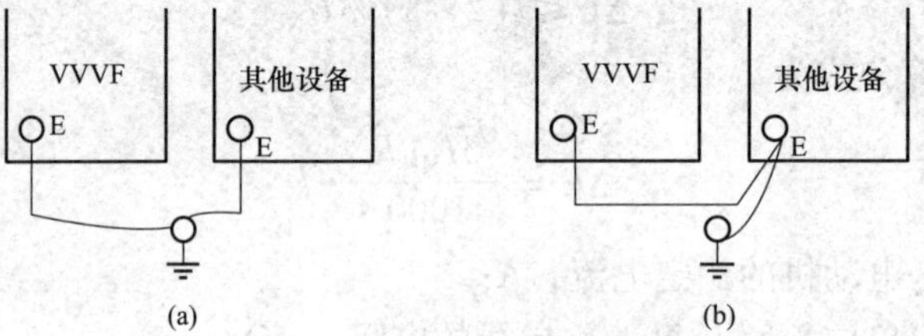

图1－59　变频器和其他设备的接地

（a）正确接法；（b）错误接法

（4）大电感线圈的浪涌电压吸收电路。接触器、电磁继电器的线圈及其他各类电磁铁的线圈都具有很大的电感。在接通和断开的瞬间，由于电流的突变，它们会产生很高的感应电动势，因而在电路内形成峰值很高的浪涌电压，导致内部控制电路的误动作。所以，在所有电感线圈的两端，必须接入浪涌电压吸收电路，在大多数情况下，可采用阻容吸收电路，如图1－60（a）所示；在直流电路的电感线圈中，也可以只用一个二极管，如图1－60（b）所示。

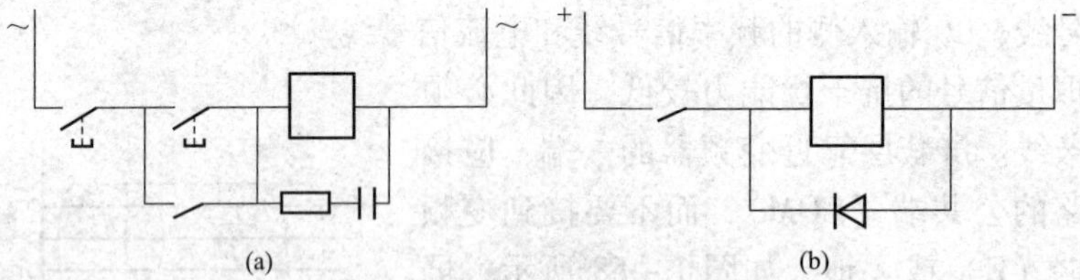

图1－60　变频器的接线

（a）阻容吸收电路；（b）直流吸收电路

1.2.5　变频器的外部接口电路

变频器的外部接口电路通常包括逻辑控制指令输入电路、频率指令输入/输出电路、过程参数检测信号输入/输出电路和数字信号输入/输出电路等。而变频器和外部信号的连接需要通过相应的接口进行，如图1－61所示。

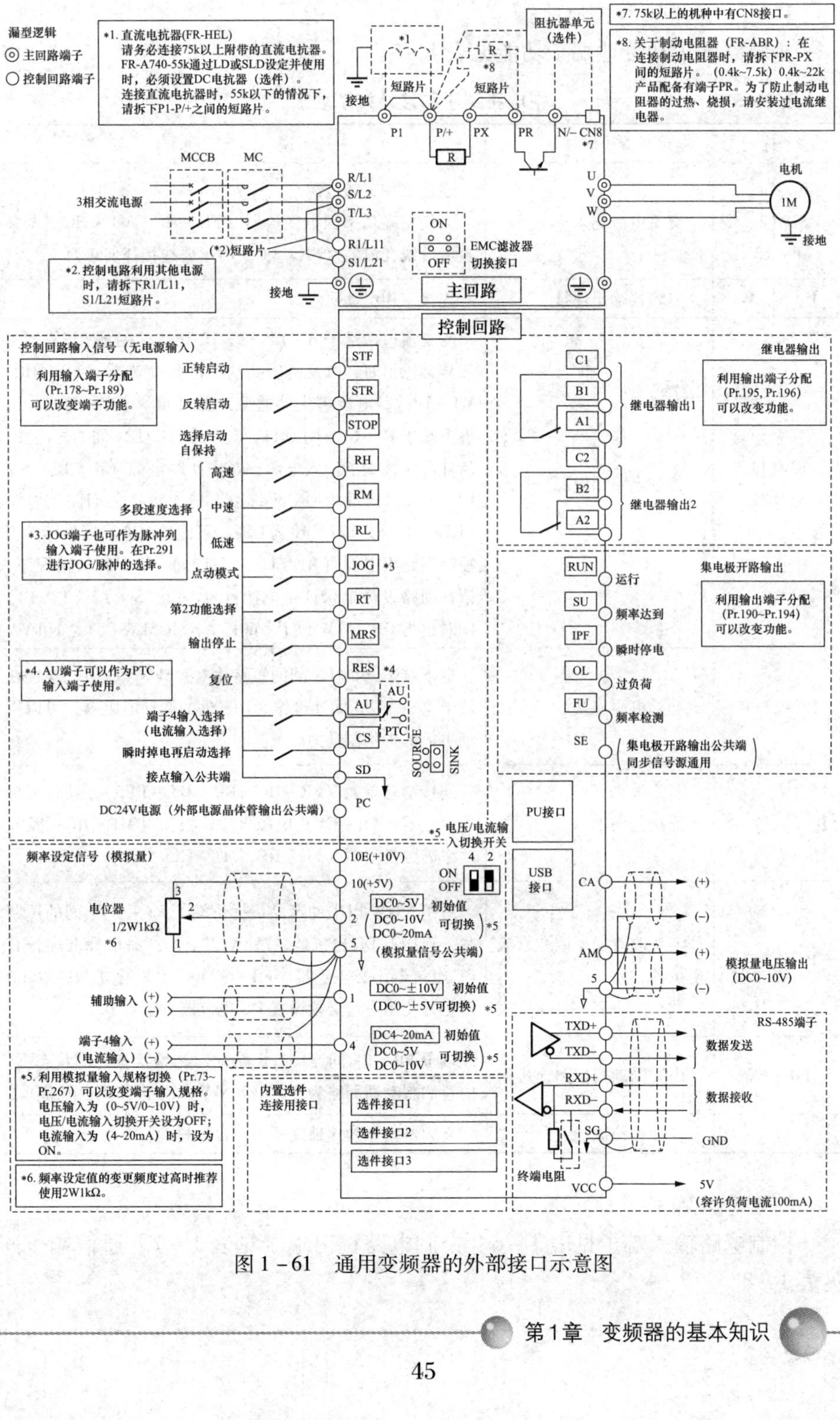

图 1－61　通用变频器的外部接口示意图

1. 主电路端子和接地端子

主电路端子和接地端子功能见表1－5。

表1－5　主电路端子和接地端子功能

端子标记	端子名称	说　　明
R／L1、S／L2、T／L3	交流电源输入	连接三相工频电源 当使用高功率因数变流器（FR－HC，MT－HC）及共直流母线变流器（FR－VC）时不要连接任何东西
U，V，W	变频器输出连接	连接三相电动机
R1/L11 S1/L21	控制电路用电源	与交流电源端子R／L1、S／L2相连，在保持异常现实或异常输出时，以及使用高功率因数变流器（FR－HC，MT－HC），电源再生共通变流器（FR－VC）等时，请拆下端子R／L1—R1/L11，S／L2—S1/L21间的短路片，从外部对该端子输入电源，在主回路电源（R／L1、S／L2、T／L3）设为ON的状态下请勿将控制回路用电源（R1/L11，S1/L21）设为OFF，可能造成变频器损坏。当控制回路用电源（R1/L11，S1/L21）为OFF的情况下，请在回路设计上保证主电源（R／L1、S／L2、T／L3）同时也为OFF15kW以下：60kVA，18.5kW以上：80kVA
P/＋，PR	制动电阻连接	拆下端子PR、PX间的短路片（7.5kW以下），连接在端子P/＋—PR间连接作为任选件的制动电阻器，可以得到更大的再生制动力
P/＋，N/－	连接制动单元	连接制动单元（FR－BU、BU、MT－BU5），共直流母线变流器（FR－CV）电源再生转换器（MT－RC）及高功率因数变流器（FR－HC，MT－HC）
P/＋，P1	连接改善功率因数直流电抗器	对于55kW以下的产品请拆下端子P/＋—P1间的短路片，连接上DC电抗器，75kW以上的产品已标准配备有DC电抗器，必须连接。FR－A740－55k通过LD或SLD设定并使用时，必须设置DC电抗器（选件）
PR、PX	内置制动器回路连接用	端子PR、PX间连接有短路片（初始状态）的状态下，内置的制动器回路为有效（7.5kW以下的产品已配备）
⏚	变频器接地	变频器箱体的接地端子，应良好接地

2. 控制电路端子的功能

控制电路输入端子见表1－6。控制电路输出端子见表1－7。通信端子间见表1－8。

表 1-6　　控制电路输入端子的功能

<table>
<tr><th>分类</th><th>端子标记</th><th>端子名称</th><th colspan="2">端子功能说明</th><th>额定规格</th></tr>
<tr><td rowspan="13">触点输入</td><td>SFT</td><td>正转启动</td><td>STF 信号处于 ON 便正转，处于 OFF 便停止</td><td rowspan="2">STF、STR 信号同时为 ON 时变成停止指令</td><td rowspan="4">输入电阻 4.7kΩ，开路电压 DC21 ~ 27V，短路时 DC4 ~6mA</td></tr>
<tr><td>STR</td><td>反转启动</td><td>STR 信号 ON 为反转，OFF 为停止</td></tr>
<tr><td>STOP</td><td>启动自保持选择</td><td colspan="2">使 STOP 信号处于 ON，可以选择启动信号自保持</td></tr>
<tr><td>RH、RM、RL</td><td>多段速度选择</td><td colspan="2">用 RH、RM 和 RL 信号的组合可以选择多段速度</td></tr>
<tr><td rowspan="2">JOG</td><td>点动模式选择</td><td colspan="2">JOG 信号为 ON 时选择点动运行（初期设定），用启动信号（STF 和 STR）可以点动运行</td><td rowspan="9">输入电阻 2kΩ，短路时 DC8 ~ 13mA</td></tr>
<tr><td>脉冲列输入</td><td colspan="2">JOG 端子也可以作为脉冲列输入端子使用。在作为脉冲列输入端子使用时，有必要变更 Pr. 291 的设定值。（最大输入脉冲数：100k imp/s）</td></tr>
<tr><td>RT</td><td>第 2 功能选择</td><td colspan="2">RT 信号为 ON 时，第 2 功能被选择。
设定了（第 2 转矩提升）［第 2V/F（基准频率）］时，也可以用 RT 信号处于 ON 时选择这些功能</td></tr>
<tr><td>MRS</td><td>输出停止</td><td colspan="2">MRS 信号为 ON 时（20ms 以上），变频器输出停止，用电磁制动停止电动机时用于断开变频器的输出</td></tr>
<tr><td>RES</td><td>复位</td><td colspan="2">复位用于解除保护回路动作的保持状态。
使端子 RES 信号处于 ON 在 0.1s 以上，然后断开。工厂出厂时，通常设置为复位。根据 Pr. 75 的设定，仅在变频器报警发生时可能复位，复位解除后约 1s 恢复</td></tr>
<tr><td rowspan="2">AU</td><td>端子 4 输入选择</td><td colspan="2">只有把 AU 信号置为 ON 时端子 4 才能用。（频率设定信号 DC4 ~ 20mA 之间可以操作）AU 信号置为 ON 时端子 2（电压输入）的功能将无效</td></tr>
<tr><td>PTC 输入</td><td colspan="2">AU 端子也可以作为 PTC 输入端子使用（保护电动机的温度），用作 PTC 输入端子时，要把 AU/PTC 切换开关切换到 PTC 侧</td></tr>
<tr><td>CS</td><td>瞬停再启动选择</td><td colspan="2">CS 信号预先处于 ON，瞬时停电再恢复时变频器便可自动启动，但用这种运行必须设定有关参数，因为出厂设定为不能再启动</td></tr>
</table>

续表

分类	端子标记	端子名称	端子功能说明	额定规格
	SD	公共输入端子（漏型）	接点输入端子（漏型）的公共端子。 DC24V，0.1A 电源（PC 端子）的公共输出端子与端子 5 及端子 SE 绝缘	—
	PC	外部晶闸管输出公共端，DC24V 电源接入公共端（源型）	漏型时当连接晶体管输出（即电极开路输出），例如可编程控制器（PLC）时，将晶体管输出用的外部公共电源接到该端子时，可以防止因漏电引起的误动作，该端子可以使用 24V，0.1A 电源。当选择源型时，该端子作为接点输入端子的公共端	电源范围 DC19.2 ~ 28.8V，消耗电流 10mA
频率设定	10E	频率设定用电源	按出厂状态连接频率设定电位器时，与端子 10 连接。当连接到 10E 时，请改变端子 2 的输入规格	DC10V 容许负载电流 10mA
	10			DC5V 容许负载电流 10mA
	2	频率设定（电压）	如果输入 DC0 ~ 5V（或 0 ~ 10V，0 ~ 20mA），当输入 5V（10V，20mA）时成最大输出频率输入频率与输入成正比。DC0 ~ 5V（出厂值）与 DC0 ~ 10V，0 ~ 20mA 的输入切换用 PR.73 进行控制。电流输入为（0 ~ 20mA）时，电流/电压输入切换开关设为 ON	电压输入的情况下，输入电阻 10kΩ ±1kΩ，最大许可电压 DC20V，电流输入的情况下输入电阻 245Ω ±5Ω，最大许可电流 30mA
	4	频率设定（电流）	如果输入 DC4 ~ 20mA（或 0 ~ 5V，0 ~ 10V），当 20mA 时成最大输出频率，输出频率与输入成正比。只有 AU 信号置为 ON 时此输入信号才会有效（端子 2 的输入将无效）。4 ~ 20mA（出厂值），DC0 ~ 5V，DC0 ~ 10V 的输入切换用 PR.267 进行控制。电压输入为 0 ~ 5V/0 ~ 10V 时，电流/电压输入切换开关设为 OFF。端子功能的切换通过 PR.858 进行设定	
	1	辅助频率设定	输入 DC0 ~ 5 或 0 ~ 10V 时，端子 2 或 4 的品流程设定信号与这个信号相加，用参数单元 PR.73 进行输入 0 ~ 5V 或 DC0 ~ 10VDC（出厂设定）的切换。 通过 PR.868 进行端子功能的切换	输入电阻 10kΩ ± 1kΩ，最大许可电压 DC ±20V
	5	频率设定公共端	频率设定信号（端子 2，1 或 4）和模拟输出端子 CA，AM 的公共端子，请不要接大地	—

表 1-7　　　　控制电路输出端子的功能

分类	端子标记	端子名称	端子功能说明		额定规格
触点输出	A1、B1、C1	继电器输出1(异常输出)	指示变频器因保护功能动作时输出停止的转换触点		输入电阻 4.7kΩ，开路电压 DC21~27V，短路时 DC4~6mA
	A2、B2、C2	继电器输出2	1c 触点出力		
集电极开路	RUN	变频器正在运行	变频器输出频率为启动频率（初始值 0.5Hz）以上时为低电平，正在停止或正在直流制动时为高电平		
	SU	频率到达	输出频率达到设定频率的 ±10%（出厂时为低电平）		
	OL	过负载报警选择	当失速保护功能动作时为低电平，当失速保护功能解除时为高电平		输入电阻 2kΩ，短路时 DC8~13mA
	1PF	瞬时停电	瞬时停电，电压不足保护动作时为低电平		
	FU	频率检测	输出频率为任意设定的检测频率以上时为低电平，未达到时为高电平		
	SE	集电极开路输出公共端	端子 RUN、SU/OL/1PF/FU 的公共端子		
脉冲输出	CA	模拟电流输出	可以从多种监示项目中选一种作为输出信号 输出信号与监示项目的大小成正比	输出项目输出频率（出厂值设定）	容许负载阻抗 200Ω~450Ω 输出信号 DC 0~20mA
模拟输出	AM	模拟信号输出			输出信号 DC0~10V，许可负载电流 1mA（负载阻抗 10kΩ 以上）分辨率 8 位

表 1-8　　　　通信端子的功能

<table>
<tr><th>分类</th><th colspan="2">端子标记</th><th>端子名称</th><th>端子功能说明</th></tr>
<tr><td rowspan="6">RS-485</td><td colspan="2">—</td><td>PU 接口</td><td>通过 PU 接口，进行 RS-485 通信（仅 1 对 1 连接）</td></tr>
<tr><td rowspan="5">RS-485 端子</td><td>TXD+</td><td rowspan="2">变频器传输端子</td><td rowspan="5">通过 RS-485 端子，进行 RS-485 通信
遵守标准：E1A-485（RS-485）
通信方式：多站点通信
通信速率：300～38 400bit/s
最长距离：500m</td></tr>
<tr><td>TXD-</td></tr>
<tr><td>RXD+</td><td rowspan="2">变频器接收端子</td></tr>
<tr><td>RXD-</td></tr>
<tr><td>SG</td><td>接地</td></tr>
<tr><td>USB</td><td colspan="2">—</td><td>USB 连接器</td><td>与个人电脑通过 USB 连接后，可以实现 FR-Configurator 的操作
接口：支持 USB1.1
传输速度：12Mbit/s
连接器：USB B 连接口（B 插口）</td></tr>
</table>

3. 改变控制的逻辑

输入信号出厂时设定为漏型逻辑（SINK）。为了转换控制逻辑，需要转换控制电路端子台背面的跳线（输出信号不论插头位置如何，均可使用漏型逻辑及源型逻辑）。

（1）松开控制回路端子板底部的两个安装螺钉（螺钉不能被拆下），然后用双手把端子板从控制回路端子背面拉下。如图 1-62 所示。

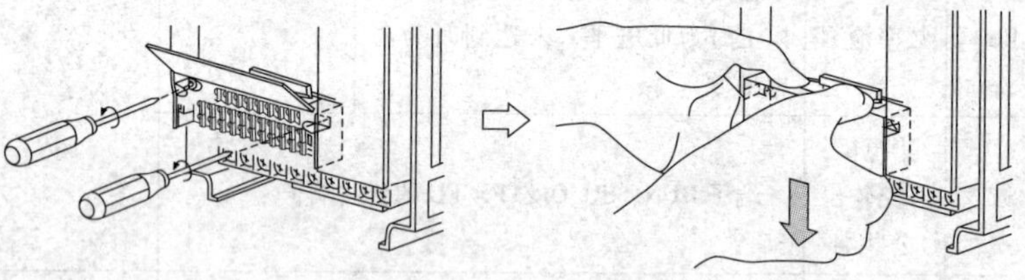

(a)　　　　(b)

图 1-62　拆卸端子板
（a）拆卸螺钉；（b）拉下端子板

（2）将控制回路端子排里面的漏型逻辑（SINK）跳线接口切换为源型逻辑（SOURCE）来切换源型逻辑模式。如图 1-63 所示。

注意：

1）不要把控制电路上的跳线插针弄弯，将控制回路端子板重新安装上并用螺钉把它固定好。如图 1-64 所示。

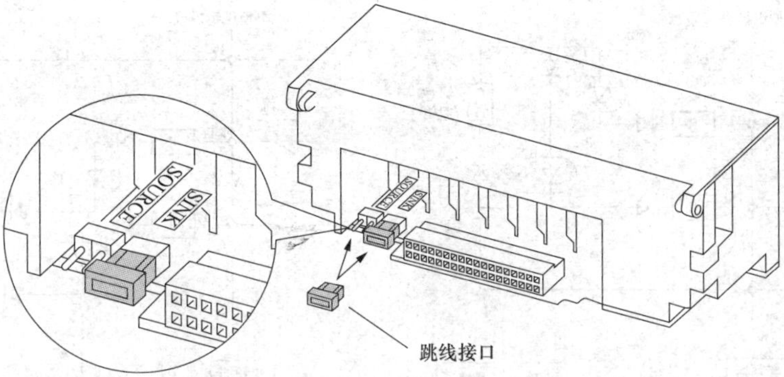

图 1－63　切换源型逻辑模式

2）在带电状态下绝对不能拆卸。

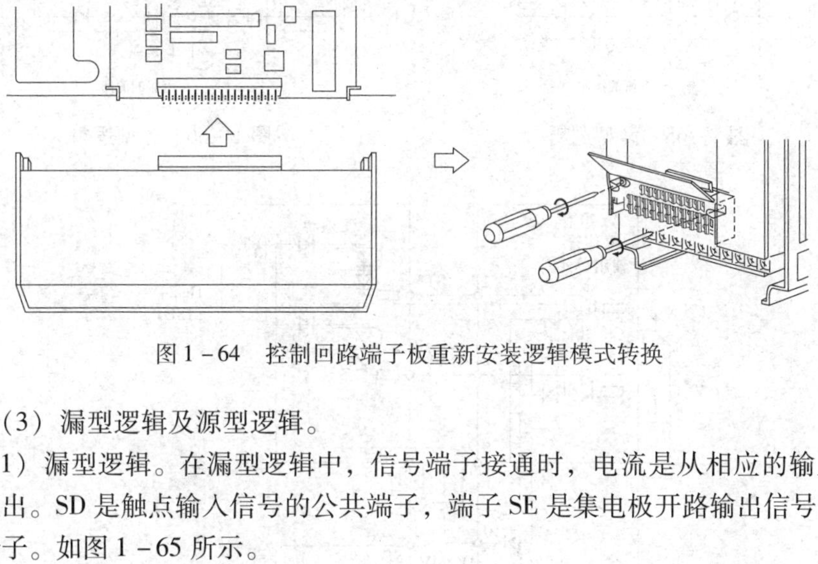

图 1－64　控制回路端子板重新安装逻辑模式转换

（3）漏型逻辑及源型逻辑。

1）漏型逻辑。在漏型逻辑中，信号端子接通时，电流是从相应的输入端子流出。SD 是触点输入信号的公共端子，端子 SE 是集电极开路输出信号的公共端子。如图 1－65 所示。

2）源型逻辑。源型逻辑模式是指信号输入端子中有电流输入时信号为 ON 的逻辑模式。端子 PC 是触点输入信号的公共端子。端子 SE 是集电极开路输出信号的公共端子。如图 1－66 所示。

3）晶体管输入时用外部电源的情况：

① 漏型逻辑。端子 PC 作为公共端子时可以防止漏电流引起的错误动作。（不要将变频器 SD 端子与外部电源 0V 端子连接，切端子 PC－SD 间使用 DC24V 电源时，变频器的外部不可以设置并联的电源。否则，有可能会因漏电而导致错误的动作）如图 1－67 所示。

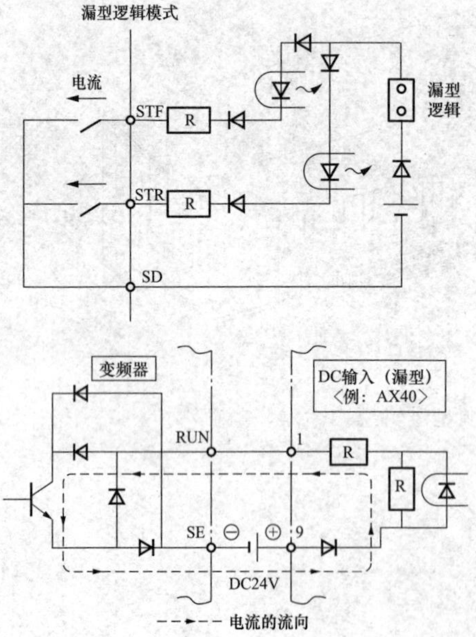

图 1－65　漏型逻辑

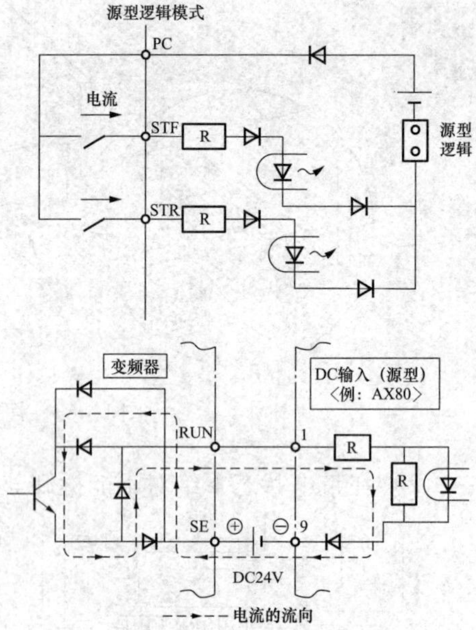

图 1－66　源型逻辑

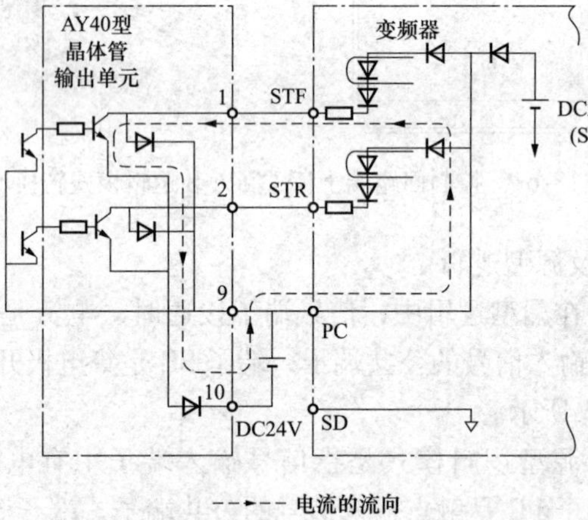

图 1－67　端子 PC 的作用

② 源型逻辑。使用晶体管输出用的外部电源时，SD 作为公共端子，这样可以防止因漏电而导致的错误动作。如图 1－68 所示。

4. 控制电路的端子排列及接线

（1）控制电路的端子排列如图 1－69 所示。

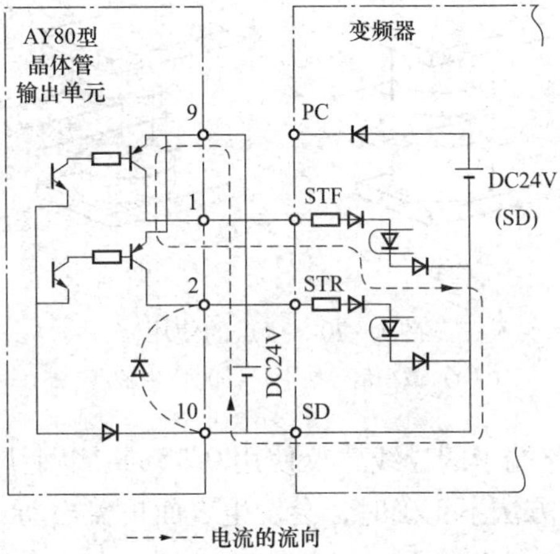

图 1-68　端子 SD 的作用

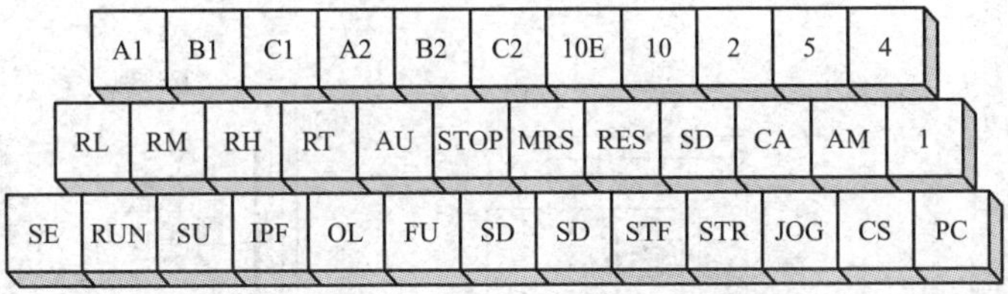

图 1-69　控制电路的端子排列

端子螺钉尺寸：M3.5。

拧紧转矩：1.2N·m。

（2）接线。

1）端子 SD、SE 和 5 为 I/O 信号的公共端子，应相互隔离，请不要将这些公共端子互相连接或接地。在布线时应避免端子 SD-5、SE-5 相互连接的布线方式。

2）控制回路端子的接线应使用屏蔽线或双绞线，而且必须与主回路、强电回路（含 220V 继电器控制回路）分开布线。

3）由于控制回路的频率输入信号是微小电流，所以在触点输入的场合，为了防止接触不良，微小信号触点应使用两个并联的触点或使用双生触点，如图 1-70 所示。

4）控制回路的输入端子不要接触强电。

5）故障输出端子（A、B、C）上务必接上继电线圈或指示灯。

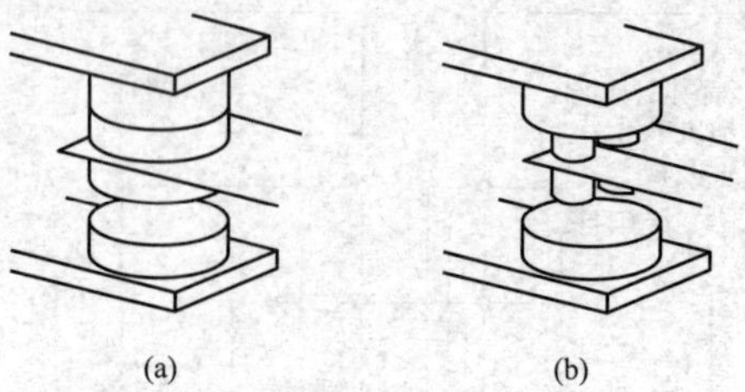

图 1－70　接点的使用
（a）微小信号触点；（b）双生触点

6）连接控制电路端子的导线建议使用 0.75mm^2 以上尺寸的导线。在配线数量多或者由于配线方法不正确时，会发生表面护盖松动、操作面板接触不良等情况。

7）75kW 以上的控制电路接线。对于 75kW 以上的控制电路接线，请务必断开主电路接线，将变压器侧面的橡胶塞子刻痕切开捅破，如图 1－71 所示。

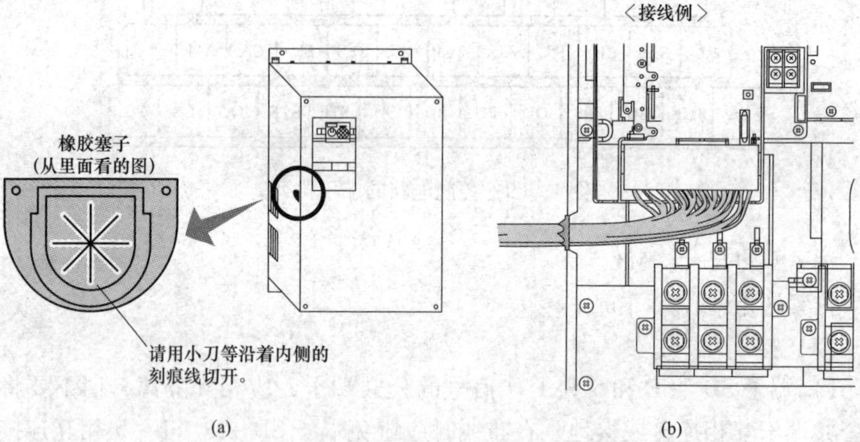

图 1－71　75kW 以上的控制电路接线
（a）切开刻痕；（b）控制电路接线

5. 使用连接电缆连接操作面板

使用连接电缆连接操作面板（FR－DU07）与变频器时，可进行控制柜表面安装，且操作较为容易，如图 1－72 所示。

6. 通信连接

（1）RS－485 端子排。RS－485 端子排如图 1－73 所示。

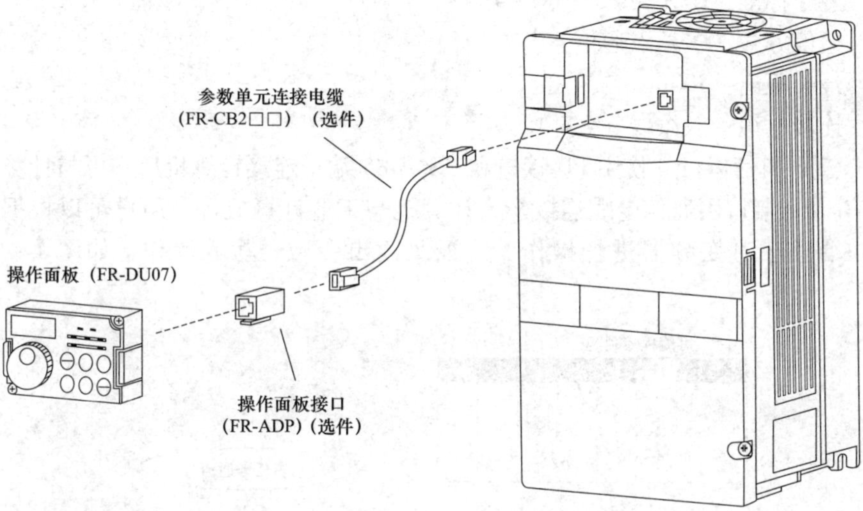

图 1－72　使用连接电缆连接操作面板

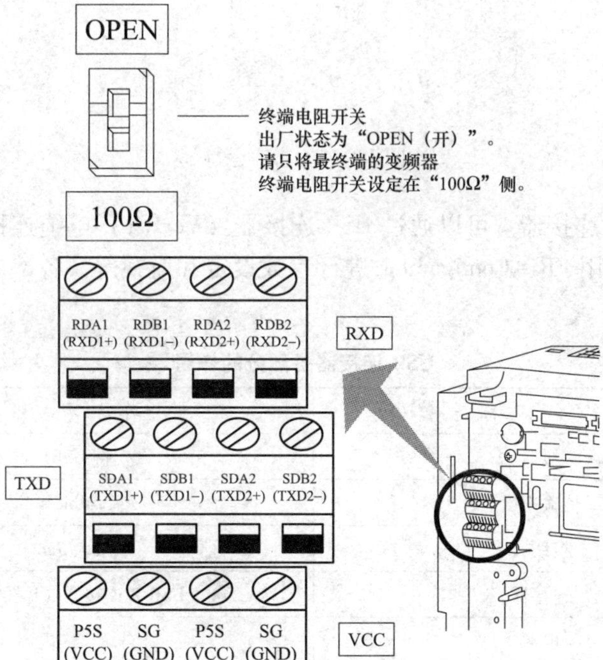

图 1－73　RS－485 端子排

遵守标准：E1A－485（RS－485）。

通信方式：多站点通信。

最长距离：500m。

连接电源：双绞线（4对）。

（2）通信运行。使用PU接口和RS－485端子连接计算机后，可与计算机通信。PU接口用通信电缆连接个人计算机与工业计算机等，用户可以根据用客户端程序对变频器进行操作、监视及读出参数、写入操作，如图1－74所示。

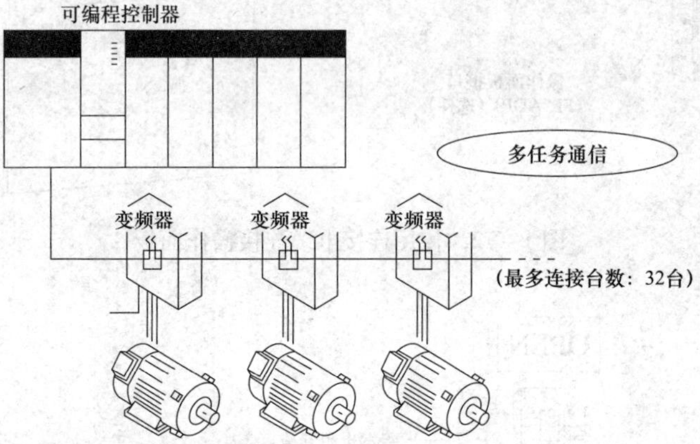

图1－74　通信运行

（3）USB连接器。可以通过USB连接器（Ver1.1）电缆连接计算机和变频器。可以使用FR－Configurator进行参数设定和监视等。各部分的作用见表1－9。

表1－9　USB连接器各部分的作用

名　　称	作　　用
接口	支持USB1.1
传输速度	12Mbit/s
接线长	最大5m
连接器	USB B连接器（B插口）
电源	自行供应电源

USB连接器与计算机的连接如图1－75所示。

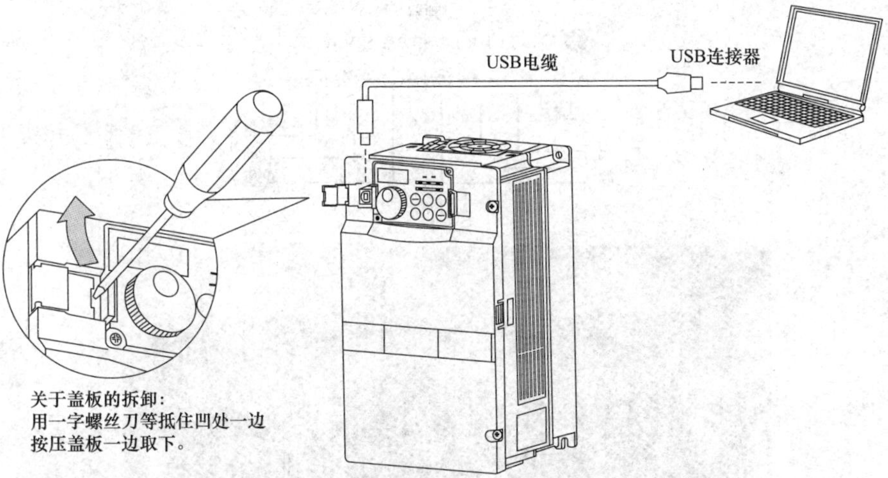

图 1-75　USB 连接器与计算机的连接

◎［实战演练］

1.2.6　实战内容

（1）安装变频器，并进行接线与试运行。

（2）进行变频器通电、预置及试验。

1.2.7　设备、工具和材料准备

（1）工具。电工工具 1 套。

（2）仪表。MF-500B 型万用表 1 只，钳形电流表 1 只。

（3）器材。FRN2.2G11S-4CX 变频器 1 台、1.1kW 电动机 1 台。

1.2.8　操作步骤

1. 运行前的检查和准备

变频器运行开始前应检查以下各项：

（1）核对接线是否正确。特别是检查变频器的输出端 U、V、W 不能连接至电源，并确认接地端子 E（G）接地良好。如图 1-76 所示。

（2）确认端子间或各暴露的带电部位没有短路或对地短路情况。

（3）确认端子连接、插接式连接器和螺钉等均紧固无松动现象。

（4）确认电动机没有连接其机械负载。

（5）投入电源前，使所有开关都处于断开状态，保证投入电源时，变频器不会启动，并不发生异常动作。

投入电源后核对以下各点：

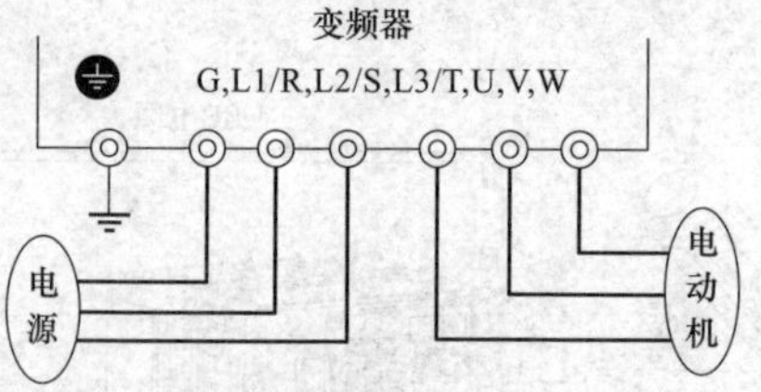

(a)

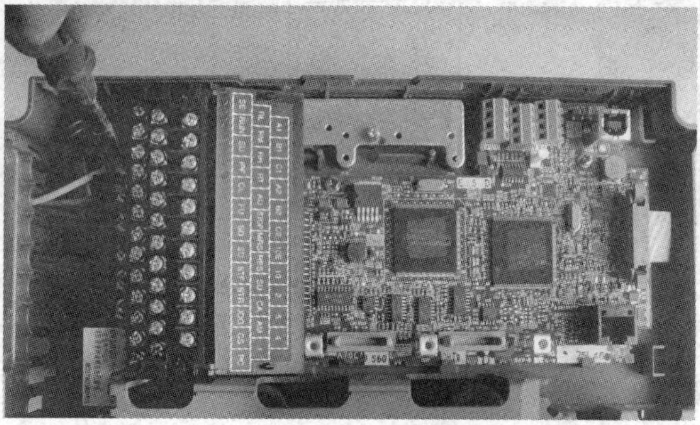

(b)

图 1－76　变频器连接图

（a）原理图；（b）接线操作

1）键盘面板显示应如图 1－77 所示。

2）变频器内装的冷却风扇应正常运行。

注意事项：盖板安装好后才能接通电源；接通电源时不能取盖板，以防止发生电击事故。

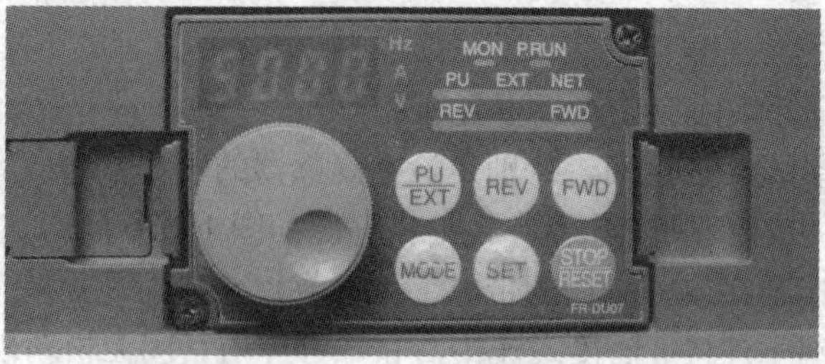

图 1－77　键盘面板显示

（6）选择合适的运行方法。变频器的运行方法有多种，按应用要求和运行规定选择最合适的操作方法。通常采用的操作方法见表 1－10。一般可选择键盘面板操作。

表 1-10　　常用的操作方法

运行方法	频率设定	运行命令
键盘面板操作	键盘上按键 	键盘上按键  、 、
由外部端子信号操作	电位器或模拟电压、电流	触点输入 端子 FWD—CM 端子 REV—CM

2. 试运行

确认无异常情况后，可以进行试运行。产品出厂时，设定为键盘面板运行方式。

（1）电源投入后，确定 LED 闪烁显示频率 0.00Hz。

（2）用键设定 5Hz 左右的低频率。

（3）正转时操作按  键，想反转时按  键，停车时按  键。

（4）检查以下各点：

1）电动机旋转方向是否符合生产工艺要求。

2）电动机旋转是否平稳（无啸叫声和振动）。

3）加速/减速运行是否平稳。

如无异常情况，则增加运行频率，继续试运行。

经过以上试运行，确认无任何异常情况，然后可以正式投入运行。

注意：如变频器和电动机的运行发生异常，则应立即停止运行，并检查发生异常情况的原因。

变频器停止输出后，如未断开主电路电源，端子 L1/R1、L2/S、L3/T 和辅助电源 RO、TO 仍带电。这时，如触及变频器的输出端子 U、V、W，将发生电击。另外，即使切除主电源，由于滤波电容器上有充电电压，放电结束需要一定时间，因此也不要触及电路。

主电源切除后，接触电气线路前，需确认电源显示灯灭或低于安全电压后才能接触变频器内部电路。

3. 变频器的通电和预置

（1）按说明书要求进行“启动”和“停止”，观察变频器的工作情况是否正常，同时也要进一步熟悉键盘的操作。如图 1-78 所示。

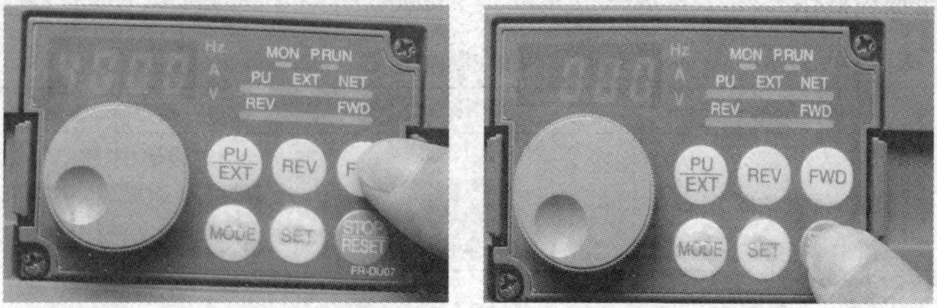

(a)　　　　　　(b)

图 1－78　“启动”和“停止”操作

（a）启动操作；（b）停止操作

（2）进行有关功能的预置操作，如图 1－79 所示。

（3）将外接输入线接好，逐项检查各外接控制功能的执行情况。

（4）用钳形表检查三相输出电流是否平衡，如图 1－80 所示。

图 1－79　预置操作

图 1－80　钳形表检查三相输出电流

4. 电动机的空载试验

变频器的输出端接上电动机，但电动机尽可能与负载脱开，然后进行通电试验。其目的是观察变频器配上电动机后的工作情况，顺便校准电动机的旋转方向是否正确。如方向相反，则予以纠正。

（1）将频率上升至额定频率 50Hz，接上电动机运行一段时间。如一切正常，再选若干个常用的工作频率（40、45、60Hz），也使电动机运行一段时间。

（2）将给定频率信号突降至 0（或按停止按钮），观察电动机的制动情况。

5. 拖动系统的启动和停机

将电动机的输出端与机械传动装置连接起来，进行试验。

（1）起转试验。使工作频率从 0Hz 开始微微增加，观察拖动系统能否起转，在多大频率下起转。如起转比较困难，应设法加大启动转矩，加大 *U/f* 之比，或采用矢量控制等。

（2）启动试验。将启动信号调至最大，按启动键，观察以下两点：

1）启动电流的变化。

2）整个拖动系统在升速过程中运行是否平稳。如因启动电流过大而跳闸，则应适当延长升速时间；如在某一速度段启动电流偏大，则可设法通过改变启动方式（S 型、半 S 型）来解决。

（3）停机试验。将运行频率调至最高频率，按停止键，观察：

1）拖动系统的停机过程。观察停机过程中是否出现因过电压或过电流而跳闸，如有则应适当延长降速时间。

2）当输出频率为 0Hz 时，观察拖动系统有无爬行现象，如有则应适当加强直流制动。

◎［自我训练］

1. 简述安装变频器的注意事项。
2. 简述变频器的日常维护项目及维护时的注意事项。
3. 按［实战演练］的步骤按图 1-76 接线，并进行安装与调试。

1.3 变频器参数的基本操作

学习目的

1. 熟悉变频器的基本参数。
2. 掌握变频器的键盘面板基本操作方法。

◎［基础知识］

变频器控制电动机运行，其各种性能和运行方式均是通过许多的参数设定来实现的，不同的参数都定义着某一个功能，不同的变频器，其参数的多少是不一样的。总体来说，有基本功能参数、运行参数、定义控制端子功能参数、附加功能参数、运行模式参数等。理解这些参数的意义，是应用变频器的基础。

1.3.1 基本频率参数的功能

1. 给定频率

给定频率即用户根据生产工艺的需求所设定的变频器输出频率。例如：原来工频供电的风机电动机现改为变频调速供电，就可设置给定频率为 50Hz。其设置方法有两种：一种是用变频器的操作面板来输入频率的数字量 50；另一种是从控制接线端上用外部给定（电压或电流）信号进行调节，最常见的形式就是通过外接电位器来完成。

（1）给定频率方式的选择。频率给定可有三种方式供用户选择：

1）面板给定方式。通过面板上的键盘设置给定频率。

2）外接给定方式。通过外部的模拟量或数字输入给定端口，将外部频率给定信号输入变频器。

3）通信接口给定方式。由计算机或其他控制器通过通信接口进行给定。

（2）外接给定信号的选择。外接给定信号有以下两种：

1）电压信号。电压信号一般有 0～5V、0～±5V、0～10V、0～±10V 等几种。

2）电流信号。电流信号一般有 0～20mA、4～20mA 两种。

2. 输出频率

输出频率即变频器实际输出的频率。当电动机所带的负载变化时，为使拖动系统稳定运行，变频器的输出频率会根据系统情况不断地调整，因此输出频率是在给定频率附近经常变化的。

3. 基准频率

基准频率也叫基本频率，用 f_b 表示。一般以电动机的额定频率 f_N 作为基准频率 f_b 的给定值。

基准电压是指输出频率到达基准频率时变频器的输出电压，基准电压通常取电动机的额定电压 U_N。基准电压和基准频率的关系如图 1－81 所示。

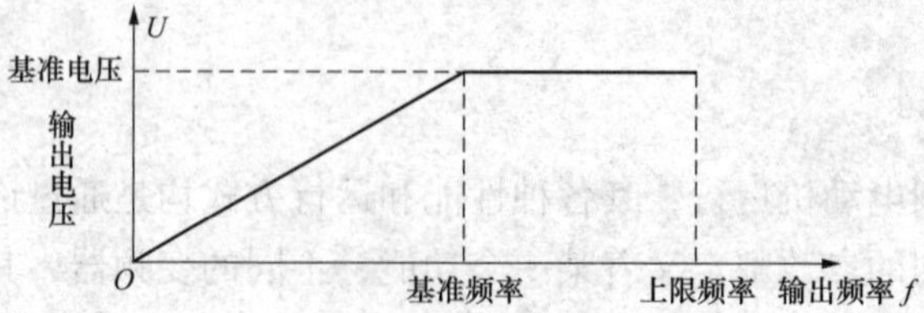

图 1－81　基准电压和基准频率的关系

4. 上限频率和下限频率

上限频率和下限频率是指变频器输出的最高、最低频率，常用f_H和f_L来表示。根据拖动系统所带的负载不同，有时要对电动机的最高、最低转速给予限制，以保证拖动系统的安全运行和产品的质量。另外，对于由操作面板的误操作及外部指令信号的误动作引起的频率过高和过低，设置上限频率和下限频率可起到保护作用。常用的方法就是给变频器的上限频率和下限频率赋值。当变频器的给定频率高于上限频率f_H或者是低于下限频率f_L时，变频器的输出频率将被限制在上限频率或下限频率，如图 1－82 所示。

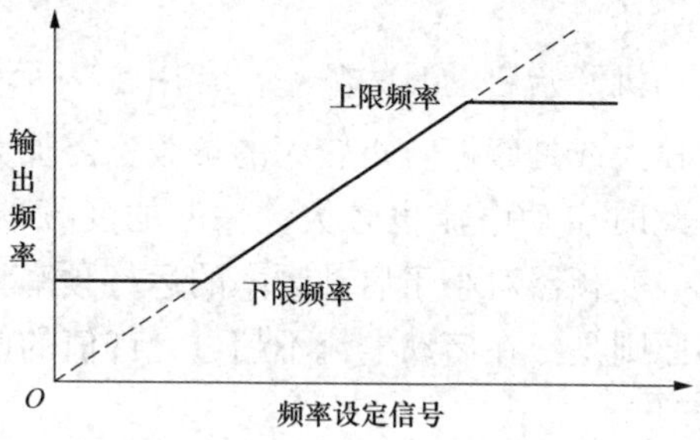

图 1－82　上限频率和下限频率

1.3.2　其他频率参数

1. 点动频率

点动频率是指变频器在点动时的给定频率。生产机械在调试以及每次新的加工过程开始前常需进行点动，以观察整个拖动系统各部分的运转是否良好。为防止意外，大多数点动运转的频率都较低。如果每次点动前都将给定频率修改成点动频率是很麻烦的，所以一般的变频器都提供了预置点动频率的功能。如果预置了点动频率，则每次点动时，只需要将变频器的运行模式切换至点动运行模式即可。

2. 载波频率（PWM 频率）

PWM 变频器的输出电压是一系列脉冲，脉冲的宽度和间隔均不相等，其大小取决于调制波（基波）和载波（三角波）的交点。载波频率越高，一个周期内脉冲的个数越多，也就是说脉冲的频率越高，电流波形的平滑性就越好，但是对其他设备的干扰也越大。载波频率如果预置不合适，还会引起电动机铁芯的振动而发出噪声，因此一般的变频器都提供了 PWM 频率调整的功能，使用户在一定的范围内可以调节该频率，从而使得系统的噪声最小，波形平滑性最好，同时干扰也最小。载波频率与系统的关系见表 1－11。

表 1－11　　载波频率与系统的关系

载波频率	电磁噪声	杂音、泄漏电流	电流波形
1kHz	大	小	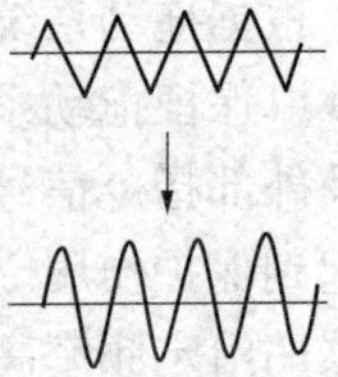
8kHz	↓	↑	
15kHz	小	大	

3. 启动频率

启动频率是指电动机开始启动时的频率，常用 f_s 表示。这个频率可以从 0 开始，但是对于惯性较大或是摩擦转矩较大的负载，需加大启动转矩。使实际启动频率加大至 f_s，此时启动电流也较大。一般的变频器都可以预置启动频率，一旦预置该频率，变频器对小于启动频率的运行频率将不予理睬。

给定启动频率的原则是：在启动电流不超过允许值的前提下，拖动系统能够顺利启动为宜。

4. 多挡转速频率

由于工艺上的要求，很多生产机械在不同的阶段需要在不同的转速下运行。为方便这种负载，大多数变频器均提供了多挡频率控制功能。它是通过几个开关的通、断组合来选择不同的运行频率。

5. 转矩提升

此参数主要用于设定电动机启动时的转矩大小，通过设定此参数，补偿电动机绕组上的电压降，改善电动机低速时的转矩性能。设定过小，启动力矩不够，一般最大值设定为 10%，如图 1－83 所示。

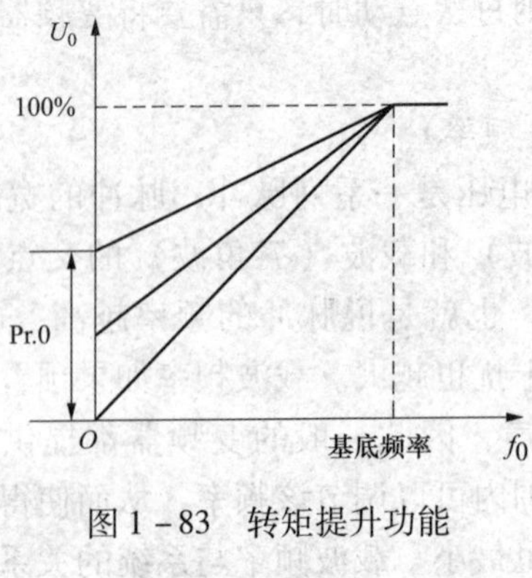

图 1－83　转矩提升功能

6. 简单模式参数

简单模式参数可以在初始设定值不作任何改变的状态下，实现单纯的变频器可变速运行，请根据负荷或运行规格等设定必要的参数。可以在操作面板（FR－DU07）进行参数的设定、变更及操作。

通过 Pr. 160 用户参数组读取选择的设定，仅显示简单模式参数（初始设定时将显示全部的参数）。请根据需要进行 Pr. 160 用户参数组读取选择的设定。Pr. 160 用户参数组见表 1－12。

表 1－12　　Pr. 160 用户参数组

Pr. 160	内　　容
9999	只能显示简单模式参数
0 （初始值）	可以显示简单模式参数和扩展模式参数
1	可以显示用户参数组中登录的参数

简单模式参数见表 1－13。

表 1－13　　简单模式参数

参数编号	名称	单位	初始值	范围	用　　途
0	转矩提升	0.1%	6%/4%/3%/2%/1%	0～30%	V/F 控制时，想进一步提高启动时的转矩，在负载后电动机不转，输出报警（OL），ZAI（OC1）发生跳闸的情况下使用，初始值因变频器的容量不同而不同
1	上限频率	0.01Hz	120Hz/60Hz	0～120Hz	想设置输出频率的上限的情况下进行设定
2	下限频率	0.01Hz	0Hz	0～120Hz	想设置输出频率的上限与下限的情况下进行设定
3	基底频率	0.01Hz	50Hz	0～400Hz	请根据电动机的额定铭牌进行确认
4	3 速设定（高速）	0.01Hz	50Hz	0～400Hz	请用参数设定运转速度，用端子切换速度的时候进行设定
5	3 速设定（中速）	0.01Hz	30Hz	0～400Hz	
6	3 速设定（低速）	0.01Hz	10Hz	0～400Hz	

续表

参数编号	名称	单位	初始值	范围	用途
7	加速时间	0.1s	5s/15s	0～3600s	可以设定加减速时间，初始值根据变频器的容量不同而不同（7.5kW 以下/11kW 以上）
8	减速时间	0.1s	5s/15s	0～3600s	
9	电子过电流保护器	0.01/0.1A	变频器额定输出电流	0～500/0～3600A	用变频器对电动机进行热保护，设定电动机的额定电流
79	运行模式选择	1	0	0，1，2，3，4，6，7	选择启动指令场所和频率设定场所
125	端子 2 频率设定增益频率	0.01Hz	50Hz	0～400Hz	改变最大值（5V 初始值）对应的频率
126	端子 4 频率设定增益频率	0.01Hz	50Hz	0～400Hz	电流最大输入（20mA 初始值）
160	用户参数组读取选择	1	0	0.1，9999	可以限制通过操作面板或参数单元读取的参数

◎ [技能实操]

1.3.3 变频器运行前的操作

1. 用变频器对电动机进行热保护

为了防止电动机温度过高，请把电动机的额定电流设定到 Pr.9 电子过电流保护。具体内容见表 1－14。

表 1－14　　Pr.9 电子过电流保护设置

参数编号	名称	初始值	设定范围		内容
9	电子过电流保护	变频器额定输出电流	55kW 以下	0～500A	设定电动机的额定电流
			75kW 以上	0～3600A	

例如：根据电动机的额定电流变更 Pr.9 电子过电流保护为 2.5A。具体操作如图 1－84 所示。

注意：

（1）矢量控制专用电动机（SF－V5RU）装配了过电流保护器，请设定为 Pr.9＝“0”。

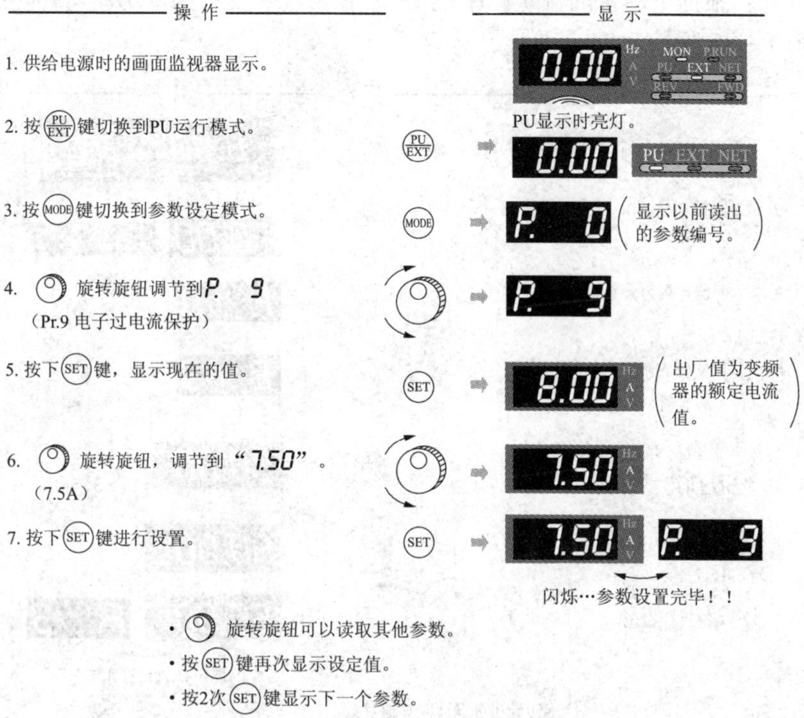

图 1－84　电子过电流保护操作图

（2）电子过电流保护功能在变频器的电源复位及复位信号的输入后恢复到初始状态，所以尽量避免不必要的复位或电源切断。

（3）连接多台电动机时，电子过电流保护功能无效，每个电动机请设置外部热继电器。

（4）变频器与电动机的容量差较大，设置值变小时电子过电流的保护作用降低，这种情况下请使用外部热继电器。

（5）特殊电动机不能用电子过电流来进行保护，请使用外部热继电器。

2. 电动机的额定频率在 60Hz 的操作

首先确认电动机的额定铭牌，如果铭牌上只有“60Hz”时，Pr. 3 的基准频率一定要设置为“60Hz”。Pr. 3 的具体内容见表 1－15。

表 1－15　　Pr. 3 基准频率的设定

参数编号	名称	初始值	设定范围	内　容
3	基准频率	50Hz	0～400Hz	设定电动机在额定转矩时的频率

例如：根据电动机的额定频率把 Pr. 3 基准频率变更为 60Hz。具体操作步骤如图 1－85 所示。

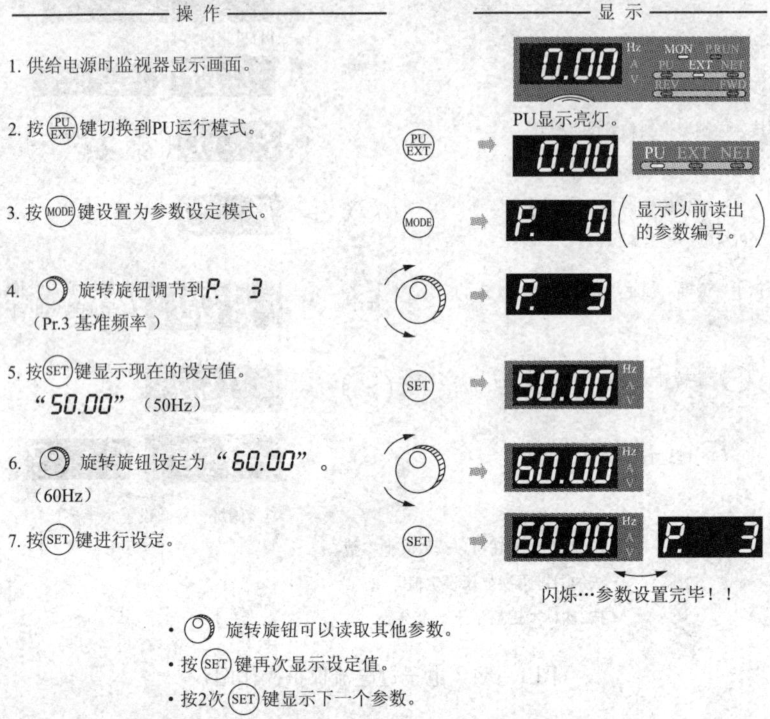

图 1－85 Pr. 3 基准频率变更为 60Hz

注意：在先进磁通矢量控制、实时无传感器矢量控制、矢量控制时，Pr. 3 无效，Pr. 84 电动机的额定频率有效。

3. 提高启动时的转矩

在“施加负载后电动机不转动”或“出现警报【OL】、【OC1】跳闸”的情况下，进行设定。转矩操作的设定 Pr. 0 具体内容见表 1－16。

表 1－16　　Pr. 0 转矩操作的设定

参数编号	名称	初始值		设定范围	内容
0	转矩提升	0.4～0.75kW	6%	0～30%	可以根据负载的情况，提高低频时电动机的启动转矩
		1.5～3.7kW	4%		
		5.5～7.5kW	3%		
		11～55kW	2%		
		75kW 以上	1%		

输出电压与基底频率的关系如图 1－86 所示。

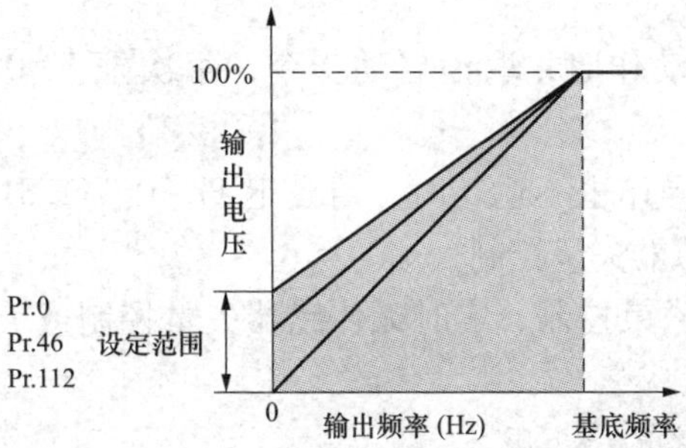

图 1－86　输出电压与基底频率的关系

例如：加上负载后观察电动机的动作，每次把 Pr. 0 的设定值提高 1%（最多每次提高 10%）。具体操作步骤如图 1－87 所示。

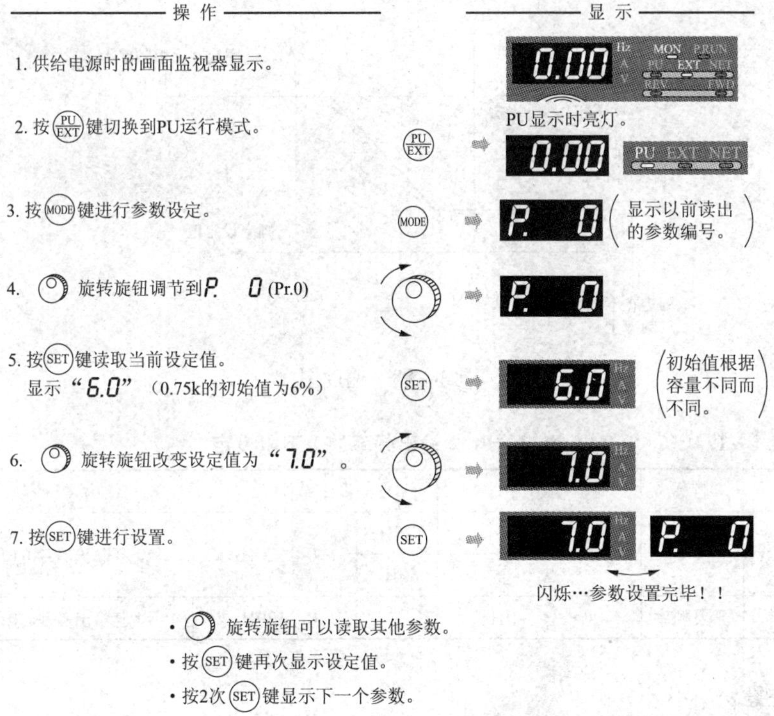

图 1－87　Pr. 0 的设定值提高操作图

注意：

（1）如果设定值过大，可能引起过热状态过电流切断［OL（过电流报警)] 后转为E. OC1（加速中过电流故障）或过负荷切断［E. THT（变频器过负荷切断)]。

(2) 保护功能动作时，取消启动指令，每次把 Pr. 0 的设定值降下 1% 再试。

(3) 即使这样操作也不运转时，请设定 Pr. 80、Pr. 81（先进磁束控制)、Pr. 800（实时无传感器矢量控制)。

(4) 使用先进磁束控制、实时无传感器矢量控制或矢量控制时，Pr. 0 的设定无效。

4. 设置输出频率的上下限

设置输出频率的上下限可以限制电动机的速度。输出频率的上下限操作的设定 Pr. 1、Pr. 2 具体内容见表 1－17。速度图如图 1－88 所示，操作步骤如图 1－89 所示。

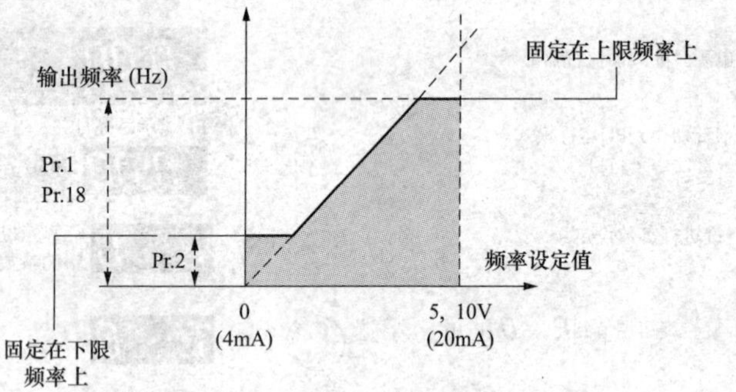

图 1－88　速度图

表 1－17　　Pr. 1、Pr. 2 输出频率的上下限设定

参数编号	名称	初始值		设定范围	内　容
1	上限频率	55kW 以下	120Hz	0～120Hz	设定输出频率的上限
		75kW 以上	60Hz		
2	下限频率	0Hz		0～120Hz	设定输出频率的下限

注意：

(1) 设定频率在 Pr. 2 以下的情况下也只能会输出 Pr. 2 设定的值（不会变为 Pr. 2 以下)。

(2) 设定 Pr. 1 后，旋转旋钮也不能设定比 Pr. 1 更高的值。

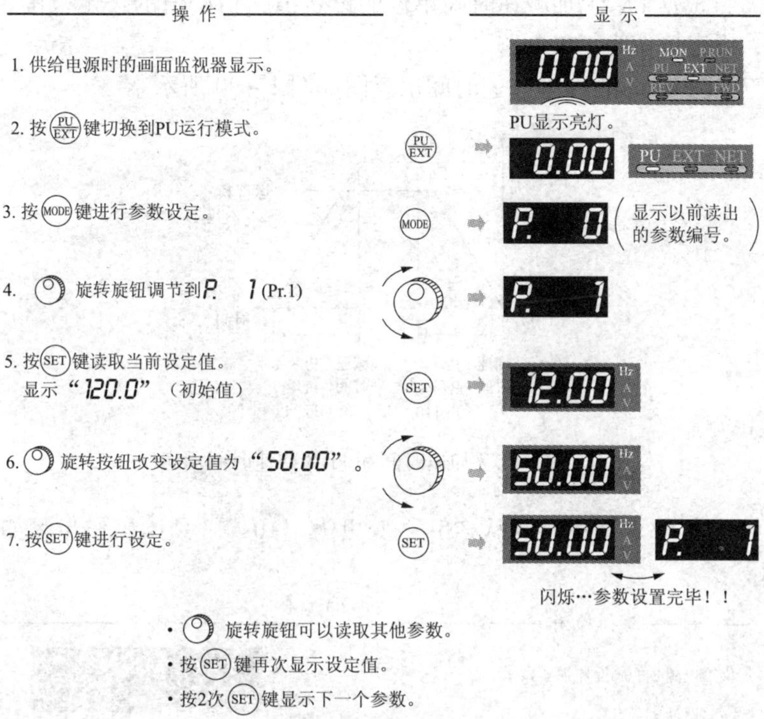

图 1-89 操作步骤图

5. 改变加速时间和减速时间

(1) 加速时间 Pr. 7。如果想慢慢加速就把时间设定的长些，如果想快点加速就把时间设定的短些。

(2) 减速时间 Pr. 8。如果想慢慢减速就把时间设定的长些，如果想快点减速就把时间设定的短些。

具体改变加速时间和减速时间操作的设定 Pr. 7、Pr. 8 具体内容见表 1-18。

表 1-18　Pr. 7、Pr. 8 改变加速时间和减速时间的设定

参数编号	名称	初始值		设定范围	内　容
7	加速时间	7.5kW 以下	5s	0～3600/360s	设定电动机的加速时间
		11kW 以上	15s		
8	减速时间	7.5kW 以下	5s	0～3600/360s	设定电动机的减速时间
		11kW 以上	15s		

注意：根据 Pr. 21 加减速时间单位的设定值，初始值的设定范围为“0 ~ 3600s”，设定单位为“0. 1s”。

Pr. 7 加速时间和 Pr. 8 减速时间示意图如图 1 – 90 所示。

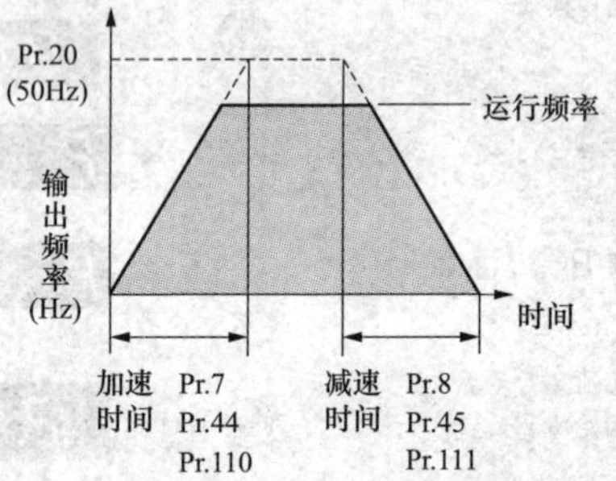

图 1 – 90　Pr. 7 加速时间和 Pr. 8 减速时间示意图

例如：将 Pr. 7 加速时间从“5s”变更为“10s”。具体操作步骤如图 1 – 91 所示。

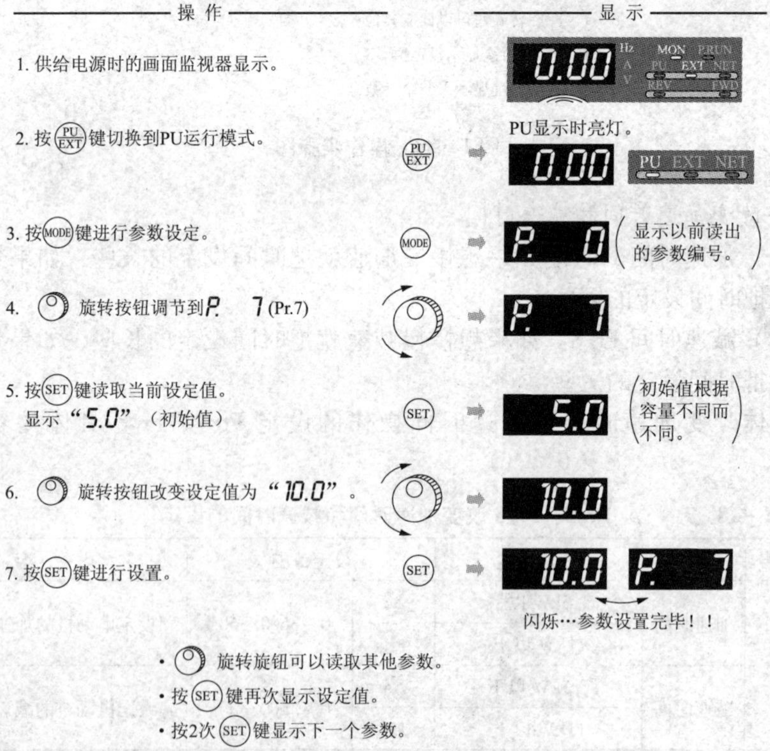

图 1 – 91　Pr. 7 加速时间变更操作

6. 启动指令和频率指令场所的选择

选择启动指令和频率指令场所。具体内容见表 1－19。

表 1－19　　启动指令和频率指令场所的选择

参数编号	名称	初始值	设置范围	内容	LED显示 ▪:灭灯 ▫:亮灯
79	操作模式选择	0	0	外部/PU 切换模式中（通过 [PU/EXT] 键可以切换 PU 与外部运行模式，电源投入时为外部运行模式）	外部运行模式  PU运行模式 
			1	PU 运行模式固定	
			2	外部运行模式固定 可以切换外部和网络运行模式	外部运行模式  网络运行模式 
			3	外部/PU 组合运行模式 1 运行频率：PU（FR－DU07/FR－DU04－CH）设定或外部信号多段速设定，端子 4－5 间（AU 信号 ON 时有效） 启动信号：外部信号输入（端子 STF、STR）	
			4	外部/PU 组合运行模式 1 运行频率：外部信号输入（端子 2、4、1、JOG，多段速选择等） 启动信号：在 PU（FR－DU07/FR－DU04－CH）输入（[FWD]、[REV]）	
			6	切换模式 可以一边继续运行状态，一边实施 PU 运行，外部运行，网络运行的切换	PU运行模式  外部运行模式  网络运行模式 

续表

参数编号	名称	初始值	设置范围	内　　容	LED显示 ■:灭灯 □:亮灯
79	操作模式选择	0	7	外部运行模式（PU 操作互锁） X12 信号 ON 可切换到 PU 运行模式 （正在外部运行时输出停止） X12 信号 OFF 禁止切换到 PU 运行模式	PU运行模式  外部运行模式 

注意：

（1）对于 X12 信号（PU 运行互锁信号）输入所使用的端子，请通过将 Pr. 178 ~ Pr. 189（输入端子功能选择）设定为“12”来进行功能的分配。

（2）未分配 X12 信号，MRS 信号的功能从 MRS（输出停止）切换为 PU 运行互锁信号。

7. 实现大的启动转矩、低速转矩（先进磁通矢量控制，实时无传感器矢量控制。参数有 Pr. 71，Pr. 80，Pr. 81，Pr. 800）

通过在 Pr. 80、Pr. 81 中设定所使用电动机的容量和极数及电动机的种类，可以选择先进磁通矢量控制，同时，如果需要实现高精度、高响应的控制时，可以选择实时无传感器矢量控制，实施离线自动调谐及在线自动调谐。

（1）先进磁通矢量控制。为了使流过电动机的电流与负载转矩相匹配，通过实施电压补偿可以提高低速转矩，同时实施输出频率的补偿（滑差补偿），使得电动机的实际转速与速度指令更为接近。在负荷的变动较为剧烈等情况下有效。

（2）实时无传感器矢量控制。对无 PLG（编码器）的通用电动机实施矢量控制，适用于以下用途：

1）负荷的变动较剧烈但希望将速度的变动控制在最小范围。

2）需要低速转矩时。

3）为防止转矩过大导致机械破损（转矩限制）。

4）实施转矩控制。

具体参数见表 1－20。

注意：

未满足下列条件时，将发生转矩不足或转动不均匀等不良现象，请选择 V/F 控制。

表 1-20　　实现大的启动转矩，低速转矩的具体参数

<table>
<tr><th>参数编号</th><th>名称</th><th>初始值</th><th colspan="2">设定范围</th><th colspan="2">内　容</th></tr>
<tr><td>71</td><td>适用电动机</td><td>0</td><td colspan="2">0~8 13~18
20、23、24、30、33、34、40、43、44、50、53、54</td><td colspan="2">通过选择标准电动机和恒转矩电动机，将分别确定不同的电动机热特性和电动机常数</td></tr>
<tr><td rowspan="3">80</td><td rowspan="3">电动机容量</td><td rowspan="3">9999</td><td>55kW 以下</td><td>0.4~55kW</td><td colspan="2" rowspan="2">适用电动机容量</td></tr>
<tr><td>75kW 以上</td><td>0~3600kW</td></tr>
<tr><td colspan="2">9999</td><td colspan="2">V/F 控制</td></tr>
<tr><td rowspan="3">81</td><td rowspan="3">电动机极数</td><td rowspan="3">9999</td><td colspan="2">2、4、6、8、10、112</td><td colspan="2">设定电动机的极数（设定值为 112 时为 12 极）</td></tr>
<tr><td colspan="2">12、14、16、18、20、122</td><td>X18 信号-ON：V/F 控制</td><td>10+设定电动机极数（设定值为 112 时为 12 极）</td></tr>
<tr><td colspan="2">9999</td><td colspan="2">V/F 控制</td></tr>
<tr><td rowspan="6">800</td><td rowspan="6">控制方法选择</td><td rowspan="6">20</td><td colspan="2">0~5</td><td colspan="2">矢量控制</td></tr>
<tr><td colspan="2">9</td><td colspan="2">矢量控制试运行</td></tr>
<tr><td colspan="2">10</td><td>速度控制</td><td rowspan="3">实时无传感器矢量控制</td></tr>
<tr><td colspan="2">11</td><td>转矩控制</td></tr>
<tr><td colspan="2">12</td><td>MC 信号-ON：转矩
MC 信号-OFF：速度</td></tr>
<tr><td colspan="2">20</td><td colspan="2">V/F 控制（先进磁通矢量控制）</td></tr>
</table>

1）按照电动机容量与变频器容量相同或是电动机容量比变频器容量小 1 级的组合进行运行。（不过，至少应为 0.4kW 以上）

2）适用以下电动机种类：三菱制标准电动机、高效电动机（SF-JR、SF-HR 2 极、4 极、6 极 0.4kW 以上）或三菱制恒转矩电动机（SF-JRCA、SF-HRCA 4 极 0.4kW~55kW），使用除此以外的电动机必须实施离线自动调整（先进磁通矢量控制）。

3）实时无传感器矢量控制时，即使使用三菱制电动机，也需要实施离线自动调整。

4）单机运行。

5）从变频器到电动机的配线长度应为 30m 以内。（超过 30m 时，请在实际配线状态下实施离线自动调整。)

6）转动不均匀的现象比 V/F 控制要多一些。(不适用于磨床、研磨机等在低速时需要尽可能减少转动不均匀现象的机械。)

7）在先进磁通矢量控制时，如果连接并使用浪涌电压抑制滤波器（FR－ASF－H），输出转矩可能会减少。同时也请不要使用正弦滤波器（MT－BSL/BSC）。

8）在实时无传感器矢量控制时，请不要连接使用浪涌电压抑制滤波器（FR－ASF－H）、正弦滤波器（MT－BSL/BSC）。

(3) 先进磁通矢量控制的选择方法：

1）实施可靠的配线。

2）进行所使用电动机的设定（Pr. 71）。具体设定见表 1－21。

表 1－21　所使用电动机的设定

使用的电动机		Pr. 71 的设定值	备　注
三菱标准电动机 三菱高效电动机	SF－JR、SF－TH	0（初始值）	
	SF－JR 4P 1.5kW 以下	20	
	SF－HR	40	
	其他	3	需要实施离线调整
三菱恒转矩电动机	SF－JRCA 4P	1	
	SF－HRCA 4P	50	
	其他（SF－JRC 等）	13	需要实施离线调整
其他公司制造的标准电动机	—	3	需要实施离线调整
其他公司制造的恒转矩电动机	—	13	需要实施离线调整

3）进行电动机容量、极数的设定（Pr. 80、Pr. 81）。在 Pr. 80 电动机容量中设定电动机容量（kW）；在 Pr. 81 电动机极数中设定电动机极数（POLE 数）；设定值为“9999”（初始值）时，是 V/F 控制。

4）进行运行指令的设定。选择启动指令和速度指令如下：

① 启动指令

a. 操作面板：通过操作面板的 FWD / REV 进行设定。

b. 外部指令（端子 2 或 4）：通过正转、反转指令（端子 STF 或 STR）进行设定。

② 速度指令

a. 操作面板：通过操作面板的进行设定。

b. 外部模拟指令（端子 2 或 4）：通过端子 2（或端子 4）所输入的模拟信号，发出速度指令。

c. 多段速指令：速度指令也可通过外部信号（RH、RM、RL）发出指令。

注意：

1）如需实现更高精度的运行时，在实施离线自动调整后，选择实时无传感器矢量控制。

2）想要调整负荷变动时的电动机速度变动时，可以在 Pr. 89 进行操作。

（4）实时无传感器矢量控制（速度控制）的选择方法：

1）实施可靠的配线。

2）进行所使用电动机的设定（Pr. 71）。在 Pr. 71 适用电动机中设定“3”（标准电动机）或“13”（转矩电动机）。

3）进行电动机容量、极数的设定（Pr. 80、Pr. 81）。

① 在 Pr. 80 电动机容量中设定电动机容量。

② 在 Pr. 80 电动机极数中设定电动机极数（POLE 数）。[设定值“9999”（初始值）时，是 V/F 控制]

4）进行控制方法的选择。选择 Pr. 800 = “10” （速度控制）或多或少“12”（速度—转矩切换），使速度控制有效。

5）进行运行指令的设定。

① 启动指令

a. 操作面板：通过操作面板的

/

进行设定。

b. 外部指令（端子 2 或 4）：通过正转、反转指令（端子 STF 或 STR）进行设定。

② 速度指令

a. 操作面板：通过操作面板的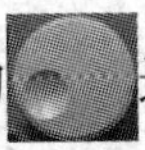进行设定。

b. 外部模拟指令（端子 2 或 4）：通过端子 2（或端子 4）所输入的模拟信号，发出速度指令。

c. 多段速指令：速度指令也可通过外部信号（RH、RM、RL）发出指令。

6）进行转矩限制的设定（Pr. 180）。

7）实施离线自动调整（Pr. 96）。

注意：

1）如有必要可选择在线自动调整、简单增益调整和手工输入来进行速度控制增益调整。

2）实时无传感器矢量控制方式时，请在运行前实施离线自动调整。

3）实时无传感器矢量控制方式可以选择的载波频率为2kHz、6kHz、10kHz、14kHz。

4）无法实施低速再生区域及低速轻负载时的转矩控制，请选择矢量控制。

5）在转矩控制时如果实施了预备励磁（LX信号、X13信号），即使在未输入启动指令（SFT或STR）的状态下，电动机也可能会以低速运转。另外，在输入启动指令的状态下，即使设定速度限制值为0，电动机也可能会以低速运转，所以，确保电动机安全转动后，再实施预备励磁。

6）在转矩控制时，请勿在运行过程中实施正转指令（STF）和反转指令（STR）的切换。可能会发生过电流切断（E. OC □）或反转减速错误（E. 11）。

7）对于0.4~3.7kW容量的产品，在无传感器矢量控制方式下连续运行时，频率为20Hz以下速度变动可能会变大，或是在不足1Hz时的低速区域下可能转矩不足。此时，请停止运行后再次执行加速来加以改善。

8）无传感器矢量控制时，电动机自由运行过程中可能会启动时，请设定为有瞬停再启动功能的频率搜索（Pr. 57≠“9999”，Pr. 162 = “10”）。

9）应用实时无传感器矢量控制时，在大约2Hz以下的极低低速区域下，转矩有可能不充分。

10）速度控制范围的基准，如下所示：

驱动：1：200（2、4、6极）额定60Hz时，0.3Hz以上可以使用。

1：30（8、10、12极）额定60Hz时，2Hz以上可以使用。

再生：1：12（2~12极）额定60Hz时，50Hz以上可以使用。

8. 带PLG电动机的高精度运行（矢量控制，参数有：Pr. 71、Pr. 80、Pr. 81、Pr. 359、Pr. 369、Pr. 800）

安装FR－A7AP，与带PLG电动机组合使用，可以实现正式的矢量控制运行。如高响应、高精度的速度控制（零速控制、伺服锁定）、转矩控制和位置控制。

矢量控制是指与V/F控制等其他控制方法相对，控制特性非常优秀，可以实现与直流机同样的控制特性。适用于以下情况：

1）在负载变动较大的情况下要想使速度变动控制在最小范围内。

2）需要低速运转时。

3）防止转矩过大导致机械破损（转矩限制）。

4）想要实施转矩控制、位置控制。

5）在电动机轴停止状态下，产生转矩的伺服锁定转矩的控制。

具体参数见表 1－22。

表 1－22　　　　矢量控制的具体参数

<table>
<tr><th>参数编号</th><th>名称</th><th>初始值</th><th colspan="2">设定范围</th><th colspan="2">内　容</th></tr>
<tr><td>71</td><td>适用电动机</td><td>0</td><td colspan="2">0～8、3～18、20、23、24、30、33、34、40、43、44、50、53、54</td><td colspan="2">通过选择标准电动机和恒转矩电动机，将分别确定不同的电动机热特性和电动机常数</td></tr>
<tr><td rowspan="3">80</td><td rowspan="3">电动机容量</td><td rowspan="3">9999</td><td>55kW 以下</td><td>0.4～55kW</td><td colspan="2" rowspan="2">适用电动机容量</td></tr>
<tr><td>75kW 以上</td><td>0～3600kW</td></tr>
<tr><td colspan="2">9999</td><td colspan="2">V/F 控制</td></tr>
<tr><td rowspan="3">81</td><td rowspan="3">电动机极数</td><td rowspan="3">9999</td><td colspan="2">2、4、6、8、10、112</td><td colspan="2">设定电动机的极数（设定值为 112 时为 12 极）</td></tr>
<tr><td colspan="2">12、14、16、18、20、122</td><td>X18 信号－ON：V/F 控制</td><td>10＋设定电动机极数（设定值为 112 时为 12 极）</td></tr>
<tr><td colspan="2">9999</td><td colspan="2">V/F 控制</td></tr>
<tr><td rowspan="2">359</td><td rowspan="2">PLG 转动方向</td><td rowspan="2">1</td><td colspan="2">0</td><td colspan="2">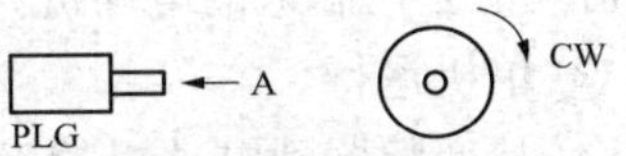
从 A 方向观察为顺时针方向时为正转</td></tr>
<tr><td colspan="2">1</td><td colspan="2">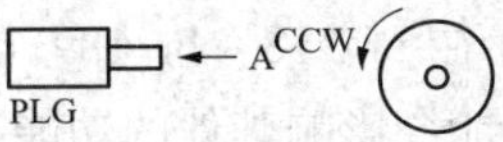
从 A 方向观察为逆时针方向时为反转</td></tr>
<tr><td>369</td><td>PLG 脉冲数量</td><td>1024</td><td colspan="2">0～4096</td><td colspan="2">设定 PLG 的脉冲数量
设定 4 倍递增前的脉冲数量</td></tr>
<tr><td rowspan="5">800</td><td rowspan="5">控制方法选择</td><td rowspan="5">20</td><td colspan="2">0</td><td>速度控制</td><td rowspan="5">矢量控制</td></tr>
<tr><td colspan="2">1</td><td>转矩控制</td></tr>
<tr><td colspan="2">2</td><td>MC 信号－ON：位置
MC 信号－OFF：速度</td></tr>
<tr><td colspan="2">3</td><td>位置控制</td></tr>
<tr><td colspan="2">4</td><td>MC 信号－ON：位置
MC 信号－OFF：速度</td></tr>
</table>

续表

参数编号	名称	初始值	设定范围	内容	
800	控制方法选择	20	5	MC 信号 - ON：转矩 MC 信号 - OFF：位置	矢量控制
			9	矢量控制试运行	
			10 ~ 12	实时无传感器矢量控制	
			20	V/F 控制（先进磁通矢量控制）	

注意：

1）X18 信号、MC 信号所使用的端子请在 Pr. 178 ~ Pr. 189 进行端子功能的分配。

2）未满足下列条件时，将发生转矩不足、转动不均等不良现象。

① 按照电动机容量与变频器容量相同或比变频器容量小 1 级的组合进行运行。（容量应为 0.4kW 以上）

② 适用于带 PLG 的三菱制标准电动机、高效率电动机（SF - JR、SF - HR 2 极、4 极、6 极 0.4kW 以上）或三菱制恒转矩电动机（SF - JRCA、SF - HRCA 4 极 0.4 ~ 55kW）和矢量控制专用电动机。若使用上述以外的电动机（包括其他公司制造的电动机），请务必实施离线自动调谐。

③ 单机运行。

④ 从变频器到电动机的配线长度应为 30m 以内。（超过 30m 时，请在实际配线状态下实施离线自动调整）

⑤ 在 Pr. 178 ~ Pr. 189（输入端子功能选择）中进行端子功能分配的变更后，可能会影响其他的功能，请确认各端子的功能后再进行设定。

⑥ 实施矢量控制时，请勿连接浪涌电压抑制滤波器（FR - ASF - H），正弦波滤波器（MT - BSL/BSC）使用。

（1）速度控制的选择方法。即将速度指令与实际的电动机转速保持一致。设定步骤如下：

1）实施可靠的配线，安装 FR—47AP。

2）对所使用的电动机进行设定（Pr. 71、Pr. 359、Pr. 369）。请依照使用的电动机和 PLG 设定 Pr. 71 适用的电动机、Pr. 359 PLG 旋转方向、Pr. 369 PLG 脉冲数。

3）进行电动机容量、电动机极数的设定。在 Pr. 80 电动机容量中设定电动机的容量（kW）；在 Pr. 81 电动机极数中设定电动机的极数（POLE 数）、

[设定值为“9999”（初始值）时，是 V/F 控制]；

4）选择控制方法。选择 Pr. 800 = “0”（速度控制），“2”（速度—转矩切换），或者“4”（速度—位置切换）后进行有效的速度控制。

5）进行运行指令的设定。选择启动指令和速度指令如下：

① 启动指令

a. 操作面板：通过操作面板的 FWD / REV 进行设定。

b. 外部指令：通过正转、反转指令（端子 STF 或 STR）进行设定。

② 速度指令

a. 操作面板：通过操作面板的进行设定。

b. 外部模拟指令（端子 2 或 4）：通过端子 2（或端子 4）所输入的模拟信号，发出速度指令。

c. 多段速指令：速度指令也可通过外部信号（RH、RM、RL）发出指令。

6）进行转矩限制的设定（Pr. 810）。

7）试运行。

注意：

1）可根据需要实施离线自动调整、选择在线自动调整、简单增益调整、手工输入来进行速度控制增益调整。

2）矢量控制时，可选择的载波频率为 2kHz、6kHz、10kHz、14kHz。

（2）转矩控制的选择方法。

1）操作要求

① 进行转矩控制，使之达到转矩指令值。

② 当电动机的旋转速度、输出转矩和负载转矩相匹配时，电动机的转速将变为恒速。因此，转矩控制时的电动机转速由负荷决定。

③ 转矩控制时，如果电动机的输出转矩超过电动机负载，则电动机将加速。为了防止过速度，设定速度限定值，以防止电动机转速上升幅度过大。

④ 没有进行速度限定的设定时，将速度限制值的设定视为 0，并且不能进行转矩控制。

2）操作步骤

① 实施可靠的配线，安装 FR－47AP。

② 对所使用的电动机进行设定（Pr. 71、Pr. 359、Pr. 369）。请依照使用的电动机、PLG 设定 Pr. 71 适用的电动机，Pr. 359 PLG 旋转方向，Pr. 369 PLG 脉冲数。

③ 进行电动机容量、电动机极数的设定。

在 Pr. 80 电动机容量中设定电动机的容量（kW）；

在 Pr. 81 电动机极数中设定电动机的极数（POLE 数）[设定值为“9999”（初始值）时，是 V/F 控制]。

④ 进行控制方法的选择。选择 Pr. 800 = “1”（转矩控制），“2”（速度—转矩切换），或者“5”（位置—转矩切换）后进行有效的速度控制。

⑤ 进行运行指令的设定。

⑥ 进行转矩指令的设定（Pr. 804）。

⑦ 进行速度限制的设定（Pr. 807）。

⑧ 试运行。

注意：根据需要可实施离线自动调整（Pr. 96）、选择在线自动调整（Pr. 95）、手工输入来进行速度控制增益调整。

（3）位置控制的选择方法。位置控制通过指令脉冲（或参数设定值）和 PLG 的反馈脉冲数的差归零后来计算速度指令，使电动机运转；该变频器能够通过触点输入进行简易位置进给，并能通过本体简易脉冲列输入进行位置控制。具体操作步骤如下：

1）实施可靠的配线，安装 FR－47AP。

2）对所使用的电动机进行设定。（Pr. 71、Pr. 359、Pr. 369）。请依照使用的电动机、PLG 设定 Pr. 71 适用的电动机，Pr. 359 PLG 旋转方向，Pr. 369 PLG 脉冲数。

3）进行电动机容量、电动机极数的设定。

在 Pr. 80 电动机容量中设定电动机的容量（kW）；

在 Pr. 81 电动机极数中设定电动机的极数（POLE 数）[设定值为“9999”（初始值）时，是 V/F 控制]。

4）进行控制方法的选择。选择 Pr. 800 = “3”（位置控制），“4”（速度—位置切换）或者“5”（位置—转矩切换），使位置控制变为有效。

5）进行位置指令权的选择（Pr. 419）。运行指令的设定可选择以下两种方式中的任意一种。

① 通过触点输入设定位置指令 Pr. 419 = “0”（初始值）；然后进行位置进给用参数（Pr. 465 ~ Pr. 496）的设定。

② 通过本体脉冲列输入设定位置指令 Pr. 419 = “2”；然后进行脉冲形态的选择（Pr. 482）的设定。

注意：根据需要可进行电子齿轮的设定、定位参数的设定和位置控制增益的调整。

9. 离线自动调整（Pr. 71、Pr. 83、Pr. 84、Pr. 96）

离线自动调整是指采取先进磁通矢量控制或实时无传感器矢量控制运行时，能自动测量电动机常数，从而在电动机常数存在偏移时，或使用其他公司制造的电动机以及配线长度较长的情况下，仍然能够以最佳的运行特性来运行电动机。具体参数见表1－23。

表1－23　离线自动调整具体参数

参数编号	名称	初始值	设定范围	内容
71	适用电动机	0	0～8、3～18、20、23、24、30、33、34、40、43、44、50、53、54	通过选择标准电动机和恒转矩电动机，将分别确定不同的电动机热特性和电动机常数
83	电动机额定电压	400V	0～1000V	设定电动机的额定电压
84	电动机额定频率	50Hz	10～120Hz	设定电动机的额定频率
96	自动调整设定/状态	0	0	不实施离线自动调整
			1	离线自动调整电动机不旋转
			101	离线自动调整电动机旋转

注意：

1）仅在将Pr. 80、Pr. 81设定为“9999”以外的值，并设定成先进磁通矢量控制或实时无传感器矢量控制，矢量控制时有效。

2）离线自动调整数据（电动机常数）可以通过PU（FR－DUO7）复制到其他的变频器上。

3）在采用了三菱制标准电动机、高效率电动机、三菱制恒转矩电动机、矢量控制专用电动机以外的电动机，或是配线长度较长时，通过使用离线自动调整功能，能够使电动机运行特性最佳。

4）在电动机连接有负荷的情况下也可以调整（负荷越小，调整精度越高。即使惯性较大，调整精度也不发生改变）。

5）离线自动调整时，可以选择电动机不运转的模式和电动机运转的模式。运转模式比不运转模式调谐精度更高。

6）离线自动调整时，可以对调整的电动机常数进行读取、写入、复制。

7）离线自动调整状态可以通过PU进行监视。

8）55kW 以下变频器不应在变频器和电动机间连接浪涌电压抑制滤波器，75kW 以上变频器不应在变频器和电动机间连接正弦波滤波器。

(1) 在执行离线自动调整之前。

在执行离线自动调整之前，请进行以下确认：

1）已选择先进磁通矢量控制或是实时无传感器矢量控制。矢量控制（参数为 Pr. 800）。

2）已连接好电动机。不过，在开始调整时请保证电动机处于停止状态。

3）按照电动机容量与变频器容量相同或是电动机容量比变频器容量小 1 级的组合运行。(不过，至少应为 0.4kW 以上)

4）最高频率为 120Hz。

5）高滑差电动机或高速电动机、特殊电动机无法调整。

6）在电动机不运转的离线自动调整方式下，电动机可能会发生极微小的转动，请用机械制动器加以固定，或确认电动机转动在安全方面不存在问题后再进行调谐（特别是用于升降机时，尤其要加以注意）。但是，电动机轻微转动不会影响调谐性能。

7）选择了电动机运转的离线自动调整时，应注意以下事项：

① 调谐过程中，转矩不充分。

② 即使运转至电动机额定速度附近也不会发生问题。

③ 制动器已开放。

④ 不能在受到外力的情况下运转。

8）对于 55kW 以下的变频器，在变频器和电动机间连接了浪涌电压抑制滤波器的状态下；对于 75kW 以上的变频器，在变频器和电动机间连接了正弦波滤波器的状态下，执行离线自动调整时将无法正确调谐。请拆除这些滤波器后再执行调整操作。

9）矢量控制时，连接时确保与电动机同轴且无晃动，速度比为 1∶1。

(2) 设定。

1）将 Pr. 96 自动调整设定/状态设定为“1”或“101”。

① 设定值“1”时，调整电动机不运转，至调整完成约需要 25～120s 的时间。(此时将产生励磁噪声，变频器容量和电动机的种类不同，时间也不相同。)

② 设定值为“101”时，调整时电动机运转，至调整完成约需要 40s 左右的时间，电动机以接近电动机额定频率的频率旋转。

2）在 Pr. 83 电动机额定电压中设定电动机的额定电压（初始值为 400V），在 Pr. 84 电动机额定频率中设定电动机的额定频率（初始值为 50Hz）。标准电动机等存在 50Hz 和 60Hz 两个时，保持初始值不变（400V/50Hz）。

3）根据情况，在 Pr. 71 使用电动机中进行相应的设定。具体设定见表 1－24。

表 1－24　具体设定参数

使用的电动机		Pr. 71 的设定值
三菱制标准电动机 三菱高效率电动机	SF－JR、SF－TH	3
	SF－JR 4P 1.5kW 以下	23
	SF－HR	43
	其他	3
三菱恒转矩电动机	SF－ JRCA 4P SF－TH（恒转矩）	13
	SF－ HRCA 4P	53
	其他（SF－ JRC）	13
矢量控制专用电动机	SF－V5RU SF－THY	33
其他公司制造的标准电动机	—	3
其他公司制造的恒转矩电动机	—	13

(3）执行调整。

在执行调整之前通过操作面板（FR－PU－04）的监视器显示，确认是否属于可以执行调谐的状态。V/F 控制时如将启动指令设为 ON，则电动机启动。

1）PU 运行时，请按下操作面板的 FWD / REV 。外部运行时请将启动指令设为 ON，开始调谐操作。

注意：

① 电动机运转的离线自动调整（Pr. 96 自动调整设定/状态 ＝ "101"）时，由于电动机会运转，应注意避免发生危险。

② 如果在调整过程中想要强制结束时，输入 MRS、RES 信号或操作面板 STOP/RESET 的任何一个便可强制结束。［将启动信号（SFT 信号或 STR 信号）设为 OFF 也可结束。］

③ 关于离线自动调整中的输入、输出信号，仅下述信号有效（初始值）。

输入信号（有效信号）：STOP、OH、MRS、RT、RES、STF、STR。

输出端子：RUN、OL、1PF、CA、AM、A1B1C1。

④ 不过，转速、输出频率选择 CA、AM 时，CA、AM 输出将输出自动调

整的进展状态。

⑤ 开始调谐时 RUN 信号为 ON，如果顺控程序设计为通过 RUN 信号时，开放机械制动器，特别需要加以注意。

⑥ 执行离线自动调整时，请在接通变频器主回路电源（R/L1、S/L2、T/L3）后再输入运行指令。

⑦ 离线自动执行调整中，请勿进行第 2 功能选择信号（人体）的 ON/OFF 切换，否则自动调整无法正确执行。

⑧ 设定离线自动调整（Pr. 96 自动调整设定状态 = “1” 或 “101”）时，预备励磁无效。

2）调谐过程将在操作面板（FR - DU07），参数单元（FR - PU07 - CH）进行监视显示，见表 1 - 25。

表 1 - 25　　操作面板（FR - DU07）、参数单元（FR - PU07 - CH）监视显示

Pr. 96 设定值 / 状态	参数单元（FR - PU04 - CH）显示		操作面板（FR - DU07）显示	
1	101	1	101	
（1）设定	1 --- STOP PU	101 --- STOP PU		
（2）调整中	TUNE 2 STF FWD PU	TUNE 102 STF FWD PU		
（3）正常结束	TUNE 3 完成 STF STOP PU	TUNE 103 完成 STF STOP PU	 闪烁	 闪烁
（4）异常结束（变频器保护功能动作时）	TUNE 9 错误 STF STOP PU			

离线自动调整时间（初始设定时）见表 1 - 26。

表1-26 离线自动调整时间

离线自动调整设定	时　　间
电动机不运转模式（Pr. 96 = "1"）	约为25~120s（变频器容量和电动机的种类不同，时间也不相同）
电动机运转模式（Pr. 96 = "101"）	约为40s （根据加减速时间的设定，离线自动调整时间为：离线自动调整时间=加速时间+减速时间+约30%）

3）在结束离线自动调整后进行PU运行时，请按下操作面板的STOP/RESET。外部运行时请将启动信号（STF信号或STR信号）设为OFF。实施操作后，离线自动调整被解除，PU的监视器显示将恢复为正常显示。

注意：

① 调谐完成后请勿变更Pr96的设定值（3或13）。

② 变更了Pr96的设定值时，调谐数据将无效。

③ 变更了Pr96的设定值时，需要再次进行调谐。

4）离线自动调整如果出现异常结束（表1-27），电动机常数未得到设定。请进行变频器复位后，重新进行调谐操作。

表1-27 离线自动调整如果出现异常处理

错误显示	错误原因	处理方法
8	强制结束	重新设定Pr
9	变频器保护功能动作	再次重新进行设定
91	电流限制（失速防止）功能动作	延长加减速时间设定P156 = "1" 延长加减速时间
92	变频器输出电压为额定值的75%。	
93	计算错误 忘记连接电动机	设定

5）在调谐过程中STOP/RESET将启动信号（STF信号或STR0信号）动作，强制结束调谐未能正常结束。进行变频器的复位后，重新进行调整操作。

注意：

① 执行一次离线自动调整所测量得到的电动机常数将作为参数记忆，在再次执行离线自动调谐为止，数据将得到保持。

② 调谐过程中发生瞬间停电时，将产生谐振错误。

③ 恢复供电后成为通常运行模式。因此，STF（STR）信号为ON时电动

机将正转（或反转）。

④ 调谐过程中发生的报警与通常状态一样采取相同处理。不过，设定了错误再试时，将忽略再试。

10. *不受电动机温度影响的高精度运行（Pr. 95 在线自动调整）*

在先进磁通矢量控制、实时无传感器矢量控制方式下，选择在线自动调整时，即使由于电动机温度上升导致电动机的二次电阻值发生变化，也可通过温度补偿实现良好的转矩精度。具体参数设置见表1－28所示。

表1－28　具　体　参　数

参数编号	名称	初始值	设定范围	内　容
95	在线自动调整	0	0	不实施在线自动调整
			1	启动时在线自动调整
			2	磁通监测器（常时调整）检测

11. *启动时在线自动调谐（设定值为"1"）*

通过在启动时迅速对电动机的状态进行调谐，可以实现不受电动机温度影响的高精度运行并实现超低速下的高转矩、稳定运行。

（1）在线自动调谐。

已选择先进磁通矢量控制（Pr. 80、Pr. 81）或是实时无传感器矢量控制（Pr），在实施在线自动调谐时，无法实施离线自动调整。操作方法如下：

1）设定 Pr. 96 自动调整设定/状态为"3"或"103"。

2）设定 Pr. 95 自动调整设定/状态＝"3"或"103"（启动时在线自动调整）。

3）PU 运行时，请按下操作面板[FWD]/[REV]。

注意事项：如果升降机设备上使用启动时在线自动调整，则在设计制动器顺动控制时应充分考虑启动时的制动器开放时机，调整最长约在启动500ms后结束，但无法得到充分的转矩，可能导致升降设备的滑落。

（2）磁通监测器（常时调谐，设定值为"2"）。

使用带 PLG 的电动机并实施矢量控制时，对于提高转矩精度非常有效。

通过流过电动机的电流和变频器的输出电压来判断和检测电动机内部的磁通，可始终高精度地推出电动机的磁通，不会受二次电阻的温度变化影响，运行性能良好。

应选择矢量控制（Pr. 80、Pr. 81、Pr. 800）。

注意：

1）如果使用SF－V5RU、SF－JR（带PLG）、SF－HR（带PLG）、SF－HRCA（带PLG）电动机且选择了磁通监测器时，没有必要实施离线自动调谐。不过，布线长度较长时（判断基准为0m以上），为了使布线长度部分的电阻也反映到控制当中，请实施离线自动调节。

2）在输入MRS信号，设定速度为Pr.13启动频率以下（V/F控制、先进磁通控制），或变频器报错过程中变频器的启动条件未得到满足的情况下，在线自动调谐不动作。

3）JOG运行时，在线自动调谐无效。

4）作出了瞬间停电再启动选择时，瞬停再启动优先。频率不搜索时，不实施启动时的在线自动调谐。与瞬间停电再启动并用时，请在通过X28信号停止的过程中，实施在线自动调谐。

5）在线自动调谐过程中，零电流检测及输出电流检测也有效。

6）在线自动调谐过程中不输出RUN信号，开始启动时RUN信号成为ON。

7）如果从变频器停止到再启动为止的时间在4s以内时，启动时虽然实施调谐，但无法得出调谐结果。

12. 实现高精度、高响应控制（实时无传感器矢量控制、矢量控制时的增益调整）

矢量控制下通过电动机运行时的转矩指令和转速来实时推断电动机的负荷惯性比（负荷惯性力矩），通过负荷惯性比和响应性来自动设定速度控制、位置控制时的最佳增益，从而降低调整增益时的麻烦。

由于负荷变动而无法推断负荷惯性比，或处于实时无传感器矢量控制方式时，通过手动输入负荷惯性比来自动设定增益。

由于负荷惯性较大，或存在齿轮间隙发生振动、噪声等不良现象，或是想让机械发挥出最佳的性能时，可以通过手工输入来进行增益调整。

具体参数设置操作见表1－29。

表1－29　矢量控制时的增益调整

参数编号	名称	初始值	设定范围	内　　容
818	简单增益调谐响应性设定	2	1～15	设定响应性水平 1：低响应～15：高响应
819	简单增益调谐选择	0	0	无简单增益调谐
			1	有负荷推断、有增益计算（仅矢量控制时有效）
			2	负荷（Pr.880）有手动输入、增益计算

续表

参数编号	名称	初始值	设定范围	内　容
820	速度控制 P 增益 1	60%	1% ~1000%	设定速度控制时的比例增益 (将设定值设定得大一些，对于速度指令变化的追随性变好，从而相对于外部干扰的速度变动可以变小一些)
821	速度控制积分时间 1	0.333s	0~20s	设定速度控制时的积分时间、(外部干扰产生速度变动时，将设定值设定得小一些，以便缩短恢复到原来速度的时间)
880	负荷惯性比	7 倍	0~200 倍	设定相对于电动机的负荷惯性比

(1) 简单增益调谐执行步骤（Pr. 819 = “1”）。简单增益调谐（负荷惯性比自动推断）仅在矢量控制下的速度控制、位置控制时有效。在转矩控制、V/F 控制、先进磁通控制、实时无传感器矢量控制时无效。

1）通过 Pr. 818 简单增益调谐响应性设定来进行响应性水平的设定，将设定值设定得大一些，对于指令的追随性更加灵敏，但过大时会发生振动。设定性和响应性的关系以及具体设定参数见表 1－30。

表 1－30　设定性和响应性的关系以及具体参数设定

Pr. 818 设定值	1	2	3	4	5	6	7	8	9	10	11	12	13	14	15
响应性	低响应↔中响应↔高中响应														
机械共振频率目标值（Hz）	8	10	12	15	19	22	28	34	42	52	64	79	98	122	150

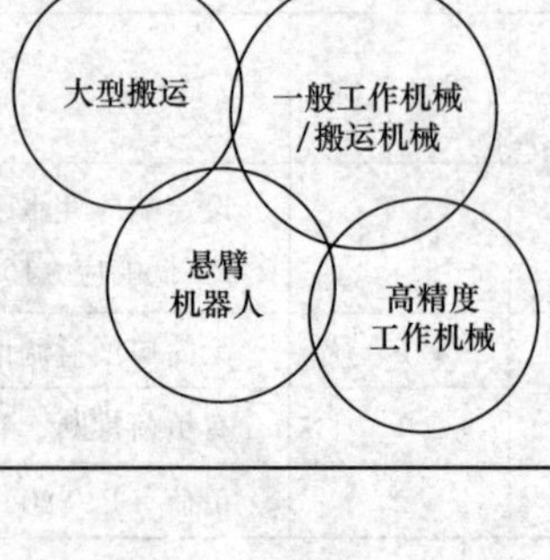

2）加减速运行时推断负荷惯性比，通过此值和 Pr. 818 简单增益调谐响应性设定的设定值来自动设定各控制增益。执行调谐时的负荷惯性比的初始值采用 Pr. 880 负荷惯性比，调谐中将在 Pr. 880 设定推断值。负荷惯性比的推断如果满足下列条件时，可能会发生推断将花费很长时间等无法正常推断的情况：

① 5s 以内达到 1500r/min 的加减速运行。

② 转速为 150r/min 以上的运行。

③ 加减速转矩为额定转矩的 10% 以上。

④ 加减速过程中不能施加剧烈的外部干扰。

⑤ 负荷惯性比约为 30 倍以下。

⑥ 不存在齿轮晃动或皮带松动的情况。

3）按下 FWD 或 REV，始终实施负荷惯性比的推断或增益计算。外部运行时的运行指令为 STF 或 STR 信号。

（2）简单增益调谐执行步骤。简单增益调谐（负荷惯性比手动输入）仅在实时无传感器控制方式下的速度控制模式、矢量控制方式下的速度控制模式和位置控制模式时有效。

1）在 Pr. 880 负荷惯性比中设定相对于电动机的负荷惯性比。

2）在 Pr. 819 简单增益调谐选择中设定为“2”（简单增益调谐有效），设定后通过增益计算，将自动设定 Pr. 820 速度控制 P 增益 1、Pr. 821 速度控制积分时间 1。自下次运行开始，以增益调整后的状态运行。

3）实施试运行，在 Pr. 818 简单增益调谐响应性设定中设定响应性水平，将设定值设定得大一些，对于指令的追随性更加灵敏，但过大时会发生振动。设定 Pr. 77 参数写入选择为“2”（运行中可以写入参数）时，在运行过程中也可调整响应性水平。

注意：

（1）设定 Pr. 819 为“1”或“2”并实施调谐后，即使将 Pr. 819 的设定值恢复为“0”，调谐结果仍将保持各参数中设定的数据。

（2）由于外部干扰等影响，即使执行了简单增益调谐也无法得到准确的精度时，可以通过手工输入进行微调。此时，将 Pr. 819 的设定值设定为“0”（无简单增益调整）。

（3）通过简单增益调谐自动设定的参数。见表 1－31。

注意：矢量控制时，如果用大于规定值的惯性执行了简单增益调谐，可能会发生摆动等不良现象。另外，通过伺服锁定或位置控制固定电动机轴时，可能会使轴承损坏。此时，不应实施简单增益调谐，请通过手工输入调整增益。

表 1 – 31　　简单增益调谐自动设定的参数

名称	简单增益调谐选择（Pr. 819）设定值		
	0	1	2
负荷惯性比（Pr. 880）	手工输入	1）显示基于简单增益调谐的惯性判断结果 2）按下述时机设定参数： ① 电源投入每隔 1h。 ② 将 Pr. 819 设定为“1”以外时。 ③ 通过 Pr. 800 变更为矢量控制以外时。 ④ 其他控制（V/F 控制）方式时。 3）仅在停止中间可以写入（手工输入）	手工输入
速度控制增益（Pr. 820） 速度控制积分时间（Pr. 821） 模型速度控制增益（Pr. 828） 位置环路增益（Pr. 422）	手工输入	1）显示调谐结果（RAM）； 2）按下述时机设定参数： ① 电源投入每隔 1h。 ② 将 Pr. 819 设定为“1”以外时。 ③ 通过 Pr. 800 变更为矢量控制以外的。 3）不可以写入（手工输入）	1）将 Pr. 819 设定为“2”时，实施增益计算，并将结果设定至参数。 2）读出时显示调谐结果（参数设定值）。 3）不可以写入（手工输入）

（4）通过手工输入进行速度控制增益调整。

1）发生了机械的异常振动、噪声、响应性迟钝、超调等现象时进行调整。

2）Pr. 820 速度控制 P 增益 1 为“60%”（初始值）相当于 120rad/s（电动机单机的速度响应）。增大设定值可以使得响应性提高，但设定值过大会产生振动和噪声。如图 1 – 92 所示。

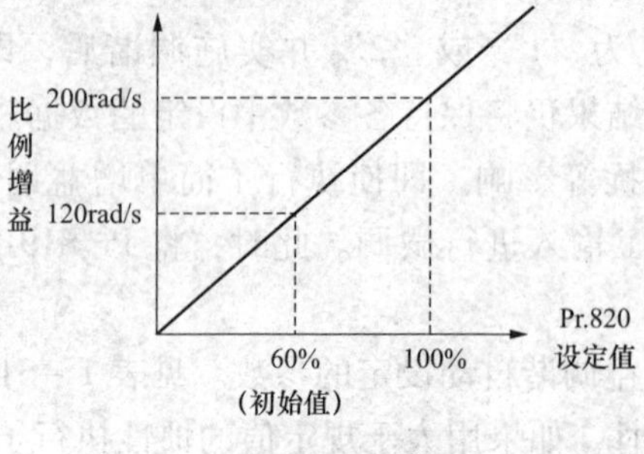

图 1 – 92　设定值

3）减小 Pr. 821 速度控制积分时间 1 可以使得速度变化时的复位时间变短，但该值过小将产生超调。

4）存在负荷惯性时，实际的速度增益如图 1－93 所示。

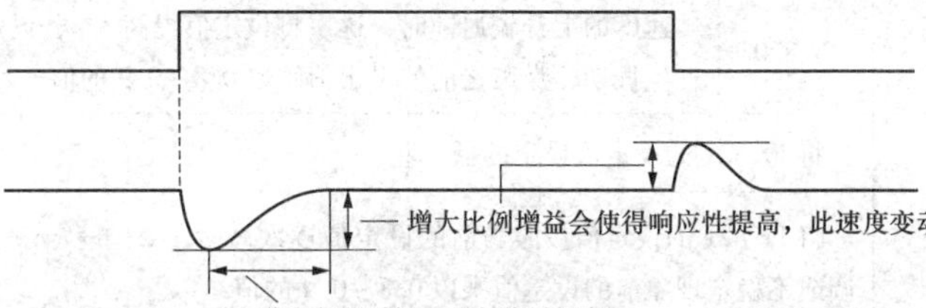

图 1－93　实际的速度增益

5）存在负荷惯性时，实际的速度增益的公式为

$$实际的速度增益 = 电动机电机时的速度增益 \times \frac{JM}{JM + JL}$$

式中　*JM*——电动机的惯性；

JL——电动机轴换算的负荷特性。

6）调整步骤为：

① 一边确认状态，一边变更 Pr. 820 的设定值。

② 无法较好的调整时，变更 Pr. 821 的设定值，再次从①步骤重新开始反复操作。

具体参数设定见表 1－32。

表 1－32　　速度控制的增益调整

序号	现象/条件	调整方法	
1	负荷惯性较大	将 Pr. 820、Pr. 821 的设定值设定的高一些	
		Pr. 820	速度的上升较迟钝时，逐次将设定值提高 10%，设定为一个临产生振动、噪声之前的设定值乘以 0.8～0.9 的值
		Pr. 821	超调时，将当前的设定值逐步增大两倍，设定一个临消失超调的设定值乘以 0.8～0.9 的值
2	机械系统产生了振动、噪声	将 Pr. 820 的设定值设定的低一些，将 Pr. 821 的设定值设定的高一些	
		Pr. 820	逐次将设定值减少 10%，设定为一个临消失振动、噪声之前的设定值乘以 0.8～0.9 的值
		Pr. 821	超调时，将当前的设定值逐步增大两倍，设定一个临消失超调的设定值乘以 0.8～0.9 的值

续表

<table>
<tr><th>序号</th><th>现象/条件</th><th colspan="2">调 整 方 法</th></tr>
<tr><td rowspan="2">3</td><td rowspan="2">响应差</td><td colspan="2">将 Pr. 820、Pr. 821 的设定值设定的高一些</td></tr>
<tr><td>Pr. 820</td><td>速度的上升较迟钝时，逐次将设定值提高 5%，设定为一个临产生振动、噪声之前的设定值乘以 0.8 ~0.9 的值</td></tr>
<tr><td rowspan="2">4</td><td rowspan="2">复位时间长</td><td colspan="2">将 Pr. 821 的设定值设定的低一些</td></tr>
<tr><td colspan="2">将 Pr. 821 的设定值按照当前的设定值逐次减少 1/2，设定一个临消失超调或不稳定现象前的设定值乘以 0.8 ~0.9 的值</td></tr>
<tr><td rowspan="2">5</td><td rowspan="2">发生了超调或不稳定现象</td><td colspan="2">将 Pr. 821 的设定值设定的高一些</td></tr>
<tr><td colspan="2">将 Pr. 821 的设定值按照当前的设定值逐步增大两倍，设定一个临消失超调的设定值乘以 0.8 ~0.9 的值</td></tr>
</table>

注意：手工输入进行增益调整时，设定 Pr. 819 简单增益调谐选择的设定值为“0”（无简单增益调整，是初始值）。

（5）使用多极电动机（8 极）的情况。

1）使用 8 极以上的多极电动机，应用矢量控制（带 PG、实时无传感器）的时候，请配合电动机参照下列调整方法，对速度控制 P 增益 Pr. 820 和转矩控制 P 增益 Pr. 824 进行调整。

2）如果提高速度控制 P 增益 Pr. 820 的设定值，对应性会提高，但设定值过高的话会产生振动和噪声。

3）转矩控制 P 增益 Pr. 820 的设定值，会产生脉动电流，与此同时电动机会产生噪声。

具体的调整方法见表 1 -33。

表 1 -33　　调 整 方 法

序号	现象/条件	调 整 方 法
1	在低速域，电动机的旋转速度变得不稳定	有必要根据电动机的惯性来提高 Pr. 820 速度控制 P 增益。由于多极电动机自身的有较大倾向，可以首先进行大致调整，从而改善不稳定现象，然后请考虑之前的设定相对于基准的对应性并进行微调。另外，进行带 PG 的矢量控制时，可以使用简单增益调整（Pr. 819 = “1”），方便地进行增益调整

续表

序号	现象/条件	调整方法
2	旋转速度的追随性不佳	调整 Pr. 820 速度控制 P 增益。把设定值按 10% 逐次提高，用振动、噪声将要发生之前的设定值乘以 0.8 ~ 0.9 的值作为大概的设定值。调整不成功的话，Pr. 821 速度控制积分时间每提高 2 倍，再次重复 Pr. 820 的调整
3	相对于负荷变动，旋转速度的变动大	
4	在实时无传感器矢量控制中，启动时或通过低速域之际，发生转矩不足或电动机振动	提高速度控制增益。（与 NO. 1 相同）进行增益调整无法避免时，如果是启动，可以提高启动频率 Pr. 13，或者缩短加速时间。请避免极低速域下的连续运行
5	电动机或机械产生异常振动、噪声、过电流	降低 Pr. 824 转矩控制 P 增益设定值。把设定值按 10% 逐次降低，现象将要改善之际的设定值乘以 0.8 ~ 0.9 的值为最后设定值
6	在实时无传感器矢量控制中，启动时产生过电流或过速度	

1.3.4 PU 运行操作

接线如图 1 - 94 所示。

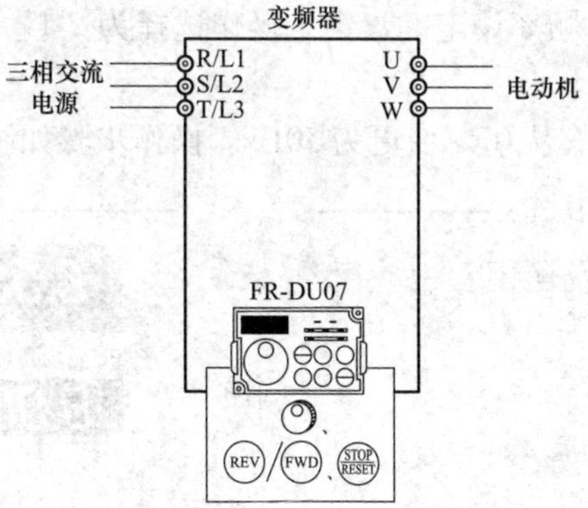

图 1 - 94　接线图

1. 用设定频率来运行。

例：以 30Hz 运行。操作步骤如图 1 - 95 所示。

按下旋钮显示频率；用旋钮可以方便地调节频率。

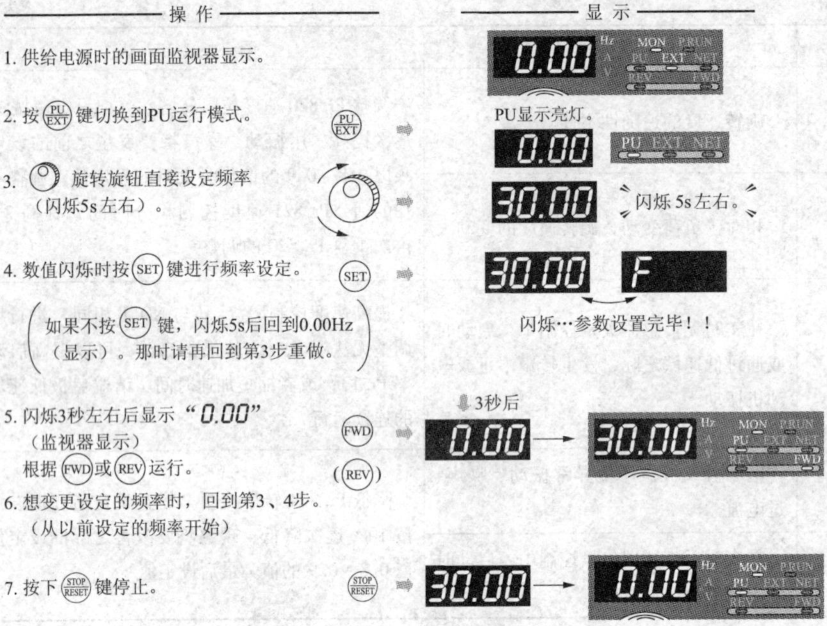

图 1－95　操作步骤

2. 用 M 刻度盘作为定位器使用进行运行。

请设置为 Pr. 161 频率设定键盘锁定操作选择为“1”（M 旋钮旋转调节模式）

例：运行中将频率从 0Hz 变更为 50Hz。操作步骤如图 1－96 所示。

图 1－96　操作步骤

注意:

1）如果“50.00”闪烁后回到“0.00”时，Pr. 161 频率设定/键盘锁定操作选择的设定值不为“1”。

2）运行中或停止中都可以通过旋转旋钮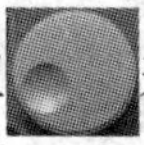来进行频率的设定。

3. 通过开关发出启动指令（3 速设定）。

启动指令用FWD/REV发出。有必要设定 Pr. 79 运行模式选择为“4”。端子 RH 的出厂值为 50Hz，RM 的出厂值为 30Hz，PL 的出厂值为 10Hz。2 个（或 3 个）端子同时设置为 ON 时可以用 7 速运行。接线图和速度图分别如图 1－97 和图 1－98 所示。

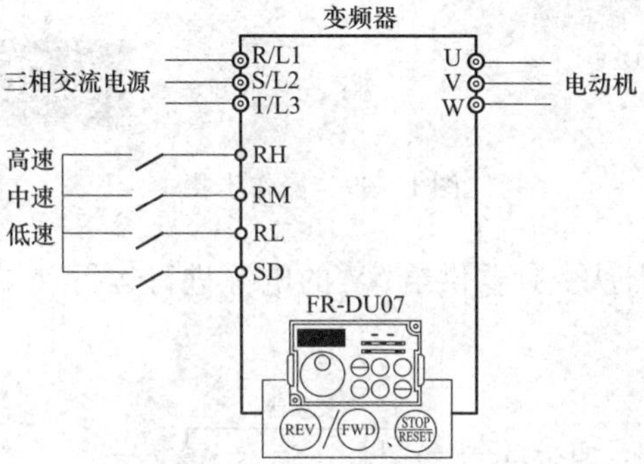

图 1－97　接线图

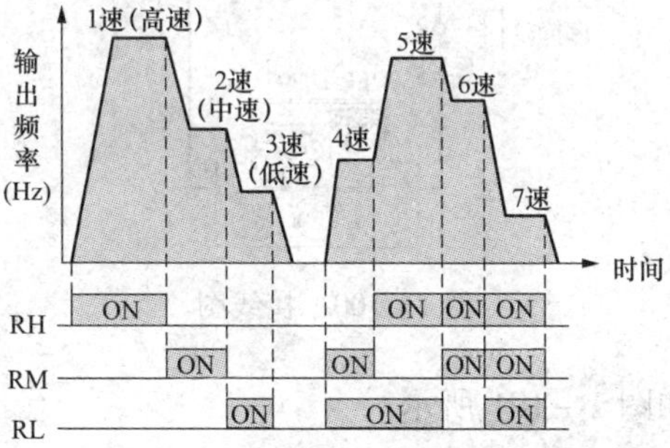

图 1－98　速度图

具体操作步骤如图 1－99 所示。

4. 通过模拟信号进行频率设定。

启动指令用FWD/REV发出。请设置 Pr. 79 运行模式选择为“4”。

操作

1. 供给电源时的画面监视器显示。

2. 将 Pr.79 变更为“4”。

3. 按下按键 FWD（或 REV）
FWD（或REV）闪烁。
在没有频率指令的情况下闪烁。

4. 将低速信号（RL）置为ON。
输出频率随 Pr.7 加速时间上升慢慢变为“10.00”(10Hz)。

5. 将低速信号（RL）置为OFF。
输出频率随 Pr.8 减速时间下降慢慢变为“0.00”(0Hz)。

6. 启动开关 STOP RESET 置为OFF。
FWD（或REV）灯灭。

显示

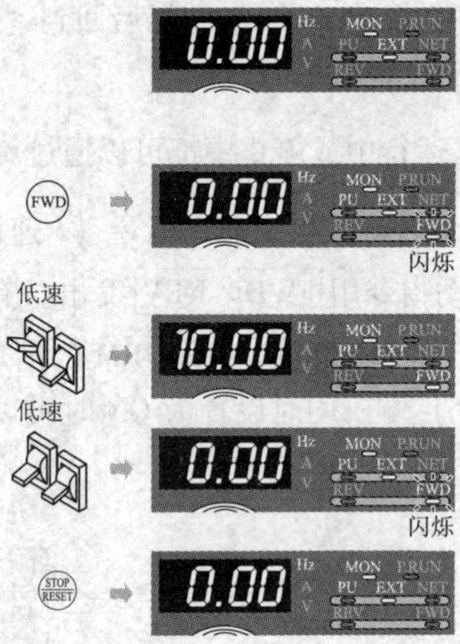

图 1－99　操作步骤

例：频率设定器从变频器供给 5V 的电源进行运行（端子 10）。接线图如图 1－100 所示。

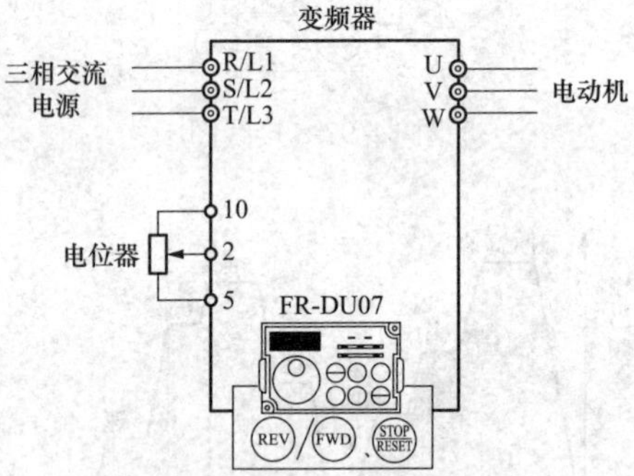

图 1－100　接线图

具体操作步骤如图 1－101 所示。

5. 通过模拟信号进行频率设定（电流输入）。

启动指令用 FWD / REV 发出。

AU 信号置为 ON。请设置 Pr. 79 运行模式选择为“4”（外部/PU 组合运行模式 2）。

接线图如图 1－102 所示。

操 作

1. 供给电源时的画面监视器显示。

2. 将 Pr.79 变更为“4”。

3. 启动
按下按键（FWD 或 REV）
显示运行状态的FWD和REV闪烁。

注 意
正转与反转同时ON时不启动。
运行中两个都变为ON时，减速后停止。

4. 加速→恒速
电位器慢慢向右旋转到最大。
显示的频率数值根据 Pr.7 加速时间逐见增大
显示为“50.00”(50.00Hz)。

5. 减速
电位器慢慢向左旋转到最小。
显示的频率数值根据 Pr.8 减速时间逐见变小
显示为“0.00”(0.00Hz)。
运行状态显示的FWD或REV闪烁。
电动机停止运行。

6. 停止
按下 STOP/RESET 键。
运行状态显示的FWD或REV灯灭。

显 示

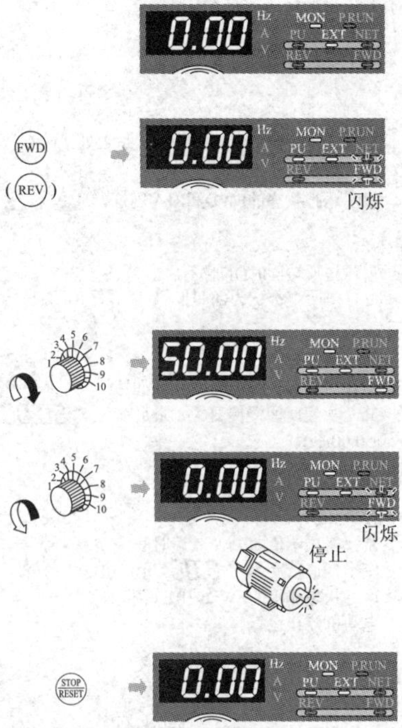

图 1－101　操作步骤

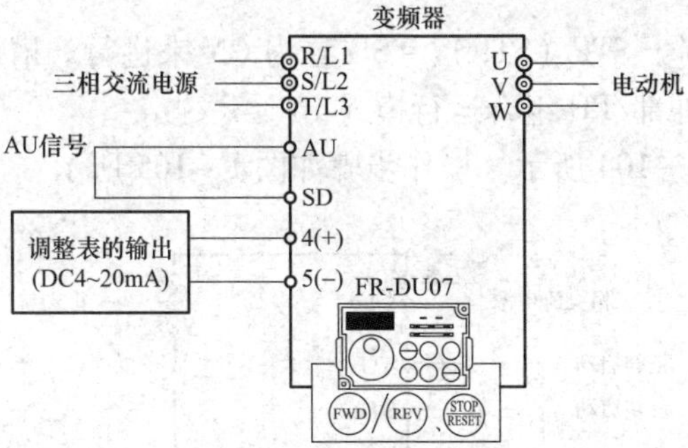

图 1－102　接线图

具体操作步骤如图 1－103 所示。

请设定 Pr. 184AU 端子功能选择为 4（AU 信号初始值）。

1.3.5　外部运行

1. 通过操作面板来设定频率。

操 作

1. 供给电源时的画面监视器显示。

2. 将 Pr.79 变更为“4”。

3. 启动
确认端子4的输入信号（AU）是否处于ON。
按下按键（FWD或REV）
显示运行状态的FWD和REV闪烁。

注意：
正转与反转同时ON时不启动。
运行中两个都变为ON时，减速后停止。

4. 加速→恒速
输入20mA。监视器的显示值根据
Pr.7 加速时间慢慢变大，最后变为“50.00”
(50.00Hz)。

5. 减速
输入4mA。
监视器显示值随 Pr.8 减速时间慢慢
变小，最后变为“0.00”(0.00Hz),
运行状态显示的FWD或REV闪烁。
电动机停止运行。

6. 停止
按下 STOP/RESET 键。
运行状态显示的FWD或REV灯灭。

显 示

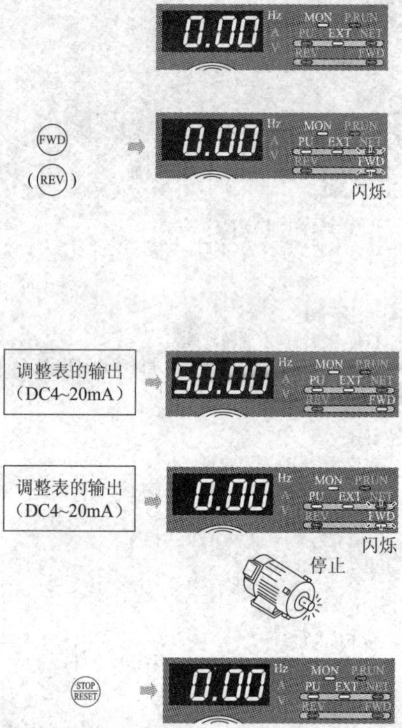

图 1－103　操作步骤

启动指令用端子 STF（STR）－SD 置为 ON 来进行。请设置 Pr. 79 运行模式选择为“3”（外部/PU 组合运行模式 1）。

接线图如图 1－104 所示。操作步骤如图 1－105 所示。

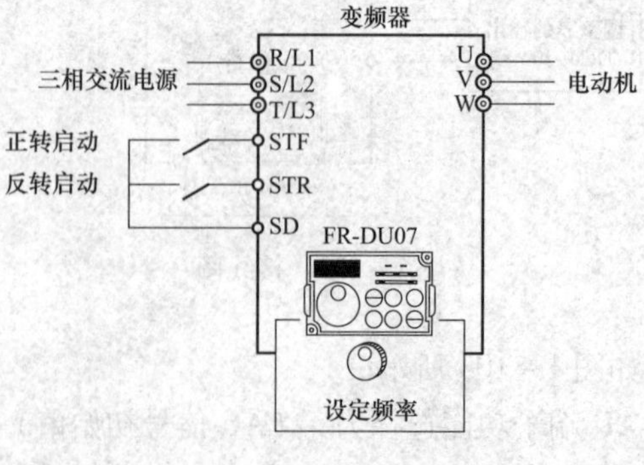

图 1－104　接线图

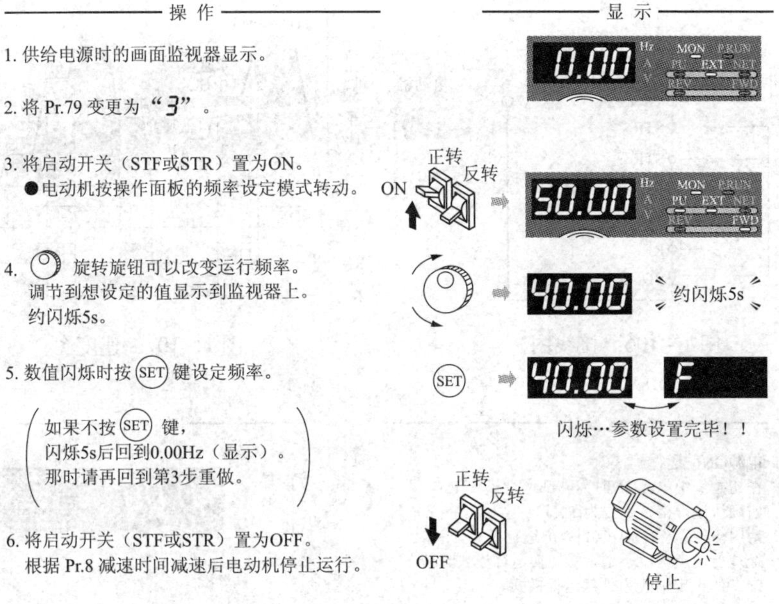

图 1－105　操作步骤

注意：

（1）请设置为 Pr. 178 STF 端子功能 = “60”（或 Pr. 179 STR 端子功能为“61”，以上全部为出厂值）

（2）设定 Pr. 79 运行模式选择 = “3”时，多段速运行也有效。

2. 通过开关发出启动指令、频率指令（3 速设定 Pr. 4 ~ Pr. 6）。

用端子 STF（STR）－SD 发出启动指令。用端子 RH、RM、RL、STR－SD 进行频率设定。EXT 亮灯。（如果 PU 亮灯，请用$\frac{\text{PU}}{\text{EXT}}$进行切换。）初始值 RH 为 50Hz，RM 为 30Hz、RL 为 10Hz（改变时参照 Pr. 4、Pr. 5、Pr. 6）。2 个（或 3 个）端子同时置为 ON 时可以用 7 速运行。

例：设定 Pr. 4 多速段设定（高速）“40Hz”，合上端子 RH、STF（STR）－SD 进行试运转。接线图如图 1－106 所示，速度图如图 1－107 所示，操作步骤如图 1－108 所示。

注意：不想操作$\frac{\text{PU}}{\text{EXT}}$键或想使用现在的运行指令及频率指令时，请把 Pr. 79 运行模式选择设定为“2”（外部运行模式）。

3. 通过模拟信号进行频率设定（电压输入）。

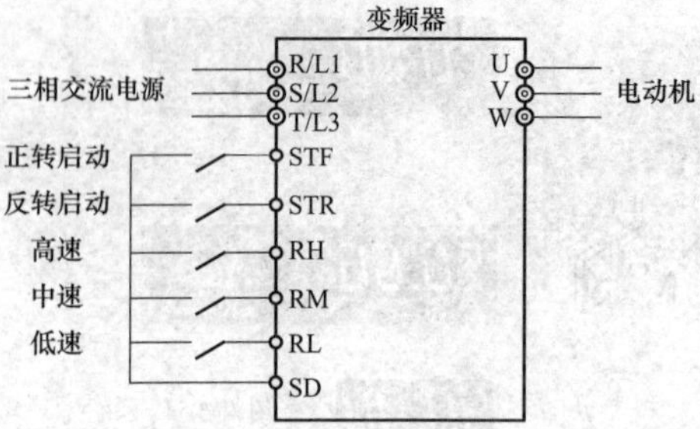

图 1－106　接线图

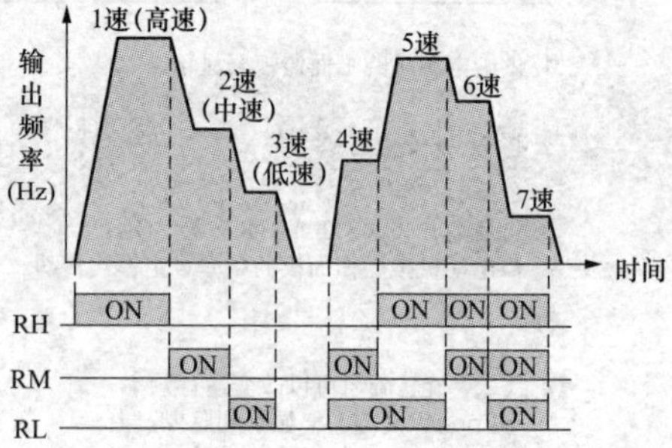

图 1－107　速度图

——操 作——　　　　——显 示——

1. 电源ON→运行确认
在初始值中电源ON时为外部运行模式[EXT]。
请确认运行指令是否为[EXT]。不显示的情况下请用(PU/EXT)键来设定[EXT]外部运行模式。
经过上述步骤后还是不能切换运行模式时请在Pr.79的设定中改为外部运行模式。

2. 将Pr.4变更为“40.00”(40Hz)。

3. 将高速开关 (RH) 置为ON。

4. 将启动开关（STF或STR）置为ON。
这时候显示“40.00”(40Hz)。
●RM置为ON时30Hz
RL置为ON时显示10Hz。

5. 停止
将启动开关（STF或STR）置为OFF。
根据Pr.8 减速时间电动机停止。

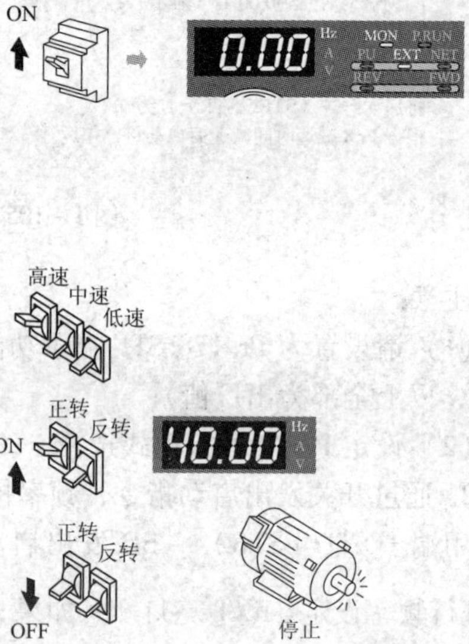

图 1－108　操作步骤

例：频率设定从变频器供给 5V 的电源运行（接端子 10）。接线图如图 1－109 所示，操作步骤如图 1－110 所示。

注意：

1）如果想供电后切换到外部运行模式而不用按$\frac{\text{PU}}{\text{EXT}}$运行时，把 Pr. 79 运行模式选择设定为“2”（外部运行模式），这样以后一启动就是外部运行模式。

2）请设置 Pr. 178 STF 端子功能选择为“60”或 Pr. 179 STR 端子功能选

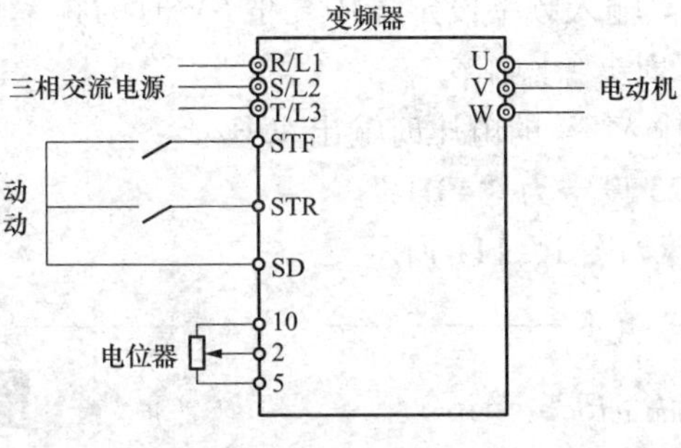

图 1－109　接线图

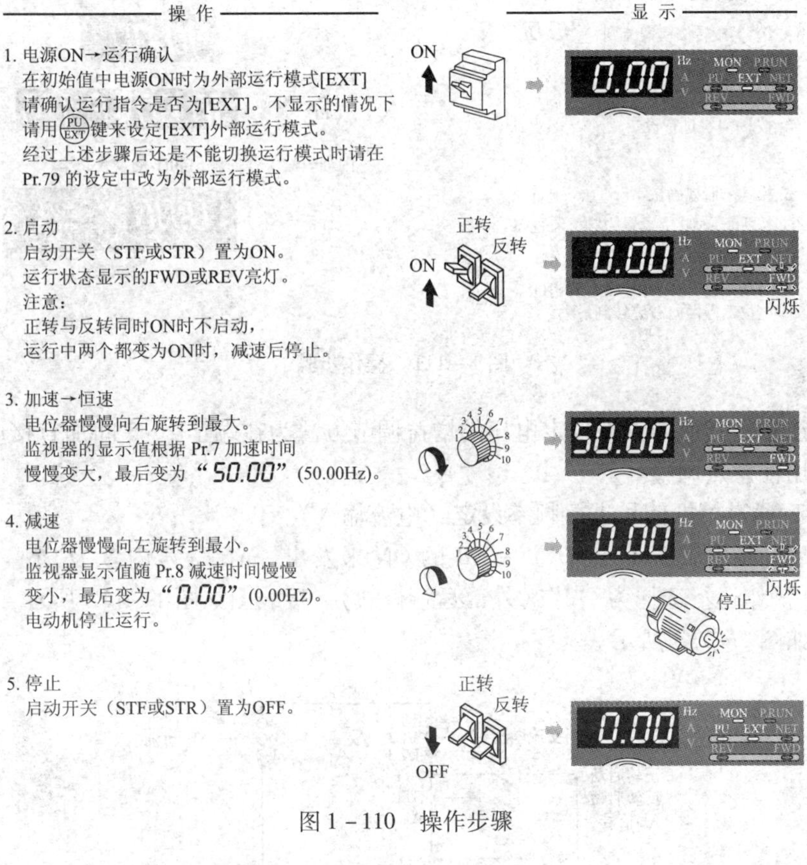

图 1－110　操作步骤

择为“61”。(全部为初始值)

4. 改变最大频率的方法。

即：想改变电位器的最大值（5V 时初始值）时的频率（50Hz）的设定。

例：DCO－5V 输入频率设定器中，把 5V 时的频率从 50Hz（初始值）改为 40Hz 时，按下列步骤操作：

（1）调整为输入 5V 的电压时输出 40Hz。

（2）把 Pr. 125 设定为“40Hz”。

具体操作步骤如图 1－111 所示。

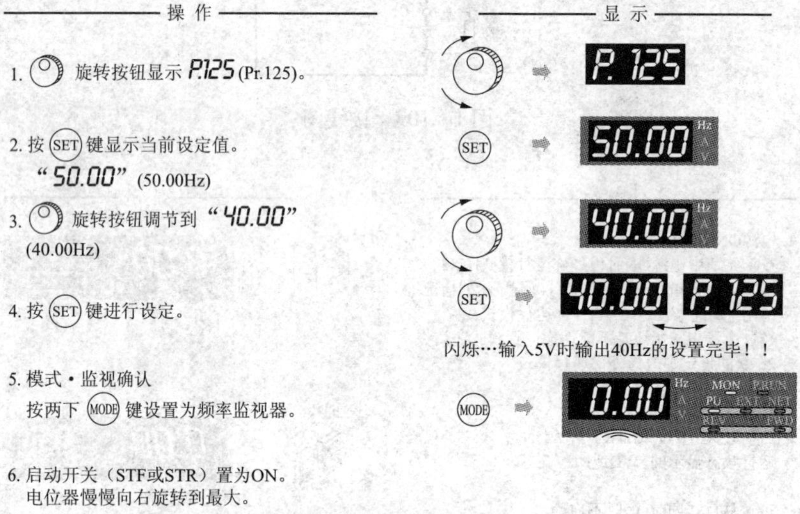

图 1－111　操作步骤

注意：其他的频率设定电压的增益调节方法为在端子 2～5 间加直接电压，或者用任意点调整。

5. 通过模拟信号进行频率设定（电流输入）。

启动指令由 STF（STR）－SD 的 ON 来发出。AU 信号内置为 ON。设定 Pr. 79 操作运行选择为“2”（外部运行模式）。接线图如图 1－112 所示，操作步骤如图 1－113 所示。

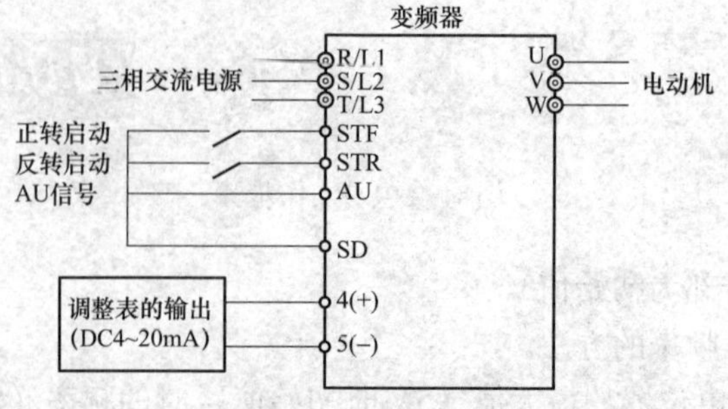

图 1－112　接线图

操作

1. 电源ON→运行确认
在初始值中电源ON时为外部运行模式[EXT]
请确认运行指令是否为[EXT]。不显示的情况下请用(PU/EXT)键来设定[EXT]外部运行模式。
经过上述步骤后还是不能切换运行模式时请在Pr.79的设定中改为外部运行模式。

2. 启动
启动开关（STF或STR）置为ON。
运行状态显示的FWD或REV亮灯。
注意：
正转与反转同时ON时不启动，
运行中两个都变为ON时，减速后停止。

3. 加速→恒速
输入20mA。
监视器的显示值根据 Pr.7 加速时间慢慢变大，最后变为“50.00”(50.00Hz)。

4. 减速
请进行4mA的输入。
监视器显示值随 Pr.8 减速时间慢慢变小，最后变为“0.00”0.00Hz。
FWD或REV灯闪烁。
电动机停止运行。

5. 停止
启动开关（STF或STR）置为OFF。

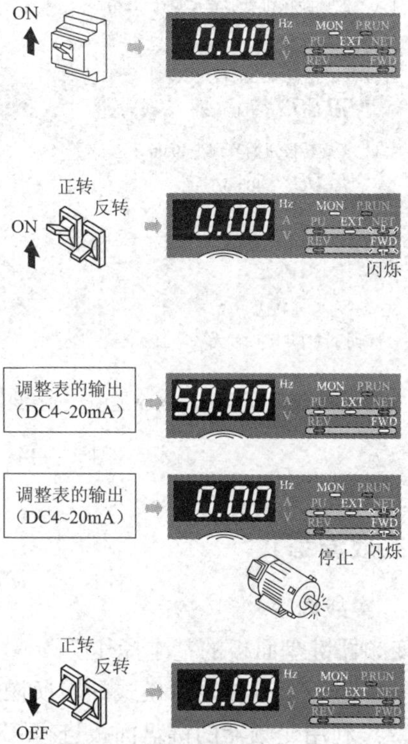

图 1－113　操作步骤

注意：应设置 Pr. 184 AU 端子功能选择为 4（AU 信号）（初始值）。

6. 改变最高频率的方法。

即改变电流最大输入（20mA 初始值）时的频率（50Hz）。

例：4～20mA 输入频率设定器中，要把 20mA 时的频率 50Hz（初始值）改为 40Hz 时，按下列步骤操作：

（1）调整为输入 20mA 的电压时输出 40Hz。

（2）把 Pr. 126 设定为“40Hz”。

具体操作步骤如图 1－114 所示。

注意：其他的频率设定电流的增益调节方法为在端子 2～5 间加电流，或者用任意点调整。

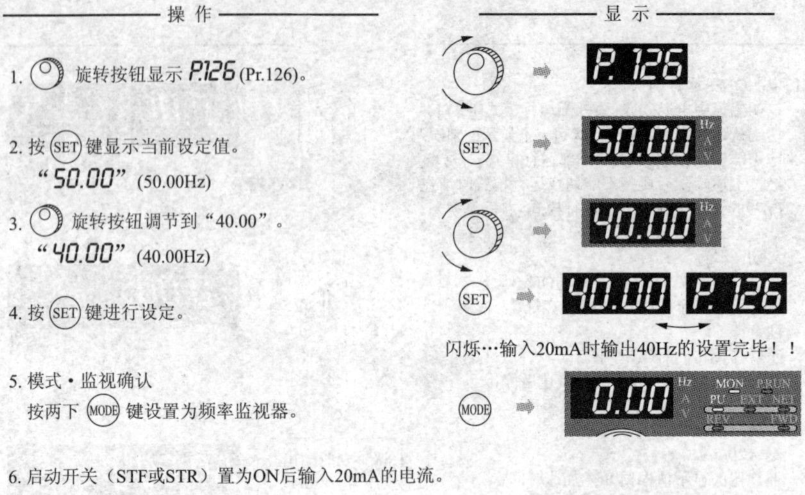

图1－114　操作步骤

◎［实战演练］

1.3.6　实战内容

变频器键盘面板的基本操作。

（1）进行变频器运行模式的转换操作。

（2）利用变频器的键盘面板进行频率的设定。

（3）利用变频器的外部信号改变最高频率。

（4）进行运行状态监视。

1.3.7　设备、工具和材料准备

（1）工具。电工工具1套。

（2）仪表。MF－500B型万用表、DT9202型数字万用表、5050型绝缘电阻表、频率计、测速表各1只。

（3）器材。三菱FR－A740－2.2k－CHT变频器1台、1.1kW电动机1台。

1.3.8　操作步骤

1. 运行前连接好变频器的电源和电动机的端子接线，如图1－115所示。

2. 利用键盘进行STOP和RUN方式的切换，并记录键盘面板画面显示的数据信息，如图1－116所示。

3. 进行频率的数字设定。将初始频率设定位为50Hz，运行并记录数据信息；然后将频率设定为40Hz，观察运行情况并记录数据信息。如图1－117所示。

图 1－115　端子接线

(a)　　(b)

图 1－116　STOP 和方式的切换

（a）RUN（FWD）操作；（b）STOP 操作

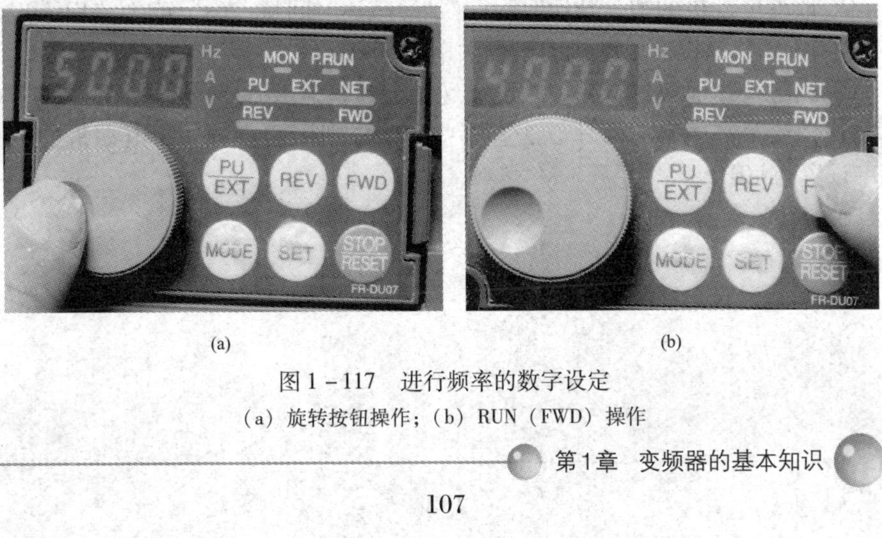

(a)　　(b)

图 1－117　进行频率的数字设定

（a）旋转按钮操作；（b）RUN（FWD）操作

4. 测量电动机的转速。用离心式转速表测量电动机的转速，方法如图1－118所示。

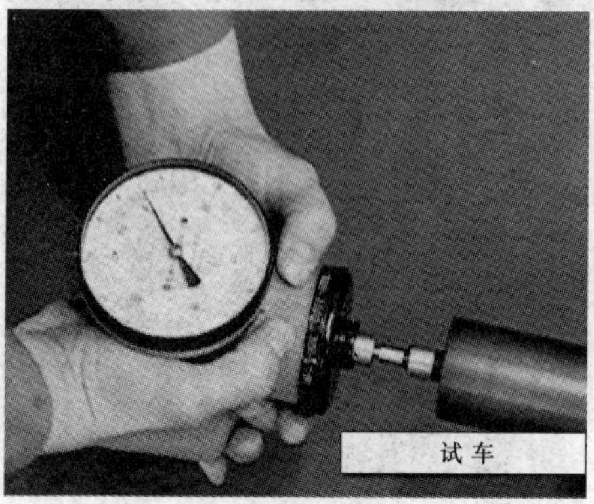

图1－118　测量电动机转速

5. 进行运行状态的监视。将画面转换到运行监视画面，依次选择4幅画面，按各画面数据确认运行状态，并记录运行监视的数据。

注意事项：

（1）键盘面板设置操作后，必须经过指导教师的检查后，方可运行。

（2）设置的具体参数可由指导教师指定。

（3）操作时要注意安全和文明操作。

◎［自我训练］

1. 根据电动机的额定频率把 Pr. 3 基准频率变更为40Hz。

2. 把电动机的上限频率设置为60Hz。

3. 改变电动机的加、减速时间。（加、减速时间从“6s”改为“12s”）

4. 用 M 旋钮设置电动机的运行频率为35Hz。

5. 通过操作面板进行频率的设定（设定频率为45Hz）。

6. 改变最高频率的两种方法有哪些？试分别用两种方法将电动机的最高频率设置为40Hz。

第2章 通用变频器的基本应用

学习目标

1. 掌握变频器的基本应用技能知识。
2. 掌握变频器的参数设置及连线的基本操作技能。

2.1 变频器的正、反转控制

学习目的

1. 熟悉变频器的基本使用控制要求。
2. 掌握变频器正、反转控制的连接和有关参数设置。
3. 掌握面板操作和外端子操作的正、反转运行。

◎［基础知识］

变频器在实际应用中经常用来控制各类机械正、反转。例如前进后退、上升下降、进刀回刀等，都需要电动机的正、反转运行，所以无论“PU”模式操作（即面板操作），还是外部端子信号操作变频器的正、反转运行，都是需要掌握并会应用的。

2.1.1 FR－A740－2.2k－CHT 三菱变频器正、反转控制线路的连接

1. 主电路的连接。

（1）输入端子 R/L1、S/L2、T/L3 接三相电源。

（2）输出端子 U、V、W 接电动机，输入、输出端子的接线图如图 2－1 所示。

2. 外端子控制回路的开关式连接如图 2－2 所示，按钮式连接如图 2－3 所示。端子实际接线图如图 2－4 所示。

2.1.2 相关功能参数的含义详解及设定操作技能

1. 参数设定

按表 2－1 设定相关参数。

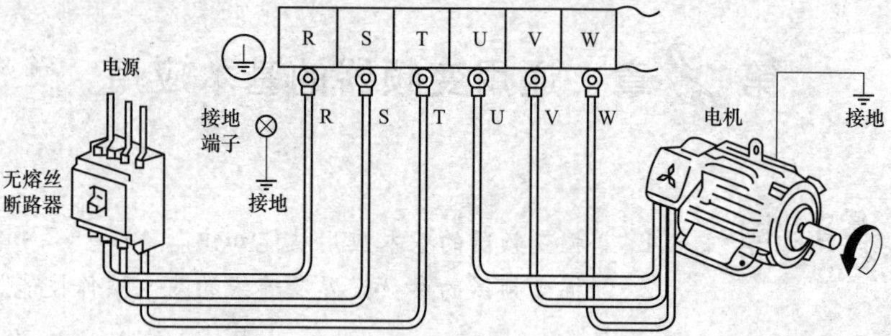

图 2－1　变频器主回路输入输出端子连接图

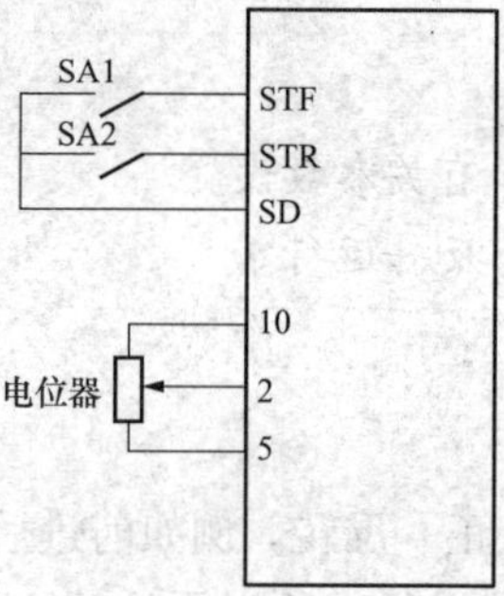

图 2－2　开关式外部运行接线图

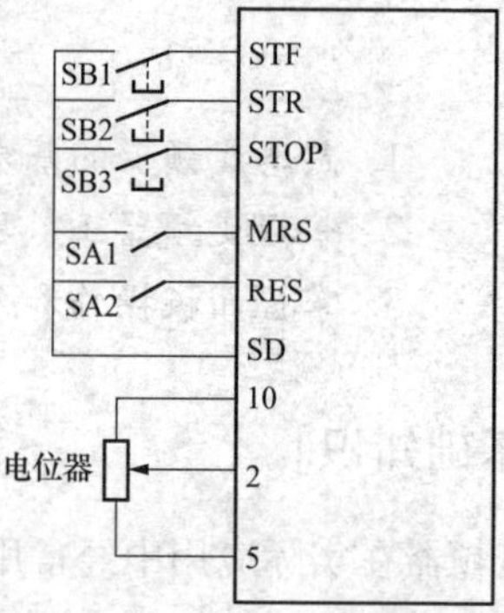

图 2－3　按钮式外部运行接线图

图 2－4　实际端子接线图

表 2－1　　　　正反转控制参数设定

参数代码	功　能	设定数据
Pr. 0	转矩提升	4%
Pr. 1	上限频率	50Hz
Pr. 2	下限频率	0Hz
Pr. 3	基准频率	50Hz
Pr. 7	加速时间	5s
Pr. 8	减速时间	3s
Pr. 9	电子过流保护	2. 7A
Pr. 10	直流制动动作频率	5Hz
Pr. 11	直流制动动作时间	1s
Pr. 12	直流制动动作电压	4%
Pr. 13	启动频率	0. 5Hz
Pr. 14	适用负荷选择	0
Pr. 17	MRS 端子输入选择	0
Pr. 20	加减速基准频率	50Hz
Pr. 21	加减速时间单位	0
Pr. 73	模拟量输入的选择	1
Pr. 77	参数写入选择	0
Pr. 78	逆转防止选择	0
Pr. 79	运行模式选择	0，1，2
Pr. 80	电动机（容量）	1. 1kW
Pr. 81	电动机（极数）	4 极
Pr. 82	电动机励磁电流	2. 52A
Pr. 83	电动机额定电压	380V
Pr. 84	电动机额定频率	50Hz
Pr. 125	端子 2 设定增益频率	50Hz
Pr. 161	频率设定操作选择	0
Pr. 178	STF 端子功能的选择	60
Pr. 179	STR 端子功能的选择	61
Pr. 187	MRS 端子功能	24
Pr. 188	STOP 端子功能	25
Pr. 189	RES 端子功能	62

2. 参数含义详解及设定操作

（1）Pr. 0 转矩提升。此参数功能为设定电动机启动时的转矩大小。通过设定此参数，补偿电动机绕组上的电压降，改善电动机的转矩性能。假定基准频率为 100%，用百分数设定 Pr. 0 时的电压值。设定过大，将导致电动机过热；设定过小，启动力矩不够，一般初始值的设定根据变频器容量的不同而不同。其变频器初始值设定与电动机容量的对应关系为：（6/4/3/2/1%；0. 4k，0. 75k/1. 5k ~3. 7k/5. 5k，7. 5k/11k ~55k/75k 以上）。

设定范围 0 ~30%

（2）Pr. 1 上限频率、Pr. 2 下限频率。此参数为设定电动机运转上限和下限频率。Pr. 1 设定输出频率的上限，如果运行频率设定值高于此值，则输出被钳位在上限频率值上；Pr. 2 设定输出频率的下限，若运行频率设定值低于这个值，运行时被钳位在下限频率值上。在这两个值确定之后，电动机的运行频率就在此范围内设定，如图 2 –5 所示。

设定范围 0 ~120Hz

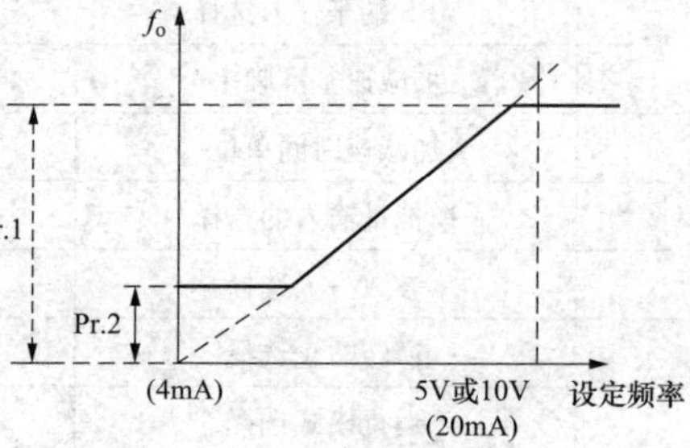

图 2 –5　Pr. 1，Pr. 2 参数含义图

（3）Pr. 3 基准频率。此参数主要用于调整变频器输出到电动机的额定值。当用标准电动机时，通常设定为电动机的额定频率；当需要电动机运行在工频电源与变频器切换状态时，设定与电源频率相同。

设定范围 0 ~400Hz

（4）Pr. 7 加速时间、Pr. 8 减速时间、Pr. 20 加减速基准频率、Pr. 21 加减速时间单位。

Pr. 7，Pr. 8 用于设定电动机加速、减速时间。Pr. 7 的值越大，电动机启动加速时间越长、慢；Pr. 8 的值越大，电动机停止时减速时间越长、慢。Pr. 20 是加减速基准频率，即 Pr. 7 设定的加速时间就是从 0 加速到 Pr. 20 所设定频率上的时间，Pr. 8 设定的减速时间就是从 Pr. 20 所设定的频率减速到 0 的时间，如图 2 –6 所示。而 Pr. 21 为加减速时间单位的设置，当设定为 0 时，单位为

0.1s，设定范围是 0～3600s，当设定为 1 时，单位为 0.01s，设定范围是 0～360s。

设定范围 Pr.7，Pr.8：7.5kW 以下为 0～3600s，11kW 以上为 360s；

Pr.20：1～400Hz；Pr.21：0，1

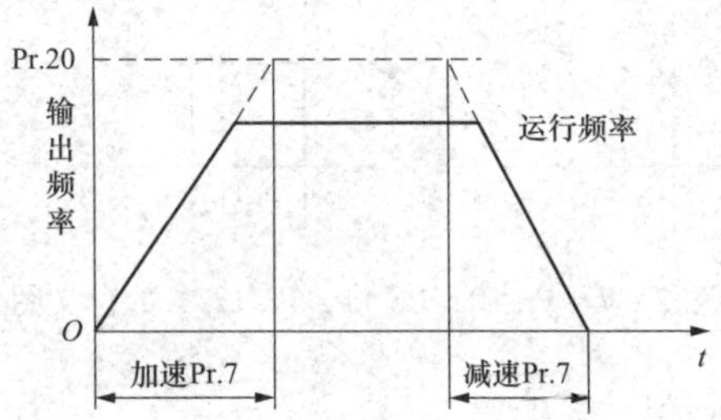

图 2－6　Pr.7，Pr.8，Pr.20 参数含义图

（5）Pr.9 电子过流保护。此参数为设定电子过流保护的电流值，以防止电动机过热，从而得到最优的保护性能。设定过流保护需注意以下事项：

1）当变频器带动两台和三台电动机时，此参数应设为“0”，即不起保护作用，每台电动机外接热继电器来保护。

2）特殊电动机不能用过流保护和外接热继电器保护。

3）当控制一台电动机运行时，此参数的值应设为 1～1.2 倍的电动机额定电流。

设定范围 55kW 以下为 0～500A，75kW 以上为 0～3600A

（6）Pr.10 直流制动动作频率。此参数为设定电动机减速停止时其直流制动开始动作的频率。

设定范围 0～120Hz

（7）Pr.11 直流制动动作时间。此参数为设定直流制动的动作时间。如无制动可将其设定为“0”。

设定范围 0.1～10.0s

（8）Pr.12 直流制动动作电压。此参数为设定直流制动电压，可根据变频器容量的大小，结合生产要求标准的不同进行设定，提高停止的准确度。

设定范围 0.1～30%

Pr.10，Pr.11，Pr.12 三个参数关系作用的含义如图 2－7 所示。

（9）Pr.13 启动频率。此参数为设定电动机开始启动时的频率，如果设定运行频率比启动频率小，则电动机不运转。如果 Pr.13 的设定值低于 Pr.2 的设定值，即受到下限频率的钳位，启动后电动机将运行在 Pr.2 的设定值。其

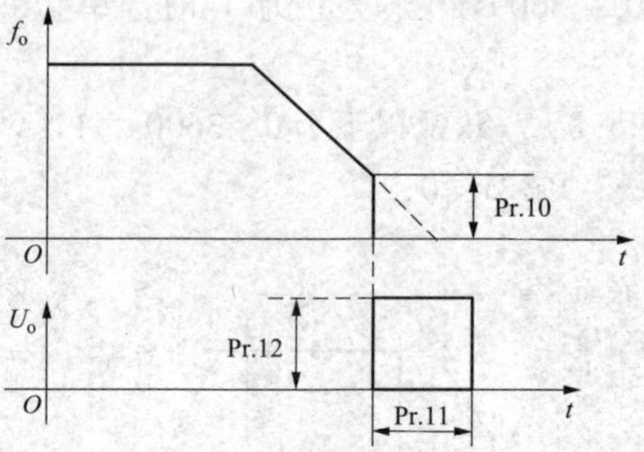

图 2－7　Pr. 10，Pr. 11，Pr. 12 参数含义图

参数含义如图 2－8 所示。

设定范围 0～60Hz

此参数与 Pr. 571（启动时维持时间）配合，设定范围为 0～10. 0s，如启动维持时间设定为 9999 时，启动维持功能无效。

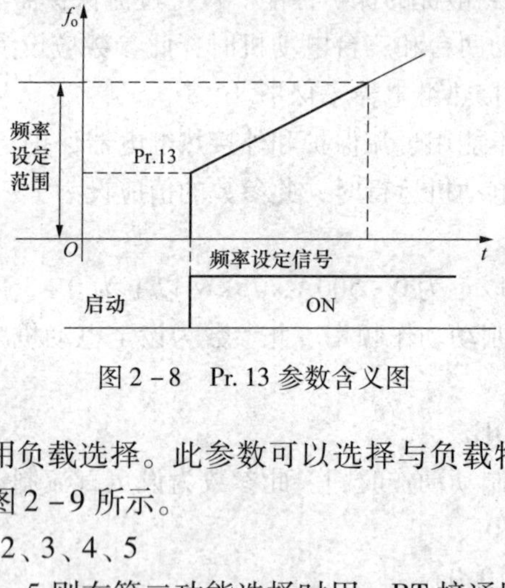

图 2－8　Pr. 13 参数含义图

（10）Pr. 14 适用负载选择。此参数可以选择与负载特性最适宜的输出特性（*U/f* 特性），如图 2－9 所示。

设定范围 0、1、2、3、4、5

参数如设定为 4、5 则在第二功能选择时用，RT 接通则用于恒转矩负荷与设定值 0 相同，RT 断开情况下与参数设定值 2、3 含义相同。

（11）Pr. 17MRS 端子输入选择。

用于输出停止 MRS 端子的逻辑选择，如图 2－10 所示。

设定范围 0、2、4

此参数设定为 4 时，外部端子为动断输入，通信为动合输入。

（12）Pr. 73 模拟量输入的选择。此参数为端子 2（0～5V，0～10V，0～20mA）和端子 1（0～±5V，0～±10V）模拟量输入规格的选择。端子 2 的输

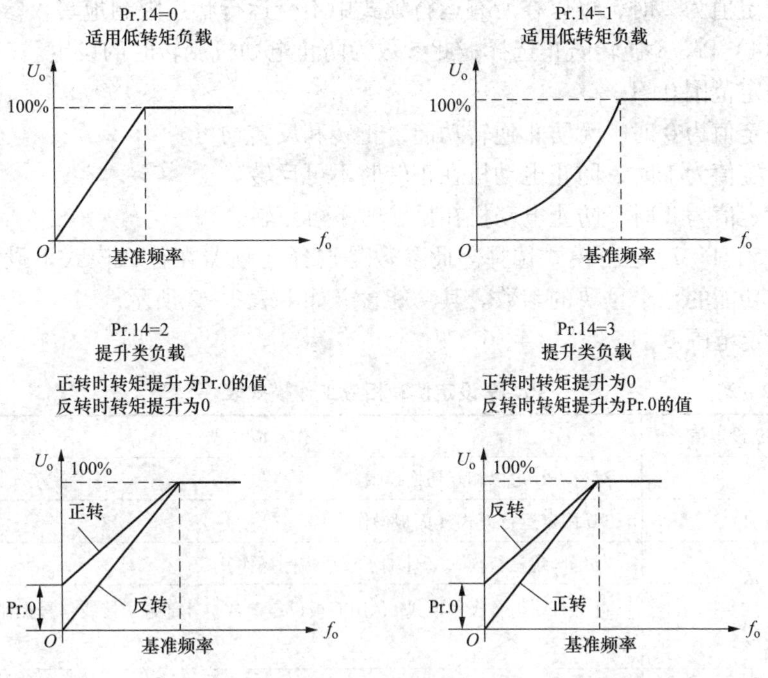

图 2－9　Pr. 14 参数含义图

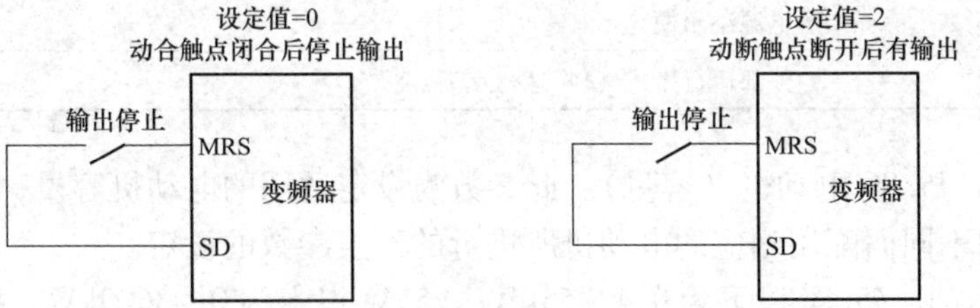

图 2－10　Pr. 17 参数含义图

入规格在电压输入为（0～5V，0～10V）时，电压/电流切换开关设定为 OFF，在电流输入（4～20mA）时，设定为 ON，也可进行过载和可逆运行的选择。

设定范围 0～7，10～17

（13）Pr. 77 参数写入选择。此参数为在运行和停止状态下能否向变频器内部写入参数，或禁止写入参数即参数不可变更。

设定范围 0、1、2

设定值为 0 时，仅限于停止时可以写入。

设定值为 1 时，不可写入参数，但 Pr. 75，Pr. 75，Pr. 75 参数可以写入。

设定值为2时，可以在所有运行模式中不受运行状态限制地写入参数。

（14）Pr. 78 逆转防止选择。此参数为防止电动机反转时的设定。

设定范围0、1、2

设定值为0时，无防止逆转功能，正转和反转均可。

设定值为1时，防止电动机在正转时不可反转。

设定值为2时，防止电动机在反转时不可正转。

（15）Pr. 79 运行模式选择。此参数是选择变频器在什么模式下设定和运行操作功能的一个重要的参数。其功能含义如下表2－2所示。

设定范围0、1、2、3、4、6、7

表2－2　Pr. 79 设定值和相应工作模式表

Pr. 79 设定值	工　作　模　式
0	外部/PU 可以相互切换模式
1	PU 固定运行模式（面板操作）
2	外部固定运行模式（外端子接线控制操作）
3	外部/PU 组合操作模式1，用面板设定参数，外部端子接线信号控制电动机的启停
4	外部/PU 组合操作模式2，用外部输入设定运行频率，面板参数单元控制电动机的启停
6	电源溢出模式
7	外部运行模式（PU 运行互锁）

（16）Pr. 80 电动机（容量）。此参数为设定适用的电动机容量，根据变频器容量的不同而配用相应的电动机所进行的额定参数的设定。

设定范围55kW以下为0.4～55kW，75kW以上为0～3600kW

（17）Pr. 81 电动机（极数）。此参数为电动机极数的设定，根据电动机极数的不同进行相应的设定。

设定范围2、4、6、8、10、112（设定为112时为12极）

（18）Pr. 82 电动机励磁电流。此参数为电动机励磁电流的设定，根据变频器和电动机容量的不同而不同。

设定范围55kW以下为0～500A，75kW以上为0～3600A

（19）Pr. 83 电动机额定电压。此参数为电动机额定电压的设定，根据电动机的额定工作电压值而定。

设定范围0～1000V

（20）Pr. 84 电动机额定频率。此参数为电动机额定频率的设定，根据电动机的额定工作电压值而定。

设定范围 0 ~ 120Hz

（21）Pr. 125 端子 2 频率设定增益频率。此参数为设定端子 2 输入增益（最大）频率，即外接端子模拟信号所对应的量程上限值。

设定范围 0 ~ 400Hz

（22）Pr. 161 频率设定/键盘锁定操作选择。此参数为频率设定时的锁定选择，其含义如下表 2 - 3 所示。

表 2 - 3　　频率设定操作选择功能表

Pr. 161 设定值	功能模式	
0	M 旋钮频率设定模式	键盘锁定模式无效
1	M 旋钮音量设定模式	
10	M 旋钮频率设定模式	键盘锁定
11	M 旋钮音量设定模式	模式无效

（23）Pr. 178 STF 端子功能的选择。此参数为 STF 端子功能的选择，本变频器所设定默认值为 60，是正转运行启动命令，即接通 STF 和 SD 电动机运行在正转状态。其他功能设定参照附录。

设定范围 0 ~ 20，22 ~ 28，37，42 ~ 44，62，64 ~ 71，9999

（24）Pr. 179 STR 端子功能的选择。此参数为 STR 端子功能的选择，本变频器所设定默认值为 61，是反转运行启动命令，即接通 STR 和 SD 电动机运行在反转状态。其他功能设定参照附录。

设定范围 0 ~ 20，22 ~ 28，37，42 ~ 44，62，64 ~ 71，9999

（25）Pr. 187 MRS 端子功能。此参数为 MRS 端子功能的选择，本变频器所设定默认值为 24，为输出停止功能。本参数可与 Pr. 17 配合使用。其他功能设定参照附录。

设定范围 0 ~ 20，22 ~ 28，37，42 ~ 44，62，64 ~ 71，9999

（26）Pr. 188 STOP 端子功能。此参数为 STOP 端子功能的选择，本变频器所设定默认值为 25，为启动自保持功能。当外设端子 STOP 接通时，即自保持功能接通，此时 STF 和 STR 信号自保持即自锁，断开时解除自保持。其他功能设定参照附录。

设定范围 0 ~ 20，22 ~ 28，37，42 ~ 44，62，64 ~ 71，9999

（27）Pr. 189 RES 端子功能。此参数为 RES 端子功能的选择，本变频器所设定默认值为 62，是变频器外接端子复位功能。待 RES - SD 接通后，复位当前故障和运行状态。在单一系统应用中此端子功能可不用，用键盘面板上的

RESET 复位功能即可。保护功能的复位方法除以上两种外，也可对变频器断电一次，重合闸进行复位。注意，复位变频器时，电子过流保护内部计算值和再试次数将被清零，复位时间约 1s。其他功能设定参照附录。

设定范围 0 ~ 20，22 ~ 28，37，42 ~ 44，62，64 ~ 71，9999

◎ ［实战演练］

2.1.3 训练内容

有一台三相异步电动机，功率 1.1kW，额定电流 2.52A，额定电压 380V。现需用 PU 模式（操作面板）和外部端子进行正、反转控制，通过参数设置来改变变频器的正、反转运行输出频率从而进行调速控制。在运行操作中运行频率分别设定为：第一次，25Hz；第二次，35Hz；第三次，45Hz。

2.1.4 设备、工具和材料准备

（1）工具。电工工具 1 套。

（2）仪表。MF－500B 型万用表、DT9202 型数字万用表、5050 型绝缘电阻表、频率计、测速表各 1 只。

（3）器材。三菱 FR－A740－2.2k－CHT 变频器 1 台、1.1kW 电动机 1 台、三联按钮 1 只、三相空气断路器一只，单相开关 2 只。

2.1.5 操作步骤

1. PU 模式（操作面板）控制功能正、反转运行模式

（1）将电源与变频器及电动机连接好（见图 2－1）

（2）检查无误后，方可通电。

（3）按下操作面板 MODE 键进入参数设置菜单画面，观察 LED 监视器并按表 2－1 和表 2－2 所给参数进行设置。（表中 Pr. 79 运行操作模式在本次操作面板控制运行时设定为 1，PU 灯亮，也可设定为 0，读者可根据具体操作情况和工艺要求而定，运行工作模式参照表 2－2。有关参数设定详细操作步骤请参阅本书 1、3 节）

（4）参数设置完毕按 MODE 键切换到运行监视模式画面，此时 MON 灯亮。（观察 LED 显示内容，可根据相应要求按下 SET 键监视输出频率、输出电流、输出电压。）

（5）此时正、反转 PU 模式操作相关功能参数设定完毕，即可进行正、反转运行操作。

（6）按下 FWD 键，电动机将按照第一次设定频率值，逐渐加速并工作在正转 25Hz 连续运行状态。按下 STOP/RESET 键，电动机逐渐减速，当减到 5Hz 时，由于直流制动的加入，电动机立即停止。

（7）按下REV键，电动机将按照第一次设定频率值，逐渐加速并工作在反转25Hz连续运行状态。按下STOP/RESET键，电动机逐渐减速，当减到5Hz时，由于直流制动的加入，电动机立即停止。

（8）观察LED监视器所显示值应为正、反转连续20Hz，运行中还可按SET键，监视电流和电压以对照变频器、电动机运行性能指标。

（9）35Hz、45Hz正、反转运行频率的操作步骤和方法：只需将在运行操作模式下，监视显示为频率时，旋动【M旋钮】改变运行频率的设定值为35Hz、45Hz即可，按下SET确认，其他操作同上。

2. 外部端子信号控制正、反转连续运行模式

（1）将变频器停电，打开变频器上盖板，按图2-2或图2-3连接好。

（2）合上盖板并接通电源。

（3）按下操作面板MODE键进入参数设置菜单画面，观察LED监视器并按表2-1和表2-2所给参数进行设置。（表中Pr.79运行操作模式在本次外端子控制运行时设定为2，EXT灯亮。也可设定为0，读者可根据具体操作情况和工艺要求而定，运行工作模式参照表2-2。）

（4）接通SD与STF，电动机将按照电位器所给模拟电压值，正向逐渐加速并连续运行，改变电位器的电压即可改变设定运行频率值。如断开SD与STF，电动机停转。（按图2-3连接停止时，断开STOP或接通MRS均可，还可强行复位断开，即接通RES。一般MRS，RES作为应急使用。）

（5）接通SD与STR，电动机将按照电位器所给模拟电压值，反向逐渐加速并连续运行，改变电位器的电压即可改变设定运行频率值。如断开SD与STR，电动机停转。

（6）观察LED监视器所显示值应与电位器所加电压值相对照。正、反转连续运行中还可按SET键，监视电流和电压以对照变频器、电动机运行性能指标。

（7）外端子控制的连接，还可接模拟电流信号对运行频率的更改和设定，对多段速的外部端子控制连接也有效。其操作步骤和方法相同。

3. 注意事项

（1）接线完毕后一定要重复认真检查，以防错误烧坏变频器，特别是主电源电路。

（2）在接线时变频器内部端子用力不得过猛，以防损坏。

（3）在送电和停电过程中要注意安全，特别是在停电过程中必须待面板LED显示全部熄灭后方可打开盖板。

（4）在变频器进行参数设定操作时应认真观察LED监视内容，以免发生

错误，争取一次实验成功。

（5）在进行制动功能应用时，变频器的制动功能无机械保持作用，要注意安全，以防伤害事故发生。

（6）由于变频器可直接切换其正、反转，必须注意使用时的安全。在变频器由正转切换为反转状态时，加、减速时间可根据电动机容量和工作环境条件不同而定。

（7）在运行过程中要认真观测电动机和变频器的工作状态。

◎［自我训练］

升降机的上升及下降经常用到正、反转操作，为减缓正、反转启动停止时的冲击，可以适当延长加减速时间。正、反转运行的频率和时间可由现场情况而定。读者也可按照下面图2－11所给曲线进行自我训练。

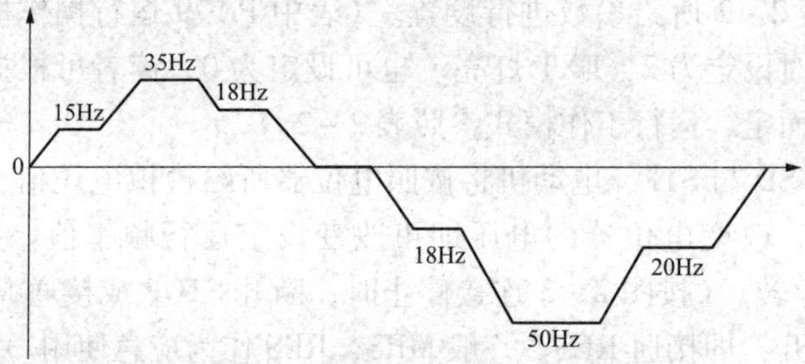

图2－11　正反转功能操作曲线图

2.2 变频器的点动控制

学习目的

1. 熟悉变频器的基本使用控制要求。
2. 掌握变频器点动控制的连接和有关参数设置。
3. 掌握面板操作和外端子操作的点动运行。

◎［基础知识］

在实际应用中，变频器经常用于各类机械的定位点动控制。例如机械设备的试车或刀锯的调整等，都需要电动机的点动控制，所以变频器的点动控制运行方法，是变频器基本应用之一。

2.2.1 FR－A740－2.2k－CHT 三菱变频器点动控制线路的连接

1. 主电路的连接。

（1）输入端子 R/L1、S/L2、T/L3 接三相电源。

（2）输出端子 U、V、W 接电动机，输入、输出端子的接线图参照图 2－1 所示。

2. 外端子控制回路的连接如图 2－12 所示。端子接线图如图 2－13 所示。布置图如图 2－14 所示。

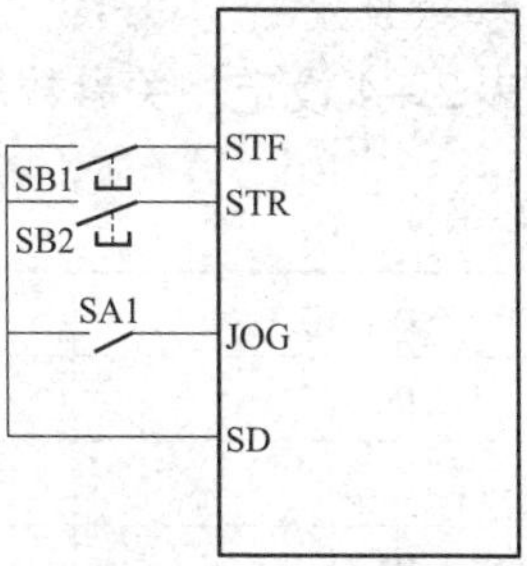

图 2－12 点动控制外部连接图

图 2－13 端子接线图

图 2－14 布置图

2.2.2 相关功能参数的含义详解及设定操作技能

1. 参数设定

按表2-4设定相关参数。

表2-4　点动控制参数设定

参数代码	功　能	设定数据
Pr. 1	上限频率	50Hz
Pr. 2	下限频率	0Hz
Pr. 3	基准频率	50Hz
Pr. 9	电子过流保护	2.7A
Pr. 14	适用负荷选择	0
Pr. 15	点动频率	5Hz，10Hz，20Hz
Pr. 16	点动加减速时间	5s
Pr. 20	加减速基准频率	50Hz
Pr. 21	加减速时间单位	0
Pr. 77	参数写入选择	0
Pr. 78	逆转防止选择	0
Pr. 79	运行模式选择	0
Pr. 80	电动机（容量）	1.1kW
Pr. 81	电动机（极数）	4极
Pr. 82	电动机励磁电流	2.52A
Pr. 83	电动机额定电压	380V
Pr. 84	电动机额定频率	50Hz
Pr. 178	STF端子功能的选择	60
Pr. 179	STR端子功能的选择	61
Pr. 291	JOG端子模式选择	0

2. 参数含义详解及设定操作

（1）Pr. 15 点动频率。此功能参数不同于正常的运行频率值，是设定电动机的点动运行频率值。

设定范围0~400Hz

由键盘面板或控制端子输入组合的选择点动运行信号后，变频器按点动频率启动。

（2）Pr. 16 点动加减速时间。此参数为点动运行专用设定的加减速时间，其加减速时间设定为加减速到 Pr. 20 中设定的加减速基准频率时间，加减时间不能另外设定。

设定范围：7.5kW 以下为 0～3600s，11kW 以上为 0～360s。

（3）点动运行 JOG 含义。为了工件等的定位要点动运行，当有运行命令 STF－SD 或 STR－SD 为 ON 时，将按功能代码 Pr. 15 设定的频率点动运行。键盘面板运行时，可通过键盘面板切换到点动运行，如图 2－15 点动运行曲线分析。

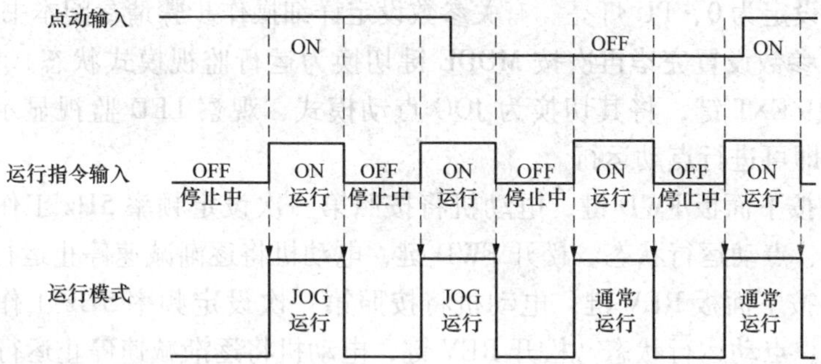

图 2－15　点动运行含义图

（4）Pr. 291JOG 端子模式选择。此参数为 JOG 端子点动模式和脉冲列输入输出的选择。

设定范围 0，1

一般变频器默认设定为 0，JOG 端子功能，如作为脉冲列输入输出时设定为 1。

◎［实战演练］

2.2.3　训练内容

有一台三相异步电动机，功率 1.1kW，额定电流 2.52A，额定电压 380V。现需用 PU 模式（操作面板）和外部端子进行点动控制，通过参数设置来改变变频器的点动输出频率和加减速时间，从而进行调速和定位控制。在运行操作中点动运行频率分别设定为：第一次，5Hz；第二次，10Hz；第三次，20Hz。

2.2.4　设备、工具和材料准备

（1）工具。电工工具 1 套。

（2）仪表。MF—500B 型万用表、DT9202 型数字万用表、5050 型绝缘电阻表、频率计、测速表各 1 只。

（3）器材。三菱 FR－A740－2.2k－CHT 变频器 1 台、1.1kW 电动机 1

台、三联按钮1只、开关1只、三相空气断路器1只。

2.2.5 操作步骤

1. PU模式（操作面板）控制点动运行模式

（1）将电源与变频器及电动机连接好（如图2-1所示）。

（2）经检查无误后，方可通电。

（3）按下操作面板MODE键，进入参数设置菜单画面，观察LED监视器并按表2-1所给参数进行设置。（表中Pr.79运行操作模式在本次操作面板控制运行时设定为0，PU灯亮。有关参数设定详细操作步骤请参阅本书1.3节）

（4）参数设置完毕再次按MODE键切换为运行监视模式状态，在此状态下按下PU/EXT键，将其切换为JOG点动模式，观察LED监视显示为JOG。切换结束即可进行点动运行。

（5）按下面板FWD键，电动机将按照第一次设定频率5Hz工作在正转、逐渐加速、点动运行状态。松开FWD键，电动机将逐渐减速停止运行。

（6）按下面板REV键，电动机将按照第一次设定频率5Hz工作在反转、逐渐加速、点动运行状态。松开REV键，电动机将逐渐减速停止运行。

（7）观察LED监视器所显示值应为点动5Hz，加减速时间有Pr.16的值决定。读者也可结合实际情况和要求而定。

（8）10Hz、20Hz点动频率运行的操作步骤和方法只需将参数设定Pr.15改为10Hz、20Hz即可，其他同上。

2. 外部端子信号控制功能点动运行模式

（1）将变频器停电，并打开变频器上盖板，按图2-12接好STF、STR、JOG与外部按钮、开关连线。

（2）合上盖板并接通电源。

（3）按下操作面板MODE键，进入参数设置菜单画面，观察LED监视器并按表2-4所给参数进行设置。（表中Pr.79运行操作模式在本次外部端子控制运行时设定为2，EXT灯亮。）

（4）参数设定完毕即可进行外端子控制运行的点动操作。

（5）接通JOG与SD，观察监视显示内容为JOG字样即可进行点动正、反转运行。

（6）按下SB1按钮，STF与SD接通，电动机将按照第一次设定频率5Hz工作在正转、逐渐加速、点动运行状态。松开SB1按钮（断开STF与SD），电动机将逐渐减速停止运行。

（7）按下SB2按钮，STR与SD接通，电动机将按照第一次设定频率5Hz工作在反转、逐渐加速、点动运行状态。松开SB2按钮（断开STR与SD），电动机将逐渐减速停止运行。

（8）观察 LED 监视器所显示值应为点动 5Hz，加减速时间由 Pr. 16 的值决定。

（9）10Hz、20Hz 点动频率运行的操作步骤和方法只需将参数设定 Pr. 15 改为 10Hz、20Hz 即可，其他同上。

3. 注意事项

（1）接线完毕后一定要重复认真检查，以防错误烧坏变频器，特别是主电源电路。

（2）在接线时变频器内部端子用力不得过猛，以防损坏。

（3）在送电和停电过程中要注意安全，特别是在停电过程中必须待面板 LED 显示全部熄灭后方可打开盖板。

（4）在变频器进行参数设定操作时应认真观察 LED 显示内容，以免发生错误，争取一次实验成功。

（5）在进行外端子点动运行操作时应注意：

1）使用点动运行时，必须在变频器停止时，输入点动运行指令后再输入运行指令。

2）当 STR 和 STF 同时接通时，相当于发出停止信号，电动机停止。

3）不能用参数单元上的 STOP/RESET 键停止电动机，否则发出报警显示信号。

（6）在运行过程中要认真观测电动机和变频器的工作状态。

◎［自我训练］

机械设备的调整经常用到点动操作，点动运行的频率和点动运行时间可由现场情况而定。读者也可按照下面所给曲线进行自我训练和评定测试。运行曲线如图 2－16。

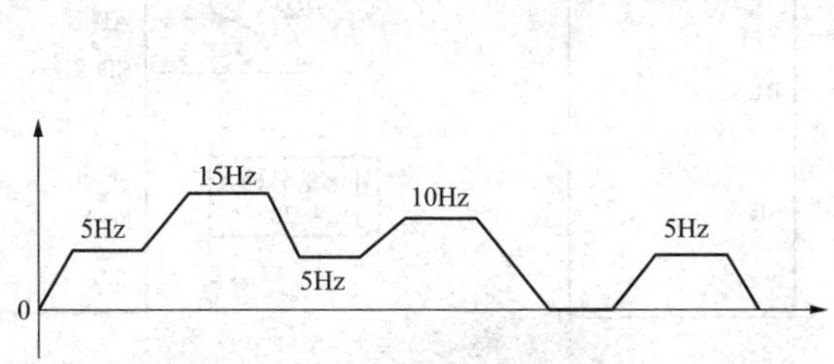

图 2－16　车床调整运行曲线图

2.3 变频器的组合运行控制

学习目的

1. 熟悉变频器的基本使用控制要求。
2. 掌握变频器组合控制模式的连接。
3. 掌握变频器组合控制模式的有关参数设置及应用。

◎ [基础知识]

组合运行操作是应用参数单元和外部接线共同控制变频器运行的一种方法，一般有两种控制运行方式：一种是参数单元控制电动机的启停，外部接线控制电动机的运行频率；另一种是参数单元控制电动机的运行频率，外部接线控制电动机的启停，这是工业控制中常用的方法。

2.3.1 FR－A740－2.2k－CHT 三菱变频器组合控制运行线路的连接

1. 主电路的连接。

(1) 输入端子 R/L1、S/L2、T/L3 接三相电源。

(2) 输出端子 U、V、W 接电动机，输入、输出端子的接线图参照图 2－1 连接。

2. 外端子控制回路的开关式连接如图 2－17 所示，按钮式连接如图 2－18 所示。变频器端子接线图如图 2－19 和图 2－20 所示。

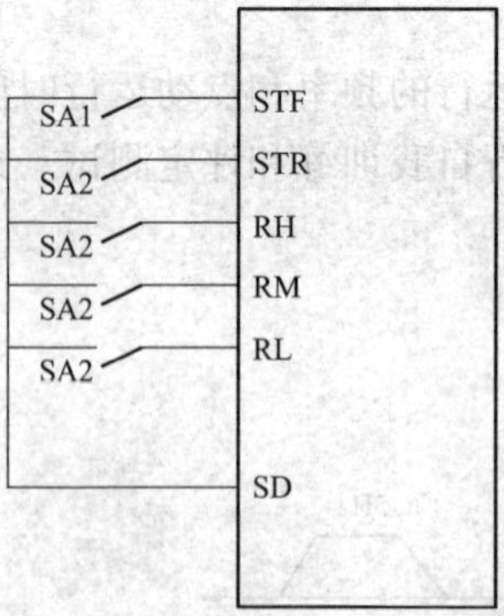

图 2－17 组合模式 1 接线图

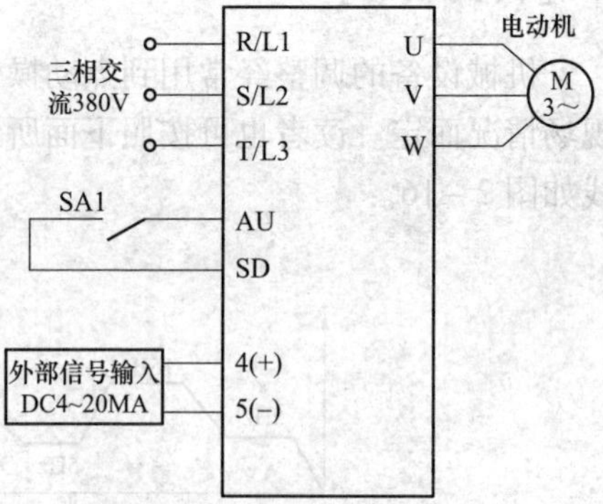

图 2－18 组合模式 2 运行接线图

2.3.2 相关功能参数的含义详解及设定操作技能

1. 参数设定。结合两种组合运行模式，分别进行参数设定。

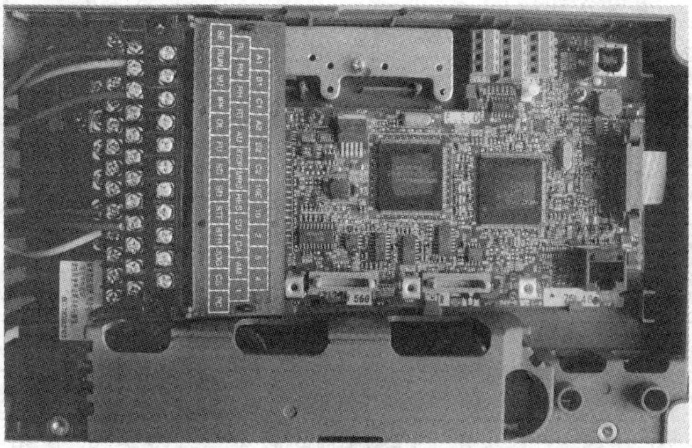

图 2-19 变频器端子接线图

图 2-20 变频器端子接线图

（1）组合模式 1 按表 2-5 设定相关参数。

表 2-5　　组合模式 1 控制参数设定

参数代码	功　能	设定数据
Pr. 1	上限频率	50Hz
Pr. 2	下限频率	0Hz
Pr. 3	基准频率	50Hz
Pr. 4	多段速（高速）	50Hz

续表

参数代码	功　能	设定数据
Pr. 5	多段速（中速）	30Hz
Pr. 6	多段速（低速）	10Hz
Pr. 7	加速时间	4s
Pr. 8	减速时间	2s
Pr. 9	电子过流保护	2. 7A
Pr. 14	适用负荷选择	0
Pr. 20	加减速基准频率	50Hz
Pr. 21	加减速时间单位	0
Pr. 77	参数写入选择	0
Pr. 78	逆转防止选择	0
Pr. 79	运行模式选择	3
Pr. 80	电动机（容量）	1. 1kW
Pr. 81	电动机（极数）	4 极
Pr. 82	电动机励磁电流	2. 52A
Pr. 83	电动机额定电压	380V
Pr. 84	电动机额定频率	50Hz
Pr. 178	STF 端子功能的选择	60
Pr. 179	STR 端子功能的选择	61
Pr. 180	RL 端子功能的选择	0
Pr. 181	RM 端子功能的选择	1
Pr. 182	RH 端子功能的选择	2

（2）组合模式 2 按表 2-6 设定相关参数。

表 2-6　　组合模式 2 控制参数设定

参数代码	功　能	设定数据
Pr. 1	上限频率	50Hz
Pr. 2	下限频率	0Hz
Pr. 3	基准频率	50Hz
Pr. 7	加速时间	3s

续表

参数代码	功　能	设定数据
Pr. 8	减速时间	5s
Pr. 9	电子过流保护	2. 7A
Pr. 14	适用负荷选择	0
Pr. 20	加减速基准频率	50Hz
Pr. 21	加减速时间单位	0
Pr. 77	参数写入选择	0
Pr. 78	逆转防止选择	0
Pr. 79	运行模式选择	4
Pr. 80	电动机（容量）	1. 1kW
Pr. 81	电动机（极数）	4 极
Pr. 82	电动机励磁电流	2. 52A
Pr. 83	电动机额定电压	380V
Pr. 84	电动机额定频率	50Hz
Pr. 126	端子 4 的设定增益频率	50Hz
Pr. 178	STF 端子功能的选择	60
Pr. 179	STR 端子功能的选择	61
Pr. 184	AU 端子功能的选择	4
Pr. 267	端子 4 的输入选择	0
Pr. 858	端子 4 的功能分配	0

2. 参数含义详解及设定操作。

（1）Pr. 4 多段速（高速）。此参数为多段速中高速运行的设定频率，即设定 RH 接通时的频率值。

设定范围 0 ~ 400Hz

（2）Pr. 5 多段速（中速）。此参数为多段速中中速运行的设定频率，即设定 RM 接通时的频率值。

设定范围 0 ~ 400Hz

（3）Pr. 6 多段速（高速）。此参数为多段速中低速运行的设定频率，即设定 RL 接通时的频率值。

设定范围 0 ~ 400Hz

（4）Pr. 126 端子 4 的设定增益频率。此参数为设定端子 4 输入增益（最大）频率，即外接端子模拟信号所对应的量程上限值。Pr. 858 = 0 时有效。

设定范围 0～400Hz

(5) Pr. 180RL 端子功能的选择。此参数为多段速低速 RL 端子功能的选择，此端子默认设置为 0 低速运行指令。其他功能设定参照附录。

设定范围 0～20，22～28，37，42～44，62，64～71，9999。

(6) Pr. 181RM 端子功能的选择。此参数为多段速中速 RM 端子功能的选择，此端子默认设置为 1 中速运行指令。其他功能设定参照附录。

设定范围 0～20，22～28，37，42～44，62，64～71，9999。

(7) Pr. 182RH 端子功能的选择。此参数为多段速高速 RH 端子功能的选择，此端子默认设置为 2 高速运行指令。其他功能设定参照附录。

设定范围 0～20，22～28，37，42～44，62，64～71，9999。

(8) Pr. 184AU 端子功能的选择。此参数为外端子 AU 功能的选择，此参数设定为 4，为端子 4 功能，即 AU 的接通可进行外接信号 4～20MA 的输入。AU 端子也可作为 PTC 输入端子使用。用做 PTC 输入时要把 AU/PTC 切换开关切换到 PTC 侧。其他功能设定参照附录。

设定范围 0～20，22～28，37，42～44，62～71，9999。

(9) Pr. 267 端子 4 的输入选择。此参数为端子 4 模拟量输入的选择，根据 Pr. 267 的设定可以改变端子输入规格，具体设定如表 2－7 所示。

表 2－7　**Pr. 267 设定值含义表**

Pr. 267 设定值	端子 4 信号输入规格	电压/电流输入切换开关的状态设定
0	4～20mA	ON
1	0～5V	OFF
2	0～10V	

(10) Pr. 858 端子 4 的功能分配。此参数为模拟输入端子 4 的功能分配，根据 Pr. 858 的设定可以改变端子 4 的输入功能，具体设定如表 2－8 所示。

表 2－8　**Pr. 858 设定值含义表**

Pr. 858 设定值	端子 4 的功能内容
0	频率/速度指令
1	磁通指令
4	失速防止/转矩限制
9999	无功能

◎ [实战演练]

2.3.3 训练内容

有一台三相异步电动机，功率1.1kW，额定电流2.52A，额定电压380V。现需用组合模式1：外部信号控制电动机的启停，PU模式（操作面板）设定频率。组合模式2：用外部给定电流信号设定频率，PU模式（操作面板）控制电动机的启停。通过参数设置来改变变频器控制功能进行调速。

2.3.4 设备、工具和材料准备

（1）工具。电工工具1套。

（2）仪表。MF—500B型万用表、DT9202型数字万用表、5050型绝缘电阻表、频率计、测速表、4~20mA信号发生器各1只。

（3）器材。三菱FR－A740－2.2k－CHT变频器1台、1.1kW电动机1台、三相空气断路器1只，单相开关6只。

2.3.5 操作步骤

1. 组合模式1：外部信号控制电动机的启停，PU模式（操作面板）设定频率。

（1）将电源与变频器及电动机连接好（见图2－1）。控制回路接线按照图2－17连接。

（2）经检查无误后，方可通电。

（3）按下操作面板MODE键进入参数设置菜单画面，观察LED监视器并按表2－5所给参数进行设置。（表中Pr.79运行操作模式在本次组合模式1控制运行时设定为3，PU和EXT灯同时亮。有关参数设定详细操作步骤请参阅本书1.3节）

设定Pr.4＝50Hz为RH端子对应的运行参数，设定Pr.5＝30Hz为RM端子对应的运行参数，设定Pr.6＝10Hz为RL端子对应的运行参数，设置完毕按MODE键切换到运行监视模式画面，此时MON灯亮。（观察LED显示内容，可根据相应要求按下SET键监视输出频率，输出电流，输出电压。）

此组合操作模式1相关功能参数设定完毕，即可进行正、反转运行操作。

在只接通RH与SD的前提下，接通SD与STF，电动机将工作在高速、正转50Hz连续运行状态，断开STF电动机停止。反转时接通SD与STR，电动机将工作在高速、反转50Hz连续运行状态。断开STR电动机停止。

在只接通RM与SD的前提下，接通SD与STF，电动机将工作在中速、正转30Hz连续运行状态，断开STF电动机停止。反转时接通SD与STR，电动机将工作在中速、反转30Hz连续运行状态。断开STR电动机停止。

在只接通 RL 与 SD 的前提下，接通 SD 与 STF，电动机将工作在低速、正转 10Hz 连续运行状态，断开 STF 电动机停止。反转时接通 SD 与 STR，电动机将工作在低速、反转 10Hz 连续运行状态。断开 STR 电动机停止。

观察 LED 监视器所显示值应与设定参数一致，运行中还可按 SET 键，监视电流和电压以对照变频器、电动机运行性能指标。

2. 组合模式 2：用外部给定电流信号设定频率，PU 模式（操作面板）控制电动机的启停。

(1) 将电源与变频器及电动机连接好（见图 2-1）。控制回路接线按照图 2-18 连接。

(2) 经检查无误后，方可通电。

(3) 按下操作面板 MODE 键进入参数设置菜单画面，观察 LED 监视器并按表 2-6 所给参数进行设置。(表中 Pr. 79 运行操作模式在本次组合模式 2 控制运行时设定为 4，PU 和 EXT 灯同时亮。有关参数设定详细操作步骤请参阅本书 1.3 节)

(4) 接通 SD 与 AU，4～20mA 电流值由端子 4 和 5 输入，电动机的运行频率由端子 4 的输入电流进行设定。

(5) 连接设定完毕即可进行运行操作。

(6) 按下 FWD 键，电动机将按照输入电流的比例大小，正向逐渐加速并连续运行，改变输入电流值即可改变运行频率。按下 STOP/RESET 键，电动机减速停转。

(7) 按下 REV 键，电动机将按照输入电流的比例大小，反向逐渐加速并连续运行，改变输入电流值即可改变运行频率。按下 STOP/RESET 键，电动机减速停转。

(8) 观察 LED 监视器所显示值应与输入电流值成正比。正、反转连续运行中还可按 SET 键，监视电流和电压以对照变频器，电动机运行性能指标。

3. 注意事项。

(1) 接线完毕后一定要重复认真检查以防错误烧坏变频器，特别是主电源电路。

(2) 在接线时变频器内部端子用力不得过猛，以防损坏。

(3) 在送电和停电过程中要注意安全，特别是在停电过程中必须待面板 LED 显示全部熄灭后方可打开盖板。

(4) 变频器进行参数设定操作时应认真观察 LED 监视内容，以免发生错误，争取一次实验成功。

(5) 由于组合模式操作，在外部端子控制启停时，SD 与 STF 和 STR 不能同时接通。在变频器直接切换其正、反转时，必须注意安全。在变频器由正转切换为反转状态时加减速时间可根据电动机容量和工作环境条件不同而定。

（6）在运行过程中要认真观测电动机和变频器的工作状态。

◎［自我训练］

有一运料小车，在生产线上往返运料，有时高速，有时中速，还有时低速，其运行曲线如图 2－21 所示。

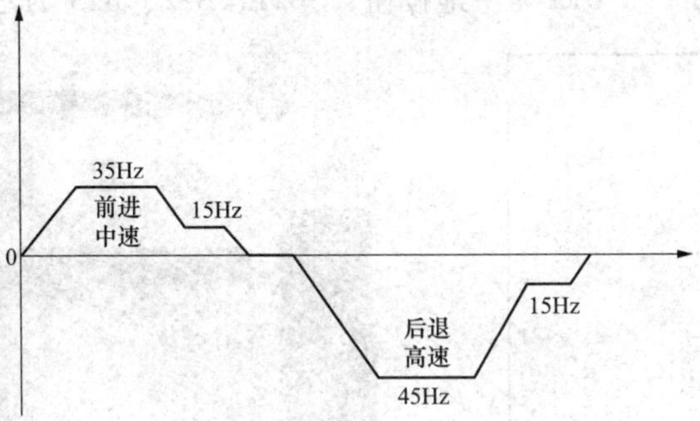

图 2－21　正反转功能操作曲线图

图中正方向是装载时的运行速度，反方向是放下重物空载返回的速度，前进、后退的加减速时间由变频器的加减速参数来设定，当前进到接近放下重物的位置时，减速到 10Hz 运行，以减小停止的惯性；同样，当后退到接近装载的位置时，减速到 10Hz 运行，减小停止的惯性。请按照组合模式 1 进行设定连接运行。

2.4　变频器的外接两地控制

学习目的

1. 熟悉变频器的基本使用控制要求。
2. 掌握变频器外接两地控制的连接和有关参数设置。
3. 掌握面板参数设置和外端子操作的两地控制运行。

◎［基础知识］

在工业生产中，生产现场与操作室之间经常要用到的就是两地控制模式，所以掌握变频器的两地控制的接线运行是十分重要的。

2.4.1 FR－A740－2.2k－CHT 三菱变频器点动控制线路的连接

（1）主电路的连接。

1）输入端子 R/L1、S/L2、T/L3 接三相电源。

2）输出端子 U、V、W 接电动机，输入、输出端子的接线图参照图 2－21 所示。

（2）外接两地控制回路的连接如图 2－22 所示。布置图如图 2－23 所示（读者也可用外部接触器联锁电路来实现两地控制运行）。

注：SB11、B12、B13 为甲地按钮，SB21、B22、B23 为乙地按钮。

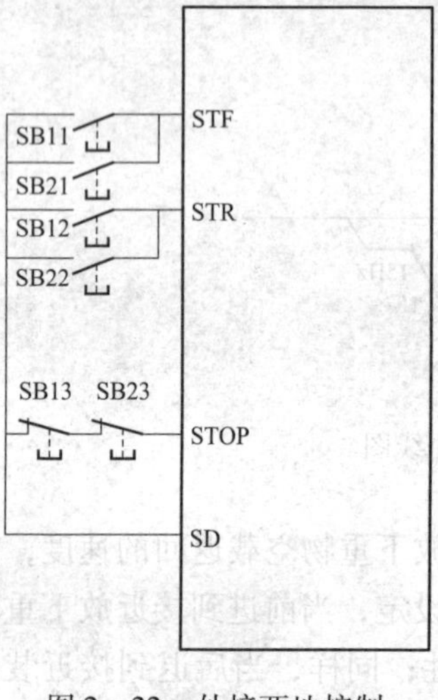

图 2－22　外接两地控制

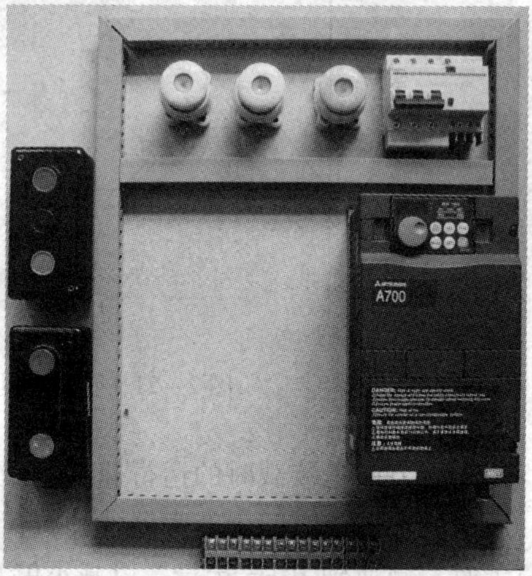

图 2－23　布置图

2.4.2 相关功能参数的含义详解及设定操作技能

（1）参数设定。按表 2－9 设定相关参数。

表 2－9　两地控制参数设定

参数代码	功　能	设定数据
Pr. 1	上限频率	50Hz
Pr. 2	下限频率	0Hz
Pr. 3	基准频率	50Hz
Pr. 7	加速时间	3s
Pr. 8	减速时间	5s
Pr. 9	电子过流保护	2.7A

续表

参数代码	功　能	设定数据
Pr. 14	适用负荷选择	0
Pr. 20	加减速基准频率	50Hz
Pr. 21	加减速时间单位	0
Pr. 77	参数写入选择	0
Pr. 78	逆转防止选择	0
Pr. 79	运行模式选择	3
Pr. 80	电动机（容量）	1. 1kW
Pr. 81	电动机（极数）	4 极
Pr. 82	电动机励磁电流	2. 52A
Pr. 83	电动机额定电压	380V
Pr. 84	电动机额定频率	50Hz
Pr. 178	STF 端子功能的选择	60
Pr. 179	STR 端子功能的选择	61
Pr. 188	STOP 端子功能	25

（2）参数含义详解及设定操作。

本课题所涉及的参数，在正、反转课题中已有详细说明，请读者参阅。

◎［实战演练］

2. 4. 3　训练内容

有一台三相异步电动机，功率 1. 1kW，额定电流 2. 52A，额定电压 380V。现用变频器进行两地控制，可通过变频器参数设置和外端子接线来控制变频器的运行输出频率来达到电动机的两地运行控制的目的。在运行操作中运行频率分别设定为：第一次，20Hz；第二次，30Hz；第三次，40Hz。运行频率的设定可通过改变来达到。如果读者想在两地间直接切换运行频率的话，可运用组合模式中的高中低速，或在学过多段速控制之后，将两课题有机的结合便可轻松实现。

2. 4. 4　设备、工具和材料准备

（1）工具。电工工具 1 套。

（2）仪表。MF—500B 型万用表、DT9202 型数字万用表、5050 型绝缘电阻表、频率计、测速表各 1 只。

（3）器材。三菱 FR - A740 - 2.2k - CHT 变频器 1 台、1.1kW 电动机 1 台、三相空气断路器 1 只、三联按钮 2 个。

2.4.5 操作步骤

1. 安装接线及运行调试

（1）首先将主、控回路线连接好。

（2）主回路按图 2 - 21 接线。

（3）控制回路按图 2 - 22 接线。

（4）经检查无误后方可通电。

（5）将所涉及参数先按要求正确置入变频器：按下操作面板 MODE 键进入参数设置菜单画面，观察 LED 监视器并按表 2 - 9 所给参数进行设置。[表中 Pr. 79 运行操作模式在本次控制运行时设定为 3（组合模式 1），PU 和 EXT 灯同时亮。停止时用 STOP 端子所设定的自保持功能进行操作。有关参数设定详细操作步骤请参阅本书 1.3 节]

（6）参数设置完毕按 MODE 键切换到运行监视模式画面，此时 MON 灯亮。(观察 LED 显示内容，可根据相应要求按下 SET 键监视输出频率，输出电流，输出电压。)

（7）此时两地控制相关功能参数设定完毕即可进行两地正、反转控制运行。

（8）按下甲地正转启动按钮 SB11，电动机将按照第一次设定频率所设定值工作在正转 20Hz 连续运行状态。

（9）按下甲地停止按钮 SB13，电动机将停止正转。

（10）按下甲地反转启动按钮 SB12，电动机将按照第一次设定频率所设定值工作在反转 20Hz 连续运行状态。

（11）当电动机停止情况下，再次按下乙地正转启动按钮 SB21 时，电动机将按照第一次设定频率所设定值工作在正转 20Hz 连续运行状态。

（12）按下乙地停止按钮 SB23，电动机将停止正转。

（13）按下乙地反转启动按钮 SB12，电动机将按照第一次设定频率所设定值工作在反转 20Hz 连续运行状态。停止时按下乙地停止按钮 SB23，电动机将停止反转。

（14）观察变频器的运行情况，LED 监视器所显示结果是否正确。

（15）两地控制 30Hz、40Hz 正、反转运行的操作步骤和方法只需改变即可改变运行频率，其他同上。

（16）对于三地或多地控制，只要把各地的启动按钮并接，停止按钮串接在变频器的外接端子信号控制端就可实现。

2. 注意事项

(1) 接线完毕后一定要重复认真检查，以防错误烧坏变频器，特别是主电源电路。

(2) 在接线时变频器内部端子用力不得过猛，以防损坏。

(3) 在送电和停电过程中要注意安全，特别是在停电过程中必须待面板LED显示全部熄灭后方可打开盖板。

(4) 在变频器进行参数设定操作时应认真观察LED监视器的内容，以免发生错误，争取一次实验成功。

(5) 在变频器由正转切换为反转状态时，加、减速时间可根据电动机容量和工作环境条件不同而定。

(6) 在两地控制过程中电动机正、反转切换时，必须先停止才能转换，否则无法实现。

(7) 在运行过程中要认真观测电动机和变频器的工作状态。

◎ [自我训练]

在工业电气自动控制生产中经常要用到控制室和生产现场的两地控制运行，控制要求和情况根据生产工艺而定。读者也可按照下面所给要求进行自我训练：某生产操作要求甲地正转运行在15Hz，乙地反转运行在20、38Hz。

2.5 变频器的多段速控制

学习目的

1. 熟悉变频器的基本使用控制要求。
2. 掌握变频器多段速控制的连接和有关参数设置。
3. 掌握面板操作和外端子操作的多段速控制运行技能。

◎ [基础知识]

三菱变频器FR－A740－2.2k－CHT的多段速运行共有15种运行速度，通过外部接线端子的控制可以运行在不同的速度上，特别是与可编程控制器联合起来控制更方便，在需要经常改变速度的生产工艺和机械设备中得到广泛应用。

2.5.1 FR－A740－2.2k－CHT 三菱变频器多段速控制线路的连接

1. 主电路的连接。

（1）输入端子 R/L1、S/L2、T/L3 接三相电源。

（2）输出端子 U、V、W 接电动机，输入、输出端子的接线图参照图 2－1 所示。

2. 多段速控制回路的连接如图 2－24 所示，变频器接线图如图 2－25 所示。

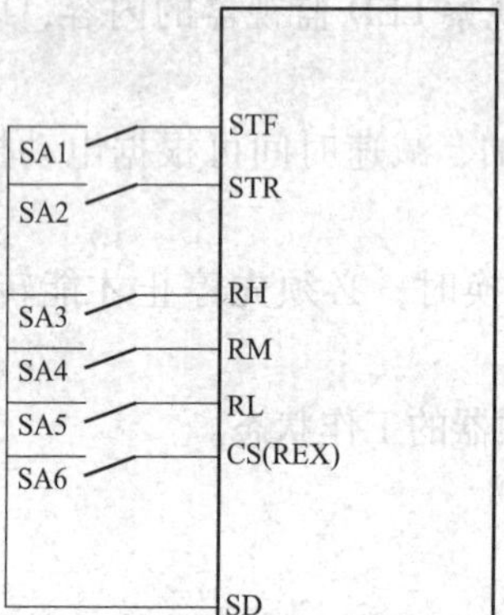

图 2－24　多段速控制接线图

图 2－25　变频器接线图

2.5.2 相关功能参数的含义详解及设定操作技能

1. 参数设定

按表 2－10 设定相关参数。

表 2－10　　多段速参数设定

参数代码	功　能	设定数据
Pr. 0	转矩提升	4%
Pr. 1	上限频率	50Hz
Pr. 2	下限频率	0Hz
Pr. 3	基准频率	50Hz
Pr. 4	多段速设定：1 段速	15Hz
Pr. 5	多段速设定：2 段速	30Hz
Pr. 6	多段速设定：3 段速	50Hz
Pr. 7	加速时间	4s

续表

参数代码	功　能	设定数据
Pr. 8	减速时间	2s
Pr. 9	电子过流保护	2. 7A
Pr. 14	适用负荷选择	0
Pr. 20	加减速基准频率	50Hz
Pr. 21	加减速时间单位	0
Pr. 24	多段速设定：4 段速	20Hz
Pr. 25	多段速设定：5 段速	25Hz
Pr. 26	多段速设定：6 段速	45Hz
Pr. 27	多段速设定：7 段速	10Hz
Pr. 77	参数写入选择	0
Pr. 78	逆转防止选择	0
Pr. 79	运行模式选择	3
Pr. 80	电动机（容量）	1. 1kW
Pr. 81	电动机（极数）	4 极
Pr. 82	电动机励磁电流	2. 52A
Pr. 83	电动机额定电压	380V
Pr. 84	电动机额定频率	50Hz
Pr. 178	STF 端子功能的选择	60
Pr. 179	STR 端子功能的选择	61
Pr. 180	RL 端子功能的选择	0
Pr. 181	RM 端子功能的选择	1
Pr. 182	RH 端子功能的选择	2
Pr. 186	CS 端子功能的选择	8
Pr. 232	多段速设定：8 段速	40Hz
Pr. 233	多段速设定：9 段速	48Hz
Pr. 234	多段速设定：10 段速	38Hz
Pr. 235	多段速设定：11 段速	28Hz
Pr. 236	多段速设定：12 段速	18Hz
Pr. 237	多段速设定：13 段速	10Hz
Pr. 238	多段速设定：14 段速	36Hz
Pr. 239	多段速设定：15 段速	26Hz

2. 参数含义详解及设定操作

(1) Pr. 24 ~ Pr. 27 多段速设定频率。此参数为多段速设定频率值，其设定频率为多段速的 4 ~ 7 段速。用 RH、RM、RL、REX 信号的组合来设定 4 ~ 15 段速的频率。当设为 9999 时为不选择功能。

(2) Pr. 232 ~ Pr. 239 多段速设定频率。此参数为多段速设定频率值，其设定频率为多段速的 8 ~ 15 段速。用 RH、RM、RL、REX 信号的组合来设定 4 ~ 15段速的频率。当设为 9999 时为不选择功能。

(3) Pr. 186 CS 端子功能的选择。此参数为 CS 端子功能的选择，本变频器所设定值为 8，是 15 段速设定命令。即接通 CS 和 SD 电动机可进行 15 段速的设定和运行。有时 CS 也常用作瞬时停电在启动功能的选择。其他功能设定参照附录 I 。

设定范围 0 ~ 20，22 ~ 28，37，42 ~ 44，62，64 ~ 71，9999

注意：三菱变频器 FR - A740 - 2. 2k - CHT 总共有 15 段速可进行设定，但如果在工艺生产要求中只应用了其中的某几段，则其他未用的频段均设为 0Hz，以防出现错误。

◎ [实战演练]

2. 5. 3 训练内容

有一台三相异步电动机，功率 1. 1kW，额定电流 2. 52A，额定电压 380V。现用变频器进行多段速控制，通过变频器参数设置和外端子接线来控制变频器的运行输出频率来达到电动机的多段速运行控制的目的。在运行操作中，运行频率按图表 2 - 10 所给参数设定运行，并能结合本项目参数设定进行 15 段速运行操作。由于本变频器特点，首先进行 7 段速的操作和设定，然后再进行后 8 段速的操作设定，其 7 段速运行曲线如图 2 - 26 所示，参数设定对照表 2 - 11 所示。8 ~ 15 段速运行曲线如图 2 - 27 所示，参数设定对照表 2 - 12 所示。

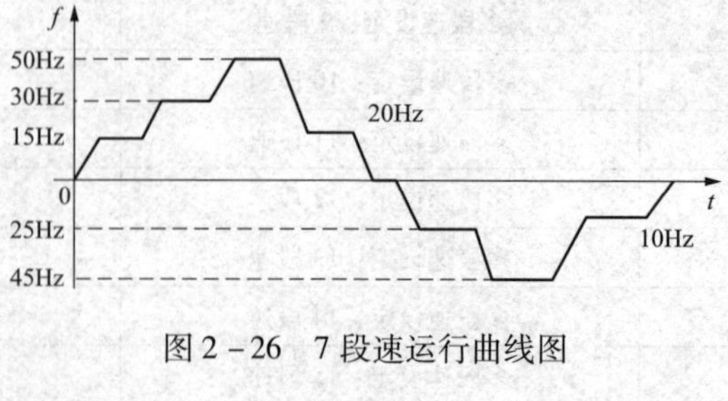

图 2 - 26　7 段速运行曲线图

表 2-11　　7 段速运行参数设定表

控制端子	RH	RM	RL	RM，RL	RH，RL	RH，RM	RH，RM，RL
参数号	Pr. 4	Pr. 5	Pr. 6	Pr. 24	Pr. 25	Pr. 26	Pr. 27
设定值（Hz）	15	30	50	20	25	45	10

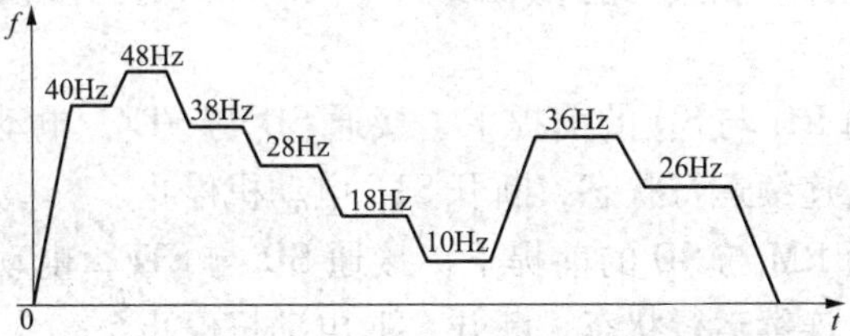

图 2-27　8~15 段速运行曲线图

表 2-12　　8~15 段速运行参数设定表

控制端子	REX	REX，RL	REX，RM	REX，RM，RL	REX，RH	REX，RH，RL	REX，RH，RM	REX，RH，RM，RL
参数号	Pr. 232	Pr. 233	Pr. 234	Pr. 235	Pr. 236	Pr. 237	Pr. 238	Pr. 239
设定值（Hz）	40	48	38	28	18	10	36	26

2.5.4　设备、工具和材料准备

（1）工具。电工工具 1 套。

（2）仪表。MF-500B 型万用表、DT9202 型数字万用表、5050 型绝缘电阻表、频率计、测速表各 1 只。

（3）器材。三菱变频器 FR-A740-2.2k-CHT 1 台、1.1kW 电动机 1 台、三相空气断路器 1 只，单极控制开关 6 只。

2.5.5　操作步骤

1. 安装接线及运行调试

（1）7 段速运行操作。

1）将主、控回路线连接好。

2）主回路按图 2-1 接线。

3）控制回路按图 2-24 接线。

4）经检查无误后方可通电。

5）将所涉及参数先按要求正确置入变频器：按下操作面板 MODE 键进入参数设置菜单画面，观察 LED 监视器并按表 2-10 和表 2-11 所给参数进行设置。(表中 Pr. 79 运行操作模式在本次多段速控制运行时设定为 3，PU 和 EXT 灯同时亮。在 7 段速操作中 CX 端子可不用。设置完毕按 MODE 键切换到运行监视模式画面，此时 MON 灯亮。观察 LED 显示内容，可根据相应要求按下 SET 键监视输出频率，输出电流，输出电压。有关参数设定详细操作步骤请参阅本书 1. 3 节。)

6) 此 7 段速操作相关功能参数设定完毕，即可进行多段速正、反转运行操作。

7) 在只接通 RH 与 SD 的前提下，接通 SD 与 STF，电动机将工作在第 1 段速、正转 15Hz 连续运行状态，断开 STF 电动机停止。

8) 在只接通 RM 与 SD 的前提下，接通 SD 与 STF，电动机将工作在第 2 段速、正转 30Hz 连续运行状态，断开 STF 电动机停止。

9) 在只接通 RL 与 SD 的前提下，接通 SD 与 STF，电动机将工作在第 3 段速、正转 50Hz 连续运行状态，断开 STF 电动机停止。

10) 在只接通 RM，RL 与 SD 的前提下，接通 SD 与 STF，电动机将工作在第 4 段速、正转 20Hz 连续运行状态，断开 STF 电动机停止。

11) 在只接通 RH，RL 与 SD 的前提下，接通 SD 与 STR，电动机将工作在第 5 段速、反转 25Hz 连续运行状态，断开 STR 电动机停止。

12) 在只接通 RH，RM 与 SD 的前提下，接通 SD 与 STR，电动机将工作在第 6 段速、反转 45Hz 连续运行状态，断开 STR 电动机停止。

13) 在只接通 RH，RM，RL 与 SD 的前提下，接通 SD 与 STR，电动机将工作在第 7 段速、反转 10Hz 连续运行状态，断开 STR 电动机停止。

(2) 15 段速运行操作。

在前面 7 段速度基础上，再设定下面 8 种速度，就变成 15 种速度运行。其后 8 段速运行参数的设定见表 2 – 12 所示。为了安全期间将变频器停止运行，待所有参数都设定完毕（本次 CX 端子功能 Pr. 186 设定为 8，使 CX 端子功能变为 REX 功能）。基本运行参数的设定不变，按表 2 – 10 设定。

1) 参数设置完毕按 MODE 键切换到运行监视模式画面。此后 8 段速操作相关功能参数设定完毕，即可进行多段速正、反转运行操作。

2) 在只接通 REX 与 SD 的前提下，接通 SD 与 STF，电动机将工作在第 8 段速、正转 40Hz 连续运行状态，断开 STF 电动机停止。

3) 在只接通 REX、RL 与 SD 的前提下，接通 SD 与 STF，电动机将工作在第 9 段速、正转 48Hz 连续运行状态，断开 STF 电动机停止。

4) 在只接通 REX、RM 与 SD 的前提下，接通 SD 与 STF，电动机将工作在第 10 段速、正转 38Hz 连续运行状态，断开 STF 电动机停止。

5）在只接通 REX、RM、RL 与 SD 的前提下，接通 SD 与 STF，电动机将工作在第 11 段速、正转 28Hz 连续运行状态，断开 STF 电动机停止。

6）在只接通 REX、RH 与 SD 的前提下，接通 SD 与 STF，电动机将工作在第 12 段速、正转 18Hz 连续运行状态，断开 STF 电动机停止。

7）在只接通 REX、RH、RL 与 SD 的前提下，接通 SD 与 STF，电动机将工作在第 13 段速、正转 10Hz 连续运行状态，断开 STF 电动机停止。

8）在只接通 REX、RH、RM 与 SD 的前提下，接通 SD 与 STF，电动机将工作在第 14 段速、正转 36Hz 连续运行状态，断开 STF 电动机停止。

9）在只接通 REX、RH、RM、RL 与 SD 的前提下，接通 SD 与 STF，电动机将工作在第 15 段速、正转 26Hz 连续运行状态，断开 STF 电动机停止。

注意：读者可根据不同生产工艺和机械设备的控制要求，在 15 段速范围内进行任意速段的设定和运行操作。

2. 注意事项

（1）接线完毕后一定要重复认真检查，以防错误烧坏变频器，特别是主电源电路。

（2）在接线时变频器内部端子用力不得过猛，以防损坏。

（3）在送电和停电过程中要注意安全，特别是在停电过程中必须待面板 LED 显示全部熄灭后方可打开盖板。

（4）在变频器进行参数设定操作时应认真观察 LED、LCD 监视窗的内容，以免发生错误，争取一次实验成功。

（5）在多段速操作和参数设定时，一定要注意操作和参数设置的正确性，以防设备损坏和不安全因素的产生。如在运行中出现 E. ILF 字样，表示变频器到电动机的连线有断的地方（即缺相保护），这时返回 PU 参数设定模式下，进行清除操作并停电，将变频器和电动机连接好。如出现 E. THT 字样，表示变频器过负载的电子过流保护。清除报警并检查变频器和电动机的容量适配是否合适。

（6）在运行过程中要认真观测电动机和变频器的工作状态。

◎［自我训练］

某生产工艺需要多段速控制，正反转运行的多步频率和运行时间可由特定工艺现场情况而定。读者也可按照下面图 2－28 多段速运行操作图所给曲线进行自我训练和评定测试。

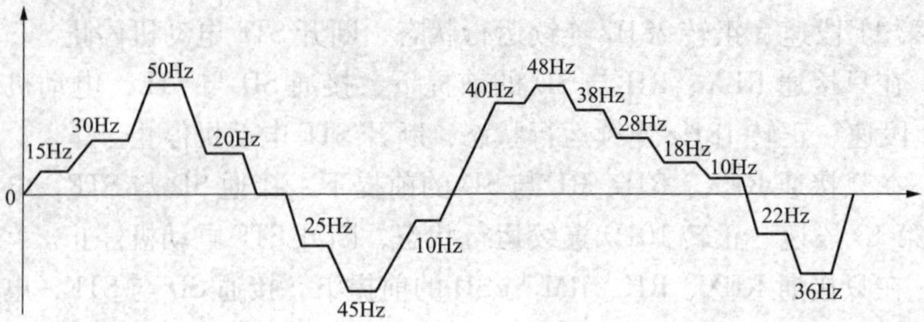

图 2－28　多段速运行操作图

2.6　变频器的 PID 控制运行操作

学习目的

1. 熟悉变频器的基本使用控制要求，熟悉变频器在自动调节控制中 PID 的应用。
2. 掌握变频器 PID 运行控制的外部连接和有关参数设置及含义。
3. 掌握面板操作和外端子操作的 PID 运转控制技能。

◎［基础知识］

PID 就是比例、微分、积分控制。通过变频器实现 PID 控制有两种情况：一是变频器内置的 PID 控制功能，给定信号通过变频器的键盘面板或端子输入，反馈信号反馈给变频器的控制端，在变频器内部进行 PID 调节以改变输出频率；二是用外部的 PID 调节器将给定量与反馈量比较后输出至变频器控制端子作为控制信号。总之，变频器的 PID 控制与传感器元件构成一个闭环控制系统，实现对被控制量的自动调节，在温度、压力等参数要求恒定的场合应用十分广泛，是变频器在节能方面常用的一种方法。

2.6.1　FR－A740－2.2k－CHT 三菱变频器 PID 控制线路的连接

（1）输入端子 R/L1、S/L2、T/L3 接三相电源。

（2）输出端子 U、V、W 接电动机，输入、输出端子的接线图参照图 2－1 所示。

（3）PID 控制回路的连接如图 2－29 所示。

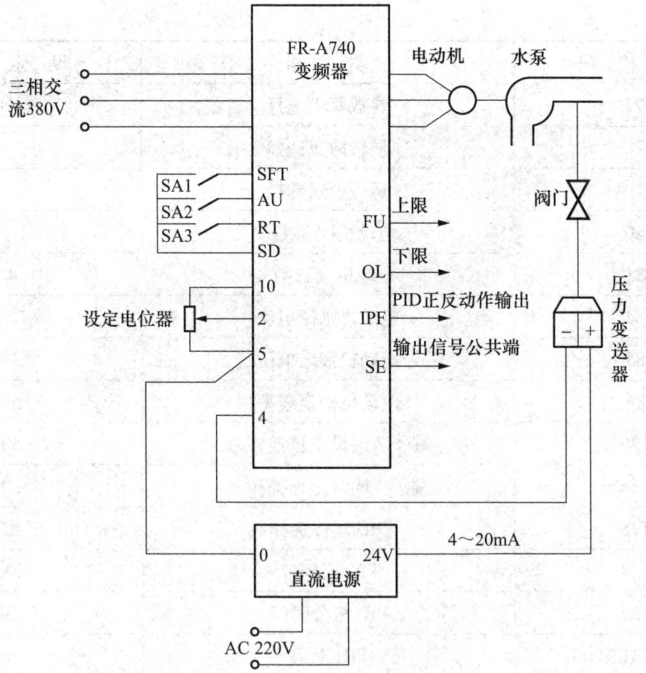

图2－29　PID控制接线图

2.6.2　相关功能参数的含义详解及设定操作技能

1. 参数设定

按表2－13设定相关参数。

表2－13　　PID控制参数设定表

参数代码	功能	设定数据
Pr. 1	上限频率	50Hz
Pr. 2	下限频率	0Hz
Pr. 3	基准频率	50Hz
Pr. 7	加速时间	3s
Pr. 8	减速时间	5s
Pr. 9	电子过流保护	2.7A
Pr. 14	适用负荷选择	0
Pr. 20	加减速基准频率	50Hz
Pr. 21	加减速时间单位	0
Pr. 73	模拟量输入的选择	1

续表

参数代码	功能	设定数据
Pr. 77	参数写入选择	0
Pr. 78	逆转防止选择	1
Pr. 79	运行模式选择	2
Pr. 80	电动机（容量）	1. 1kW
Pr. 81	电动机（极数）	4 极
Pr. 82	电动机励磁电流	2. 52A
Pr. 83	电动机额定电压	380V
Pr. 84	电动机额定频率	50Hz
Pr. 125	端子 2 的设定增益频率	50Hz
Pr. 126	端子 4 的设定增益频率	50Hz
Pr. 128	PID 动作选择	20
Pr. 129	PID 比例带	100%
Pr. 130	PID 积分时间	30s
Pr. 131	PID 上限	96%
Pr. 132	PID 下限	10%
Pr. 133	PID 动作目标值	50%
Pr. 134	PID 微分时间	2s
Pr. 178	STF 端子功能的选择	60
Pr. 179	STR 端子功能的选择	61
Pr. 183	RT 端子功能的选择	14
Pr. 192	IPF 端子功能的选择	16
Pr. 193	OL 端子功能的选择	14
Pr. 194	FU 端子功能的选择	15
Pr. 267	端子 4 的输入选择	0
Pr. 858	端子 4 的功能分配	0

2. 相关参数含义及设定操作

Pr. 128 ~ Pr. 134 为工艺生产自动控制时所用 PID 调节控制作用参数。通过控制对象的传感器等检测控制量（反馈量），将其与目标值（温度等设定值）进行比较。如有偏差，则通过此功能的控制动作使偏差为 0。它是使反馈量与目标值一致的一种较通用的控制方式，适用于流量控制、压力控制、温度控制等过程控制，如图 2 – 30 所示。

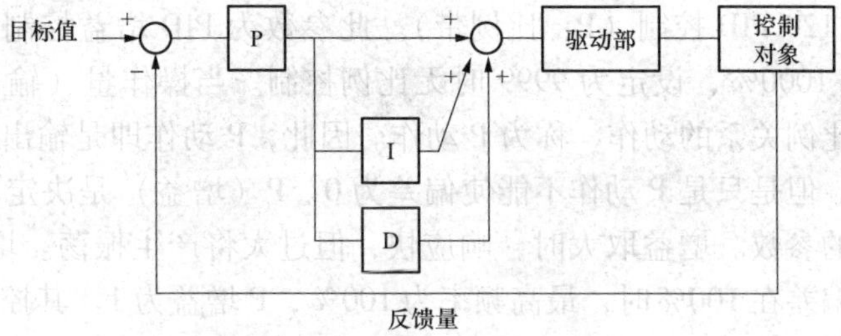

图 2－30　自动调节控制图

（1）Pr. 128 PID 动作的选择。此参数为设定 PID 正反作用动作的选择，其设定功能和意义如表 2－14 所示。

表 2－14　　PID 动作功能及操作意义

Pr. 128 设定值	PID 动作功能及操作意义	
10	PID 负作用	偏差值信号输入（端子 1）
11	PID 正作用	
20	PID 负作用	测量值输入（端子 4）目标值输入（端子 2，Pr. 133）
21	PID 正作用	
50	PID 负作用	偏差值信号输入（LONWORKS 通信，CC－LINK 通信）
51	PID 正作用	
60	PID 负作用	测量值目标值输入（LONWORKS 通信，CC－LINK 通信）
61	PID 正作用	

根据本项目要求对 PID 调节器进行正、反作用的选择，按照 PID 调节器的输出，可使电动机的转速增加或减小。变频器输出与 PID 调节输出正、反动作之间的关系如图 2－31 所示。

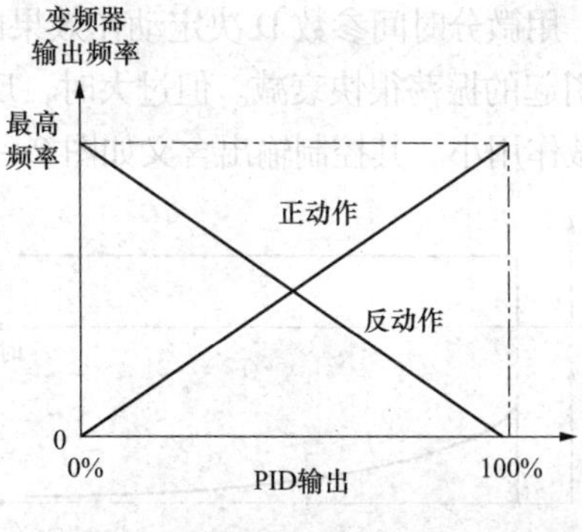

图 2－31　PID 控制正反动作功能图

（2）Pr. 129 PID 控制（P：比例带）。此参数为 PID 增益控制设定，设定范围 0.1% ~1000%，设定为 9999 时无比例控制。当操作量（输出频率）和偏差之间成比例关系的动作，称为 P 动作。因此，P 动作即是输出和偏差成比例的操作量。但是只是 P 动作不能使偏差为 0。P（增益）是决定 P 动作对偏差响应程度的参数。增益取大时，响应快，但过大将产生振荡。增益取小时，响应滞后。偏差在 100% 时，最高频率为 100%，P 增益为 1。其控制动作含义如图 2 -32 所示。

（3）Pr. 130 PID 控制（I：积分时间）。此参数为 PID 积分时间控制设定，设定范围：0.1 ~3600s。设定为 9999 时无积分控制。当操作量（输出频率）的变化速度和偏差成比例关系动作时称为 I 动作。因此，I 动作即是输出按偏差积分的操作量，能达到使控制量（反馈量）和目标值（设定频率）一致的效果。但是，对变化急剧的偏差，响应就差。用积分时间参数 I 决定 I 动作效果的大小。积分时间大时，响应迟缓，对外部扰动的控制能力变差。积分时间小时，响应速度快。但过小时，将发生振荡。其 I 动作输出含义如图 2 -33 所示。

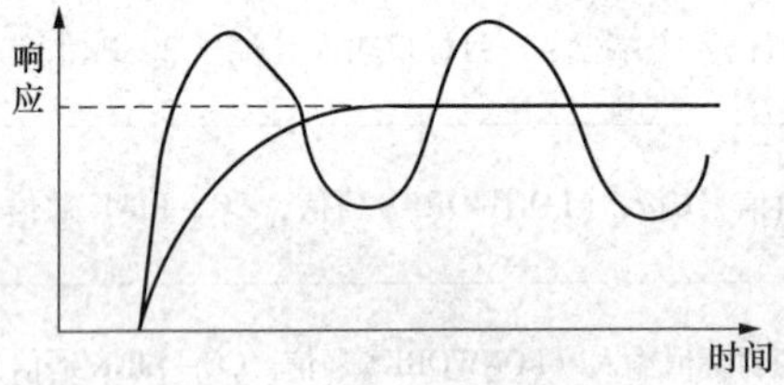

图 2 -32　P 控制响应关系图

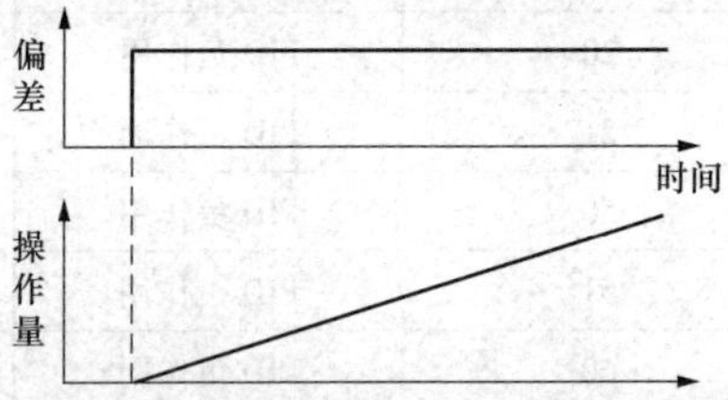

图 2 -33　I 动作含义图

（4）Pr. 134 PID 控制（D：微分时间）。此参数为 PID 微分时间控制设定，设定范围：0.01 ~10.00s，设定为 9999 时无微分控制。当操作量（输出频率）和偏差的微分值成比例的动作称为 D 动作。因此，D 动作即是输出按偏差微分的操作量，对急剧变化的响应很快。用微分时间参数 D 决定动作效果的大小。微分时间大时，能使发生偏差时 P 动作引起的振荡很快衰减。但过大时，反而引起振荡。微分时间小时，发生偏差时的衰减作用小。其控制输出含义如图 2 -34所示。

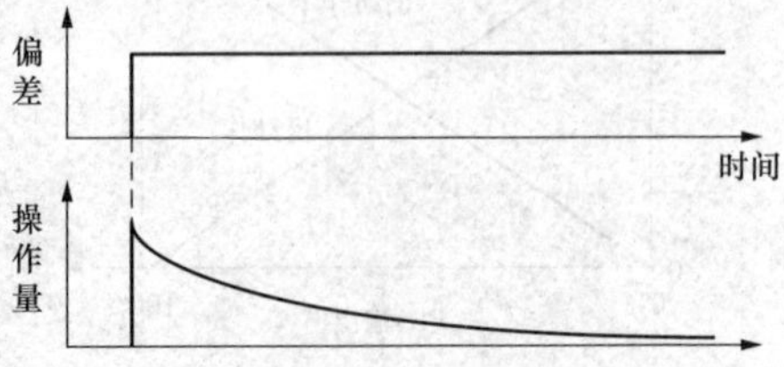

图 2 -34　D 动作含义图

在工艺生产和机械设备的自动控制中，一般 PID 操作不单独作用，即 P 增益、I 积分时间、D 微分时间不单独使用。常采用 PI 控制、PD 控制和 PID 控制等组合控制方式。

3. PI 控制

仅用 P 动作控制，不能完全消除偏差。为了消除残留偏差，一般采用增加 I 动作的 P + I 控制。用 PI 控制时，能消除由改变目标值和经常的外来扰动等引起的偏差。但是，I 动作过强时，对快速变化偏差响应迟缓。对有积分元件的负载系统，也可以单独使用 P 动作控制。

4. PD 控制

发生偏差时，很快产生比单独 D 动作还要大的操作量，以此抑制偏差的增加。偏差小时，P 动作的作用减小。控制对象含有积分元件负载场合，仅 P 动作控制，有时由于此积分元件作用，系统发生振荡。在该场合，为使 P 动作的振荡衰减和系统稳定，可用 PD 控制。换言之，适用于过程本身没有制动作用的负载。

5. PID 控制

利用 PID 动作消除偏差作用和 D 动作抑制振荡作用，再结合全 P 动作就构成 PID 控制。采用 PID 方式能获得无偏差、精度高和系统稳定的控制过程。对于从产生偏差到出现响应需要一定时间的负载系统，效果较好。

（1）PID 设定值调整。PID 值最好在用示波器等仪器监视响应波形的同时进行调整。可作如下调整：

1）“Pr. 129（P：比例带）”，在不发生振荡条件下增大其值。

2）“Pr. 130（I：积分时间）”，在不发生振荡条件下减小其值。

3）“Pr. 134（D：微分时间）”，在不发生振荡条件下增大其值。

（2）在 PID 作用时，对响应波形可作如下调整：

1）抑制超调：增大“Pr. 130（I：积分时间）”，减小“Pr. 134（D：微分时间）”，如图 2－35 所示。

2）加快响应速度（容许少量超调）：减小“Pr. 130（I：积分时间）”，增大“Pr. 134（D：微分时间）”，如图 2－36 所示。

3）抑制比“Pr. 130（I：积分时间）”，长的周期振荡；增大“Pr. 130（I：积分时间）”，如图 2－37 所示。

4）抑制大约和“Pr. 134（D：微分时间）”同样长周期的振荡；减小“Pr. 134（D：微分时间）”。设定 9999 仍有振荡时，减小“Pr. 129（P：比例带）”，如图 2－38 所示。

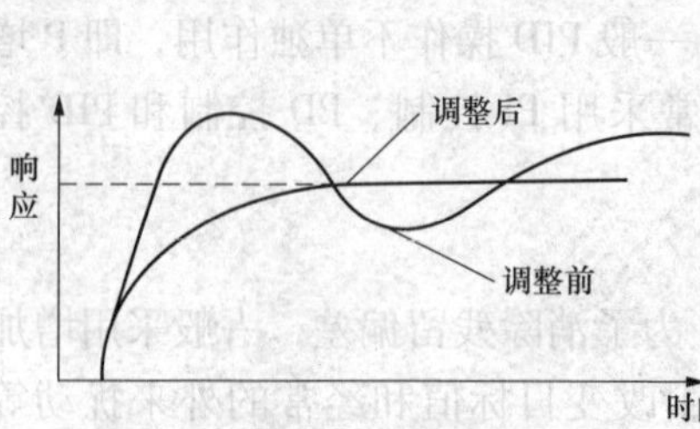

图 2－35　PID 控制调整图

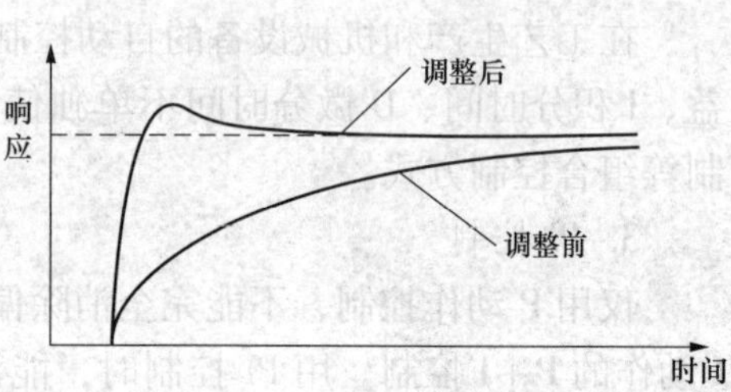

图 2－36　PID 控制调整图

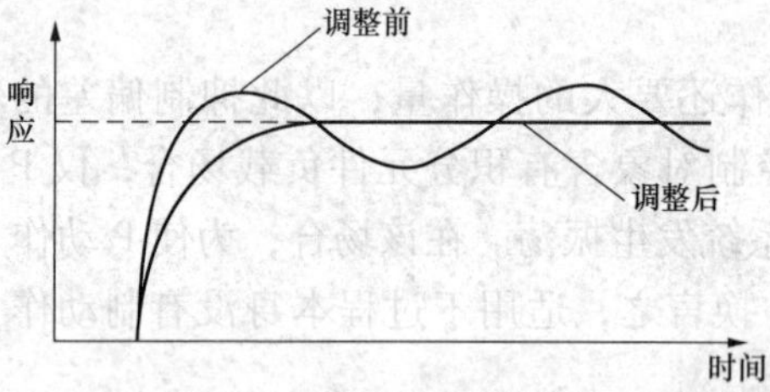

图 2－37　PID 控制调整图

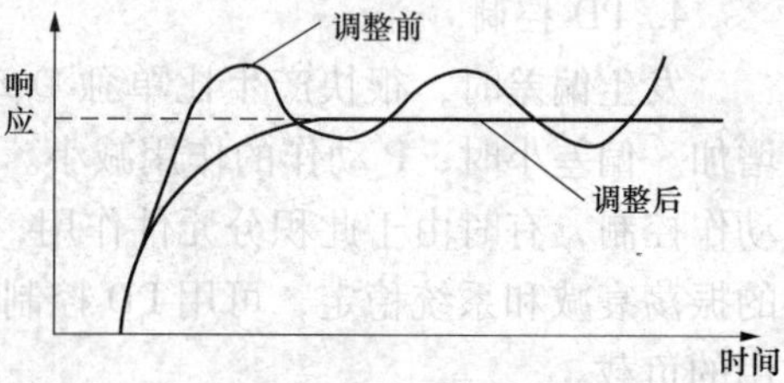

图 2－38　PID 控制调整图

(3) 参数设置。

1) Pr. 131　PID 上限。此参数为 PID 控制上限值的设定，即测定反馈量的最大输入值，是自动控制中不可缺少的保护检测值。当检测到上限值时输出为低电平，未达到时为高电平。

设定范围 0～100%，当设定 9999 时为无功能

2) Pr. 132　PID 下限。此参数为 PID 控制下限值的设定，即测定反馈量的最小输入值，是自动控制中不可缺少的保护检测值。当检测到下限值时输出为低电平，未达到时为高电平。

设定范围 0～100%，当设定 9999 时为无功能

3) Pr. 183　RT 端子功能的选择。此参数为 RT 端子功能的选择，本变频器所设定值为 14，是 PID 控制有效端子功能。即当 RT 接通时，变频器的 PID 控制功能有效，否则无效。有时 RT 也常作为第二功能的选择，其具体功能设定参照附录Ⅰ。

设定范围 0～20，22～28，37，42～44，62，64～71，9999

4) Pr. 192　IPF 端子功能的选择。此参数为 IPF 端子功能的选择，本次变频器所设定值为 16，是 PID 控制正反动作输出的检测。即当检测到正反动作后 IPF 输出即为低电平，未检测到为高电平，相当于触点的接通和断开。有时 IPF 也常作为瞬时掉电的输出监测。其具体功能设定参照附录。

设定范围 0 ~ 8，10 ~ 20，25 ~ 28，30 ~ 36，39，41 ~ 47，64，70，84，85，90 ~ 99，100 ~ 108，110 ~ 116，120，125 ~ 128，130 ~ 136，139，141 ~ 147，164，170，184，185，190， ~ 199，9999

5）Pr. 193　OL 端子功能的选择。此参数为 OL 端子功能的选择，本次变频器所设定值为 14，是 PID 控制输出下限的检测。当检测到下限值时输出为低电平，未检测到时为高电平，相当于触点的接通和断开。有时 OL 也常作为过负荷报警的输出监测。其具体功能设定参照附录。

设定范围 0 ~ 8，10 ~ 20，25 ~ 28，30 ~ 36，39，41 ~ 47，64，70，84，85，90 ~ 99，100 ~ 108，110 ~ 116，120，125 ~ 128，130 ~ 136，139，141 ~ 147，164，170，184，185，190， ~ 199，9999

6）Pr. 194　FU 端子功能的选择。此参数为 FU 端子功能的选择，本次变频器所设定值为 15，是 PID 控制输出上限的检测。当检测到上限值时输出为低电平，未检测到时为高电平，相当于触点的接通和断开。有时 FU 也常作为频率检测功能的输出监测。其具体功能设定参照附录 I 。

设定范围 0 ~ 8，10 ~ 20，25 ~ 28，30 ~ 36，39，41 ~ 47，64，70，84，85，90 ~ 99，100 ~ 108，110 ~ 116，120，125 ~ 128，130 ~ 136，139，141 ~ 147，164，170，184，185，190， ~ 199，9999。

◎ ［实战演练］

2. 6. 3　训练内容

有一台三相异步电动机，功率 1. 1kW，额定电流 2. 52A，额定电压 380V。现用变频器进行 PID 自动控制操作，通过变频器参数设置和外端子接线来实现变频器的运行输出与给定值之间的自动调节来达到被控对象的相对稳定的目的。在运行操作中，运行频率按表 2 – 13 所给参数设定运行。

2. 6. 4　设备、工具和材料准备

（1）工具。电工工具 1 套。

（2）仪表。MF—500B 型万用表、DT9202 型数字万用表、5050 型绝缘电阻表、频率计、测速表各 1 只。

（3）器材。三菱 FR – A740 – 2. 2k – CHT 变频器 1 台、1. 1kW 电动机 1 台、三相空气断路器 1 只，单极控制开关 3 只，设定电位器（1kΩ/2W）1 只，24V 直流电源 1 个，压力变送器 1 台。

2. 6. 5　操作步骤

1. 安装接线及运行调试

（1）首先将主、控回路按图 2 – 29 进行连线。

（2）经检查无误后方可通电。

（3）将所涉及参数按要求正确置入变频器。按下操作面板 MODE 键进入参数设置菜单画面，观察 LED 监视器并按表 2－13 所给参数进行设置。表中 Pr. 79 运行操作模式在本次 PID 控制运行时设定为 2，EXT 灯亮。也可设定 4 或 1，读者可自行测定。设置完毕按 MODE 键切换到运行监视模式画面，此时 MON 灯亮。观察 LED 显示内容，可根据相应要求按下 SET 键监视输出频率，输出电流，输出电压。有关参数设定详细操作步骤请参阅本书 1. 3 节。

（4）此 PID 控制相关功能参数设定完毕，还要进行整个 PID 调节系统的检查也要完整无误，才可运行调试。确保一次成功。

（5）PID 控制运行操作可由面板进行也可由外端子输入控制信号进行，其操作运行方法相同。下面以外端子输入进行运行操作。

（6）根据外端子 RT 的输入状态，决定 PID 运行控制是否有效，再结合 Pr. 133 设定值决定所需信号是外给定还是内给定及其大小。内给定是由键盘面板直接设定被控对象的所需控制值，外给定是通过被控对象的要求，由外部信号供给变频器所需的控制值。在自动控制系统刚开始运行时，由于系统波动较大，此时可先不加入 PID 调节控制，由键盘面板（或手动）直接调节频率的高低来控制被控对象，待系统相对稳定后再加入 PID 自动调节。

（7）读者可根据生产工艺要求确定被控对象的给定参数。当系统给定信号为内给定时，通过键盘将内给定值设定为 30Hz。也可通过外给定端子 2 输入（0～5V）模拟电压进行 30Hz 频率设定。

（8）同时接通 SD 与 AU、SD 与 RT、SD 与 STF 后，电动机开始正转并根据 2～5 端子之间电压，即给定值与反馈值之差——偏差大小进行 PID 自动调整控制，直到稳定在给定值。电动机转速随工艺生产的不同而变化，始终稳定在设定值上。

（9）当水压发生变化时，通过压力变送器反馈给变频器与之相对变化的 4～20mA 信号或人为改变给定信号值时，电动机转速也随之变化，最后稳定运行在给定值上。这就是变频器的 PID 调节功能。

（10）同样还可进行面板的启停控制，将 Pr. 79 设定为 1 或 4，按下 FWD 键电动机正向启动运转，并稳定在 Pr. 133 的设定值上。在两种控制运行模式下，当需要停止时，按下面板 STOP 键或断开端子正转 STF 连线开关 SA1，变频器立即减速停止。

2. 注意事项

（1）接线完毕后一定要重复认真检查，以防错误烧坏变频器，特别是主电源电路。

（2）在接线时变频器内部端子用力不得过猛，以防损坏。

（3）在送电和停电过程中要注意安全，特别是在停电过程中必须待面板LED显示全部熄灭后方可打开盖板。

（4）在变频器进行参数设定时，要根据工艺生产的要求进行PID操作正、反动作的选择。操作时应认真观察LED、LCD监视窗的内容，以免发生错误，争取一次实验成功。

（5）在采用变频器内部PID的功能时，加减速时间由积分时间的预置值决定，当不采用变频器内部PID的功能时，加减速时间由相应的参数决定。

（6）在运行过程中要认真观测变频器的PID控制功能及电动机工作状态。

◎ [自我训练]

有一台3kW的电动机拖动一台气泵，为了实现恒压供气，必须对变频器进行自动调节变速控制，压力控制在0.5kPa为正常生产使用要求，压力工作范围为0～1kPa，压力传感器输出为标准信号4～20mA模拟信号。设计画出系统接线图，根据要求正确设置变频器参数，并运用PID控制进行操作实验。

2.7 变频器的多级加减速控制

学习目的

1. 熟悉变频器的基本使用控制要求。
2. 掌握变频器多级加减速控制的连接和参数设置。
3. 掌握面板设置和外端子操作的多级加减速控制操作技能。

◎ [基础知识]

三菱变频器FR－A740－2.2k－CHT的多级加减速控制共有三级加减速运行时间的设定，通过外部接线端子的控制，可以在不同级别的加减速时间上运行，在需要多种加减速时间的生产工艺和机械设备中有广泛应用。

2.7.1 FR－A740－2.2k－CHT三菱变频器点动控制线路的连接

1. 主电路的连接。

（1）输入端子R/L1、S/L2、T/L3接三相电源。

（2）输出端子U、V、W接电动机，输入、输出端子的接线图参照图2－1所示。

2. 多级加减速控制回路的连接如图2－39所示。变频器端子接线图如图

2－40所示。

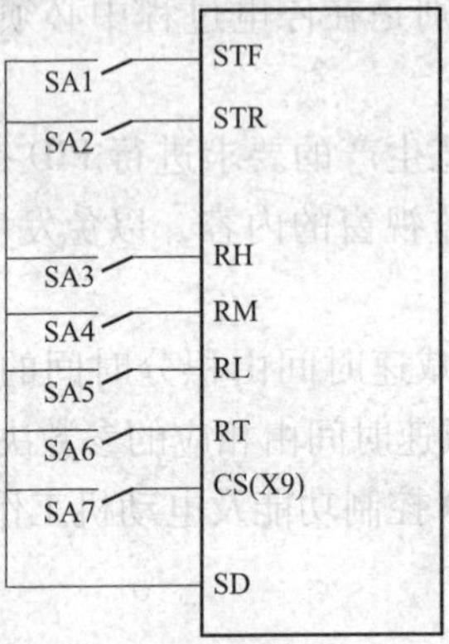

图 2－39　多级加减速控制接线图

图 2－40　变频器端子接线图

2.7.2　相关功能参数的含义详解及设定操作技能

1. 参数设定

按表 2－15、2－16 设定相关参数。

表 2－15　　多级加减速参数设定表

参 数 代 码	功　能	设 定 数 据
Pr. 1	上限频率	50Hz
Pr. 2	下限频率	0Hz
Pr. 3	基准频率	50Hz
Pr. 4	多段速设定：1 段速	45Hz
Pr. 5	多段速设定：2 段速	25Hz
Pr. 6	多段速设定：3 段速	15Hz
Pr. 7	加速时间	2s
Pr. 8	减速时间	2s
Pr. 9	电子过流保护	2.7A
Pr. 14	适用负荷选择	0
Pr. 20	加减速基准频率	50Hz
Pr. 21	加减速时间单位	0
Pr. 24	多段速设定：4 段速	30Hz
Pr. 25	多段速设定：5 段速	20Hz
Pr. 26	多段速设定：6 段速	50Hz

续表

参 数 代 码	功 能	设 定 数 据
Pr. 44	第二加速时间	3s
Pr. 45	第二减速时间	3s
Pr. 77	参数写入选择	0
Pr. 78	逆转防止选择	0
Pr. 79	运行模式选择	3
Pr. 80	电动机（容量）	1. 1kW
Pr. 81	电动机（极数）	4 极
Pr. 82	电动机励磁电流	2. 52A
Pr. 83	电动机额定电压	380V
Pr. 84	电动机额定频率	50Hz
Pr. 110	第三加速时间	4s
Pr. 111	第三减速时间	5s
Pr. 178	STF 端子功能的选择	60
Pr. 179	STR 端子功能的选择	61
Pr. 180	RL 端子功能的选择	0
Pr. 181	RM 端子功能的选择	1
Pr. 182	RH 端子功能的选择	2
Pr. 183	RT 端子功能的选择	3
Pr. 186	CS 端子功能的选择	9

表 2－16　　运行状态与接线端子对照表

速 度	1 段速	2 段速	3 段速	4 段速	5 段速	6 段速
控制端子	RH	RM	RL	RM，RL	RH，RL	RH，RM
参数号	Pr. 4	Pr. 5	Pr. 6	Pr. 24	Pr. 25	Pr. 26
设定值 Hz	45	25	15	30	20	50

2. 参数含义详解及设定操作

（1）Pr. 44 第二加速时间、Pr. 45 第二减速时间。此参数为多段速应用中，第二加减时间的设定值，与 RT 端子配合，当 RT 信号为 ON 时，第二加减速时间有效。

设定范围 7. 5kW 以下为 0～3600s；11kW 以上为 0～360s。当 Pr. 45 设为 9999 时，加减速时间相等。

（2）Pr. 110　第三加速时间、Pr. 111 第三减速时间。此参数为多段速应用中，第三加减时间的设定值，与 CS（X9）端子配合，当 CS（X9）信号为 ON 时，第三加减速时间有效。

设定范围 7. 5kW 以下为 0～3600s；11kW 以上为 0～360s。当 Pr. 110 设为 9999 时功能无效，当 Pr. 111 设为 9999 时为加减速时间相等。

（3）Pr. 183 RT 端子功能的选择。此参数为外端子 RT 功能的选择，本变频器设定值为 3，是第二功能的选择，设定命令即当 RT 接通时，变频器的第二功能有效。本变频器设定为第二加减速时间功能有效。与 Pr. 44 第二加速时间：Pr. 45 第二减速时间相配合。RT 端子也可作为其他功能输入端子使用，其功能设定参照附录Ⅰ。

设定范围 0～20，22～28，37，42～44，62，64～71，9999

（4）Pr. 186　CS 端子功能的选择。此参数为 CS 端子功能的选择，本项目多级加减速设定值为 9，是第三功能选择设定命令，即接通 CS 和 SD 变频器可进行第三加减速时间的运行。有时 CS 也常用作瞬时停电在启动功能的选择，其他功能设定参照附录Ⅰ。

设定范围 0～20，22～28，37，42～44，62，64～71，9999

◎［实战演练］

2.7.3　训练内容

有一台三相异步电动机，功率 1. 1kW，额定电流 2. 52A，额定电压 380V。现用变频器进行多级加减速控制，同时通过变频器参数设置和外端子接线来控制变频器的运行输出频率，使电动机达到多段速和多级加减速运行。在运行操作中运行频率按表 2－15 和 2－16 所给参数设定运行，并能结合本项目所给运行曲线图 2－41 所示进行多段速和多级加减速的运行操作。（注：本运行曲线为八段速控制，但在四个速段中，有两个速段是一样的，则只设六个速段就可以了，如表 2－16 所示。）

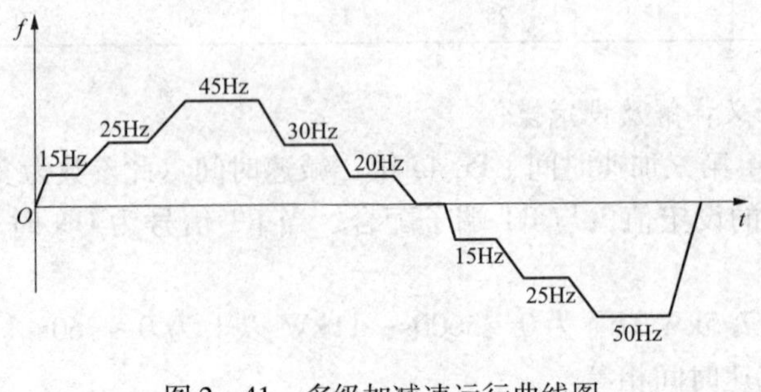

图 2－41　多级加减速运行曲线图

2.7.4 设备、工具和材料准备

（1）工具。电工工具1套。

（2）仪表。MF—500B型万用表、DT9202型数字万用表、5050型绝缘电阻表、频率计、测速表各1只。

（3）器材。FR－A740－2.2k－CHT三菱变频器1台、1.1kW电动机1台、三相空气断路器1只，单极控制开关7只。

2.7.5 操作步骤

1. 安装接线及运行调试

（1）首先将主、控回路线连接好。

（2）主回路按图2－1接线。

（3）控制回路按图2－39接线。

（4）经检查无误后方可通电。

（5）将所涉及参数先按要求正确置入变频器。按下操作面板MODE键进入参数设置菜单画面，观察LED监视器并按表2－15和表2－16所给参数进行设置。表中Pr.79运行操作模式在本次多级加减速控制运行时设定为3，PU和EXT灯同时亮。设置完毕按MODE键切换到运行监视模式画面，此时MON灯亮。观察LED显示内容，可根据相应要求按下SET键监视输出频率，输出电流，输出电压。有关参数设定详细操作步骤请参阅本书1.3节。

（6）此时多级加减速操作相关功能参数设定完毕，可进行多级加减速正、反转运行操作。

（7）根据运行曲线图2－41所给运行速度进行控制操作。在只接通RL与SD的前提下，接通SD与STF，电动机将工作在第一段速、正转15Hz连续运行状态，加速时间是2s，即Pr.7的设定时间。

（8）接通RT与SD、RM与SD（断开RL与SD），接通SD与STF，电动机将加速到第二段速、正转25Hz连续运行状态，加速时间是3s，即Pr.44的设定时间。

（9）接通CS（X9）与SD、RH与SD（断开RM与SD），接通SD与STF，电动机将加速到第三段速、正转45Hz连续运行状态，加速时间是4s，即Pr.110的设定时间。

（10）接通RL与SD、RM与SD［断开CS（X9），RT与SD］，接通SD与STF，电动机将减速到第四段速、正转30Hz连续运行状态，减速时间是2s，即Pr.8的设定时间。

（11）接通RL与SD、RH与SD，RT与SD，接通SD与STF，电动机将减速到第五段速、正转20Hz连续运行状态，减速时间是3s，即Pr.45的设定

时间。

(12) 断开STF与SD、RL与SD，RH与SD，接通CS（X9）与SD，电动机将减速到0Hz停止状态，减速时间是5s，即Pr. 111的设定时间。

(13) 在只接通RL与SD的前提下，接通SD与STR，电动机将工作在第六段速、反转15Hz连续运行状态，加速时间是2s，即Pr. 7的设定时间。

(14) 接通RT与SD、RM与SD（断开RL与SD)，接通SD与STR，电动机将加速到第7段速、反转25Hz连续运行状态，加速时间是3s，即Pr. 44的设定时间。

(15) 接通CS（X9）与SD、RH与SD，RM与SD，接通SD与STR，电动机将加速到第8段速、反转50Hz连续运行状态，加速时间是4s，即Pr. 110的设定时间。

(16) 断开STR与SD、RH与SD，RM与SD，CS（X9）与SD，电动机将减速到0Hz停止状态，减速时间是5s，即Pr. 8的设定时间。

2. 注意事项

(1) 接线完毕后一定要重复认真检查，以防错误烧坏变频器，特别是主电源电路。

(2) 在接线时变频器内部端子用力不得过猛，以防损坏。

(3) 在送电和停电过程中要注意安全，特别是在停电过程中必须待面板LED显示全部熄灭后方可打开盖板。

(4) 在变频器进行参数设定操作时应认真观察LED、LCD监视窗的内容，以免发生错误，争取一次实验成功。

(5) 在多级加减速操作和参数设定时，一定要注意操作和参数设置的正确性，以防设备损坏和不安全因素的产生。(A∶RT和X9的信号均不接通时，属第一级加减速。B∶RT的信号接通时，属第二级加减速。C∶X9的信号接通时，属第三级加减速。D∶RH、RM、RL以及RL、RM、RL、RH、RH、RM六个端子状态对应的速度由Pr. 4、Pr. 5、Pr. 6、Pr. 24、Pr. 25、Pr. 26六个参数决定的，没有优先级。)

(6) 在运行过程中要认真观测电动机和变频器的工作状态。

◎ [自我训练]

某冶金行业的高楼上料设备中，料车的速度运行曲线如图2－42所示。

图中OA段为料车启动后以等加速度加速到最大速度的加速段，加速时间为3s；AB段是高速运行段，运行频率为50Hz；BC段为料车一次减速段，减速时间为7s；CD段为料车中速运行段，速度是25Hz；DE段为料车第二次减速段，减速时间为4s；EF段为料车低速运行段，速度是10Hz；FG段是料车制动停车段，减速时间为2s。请根据要求，按照图2－42料车速度运行曲线，进行设定、接线并操作运行。

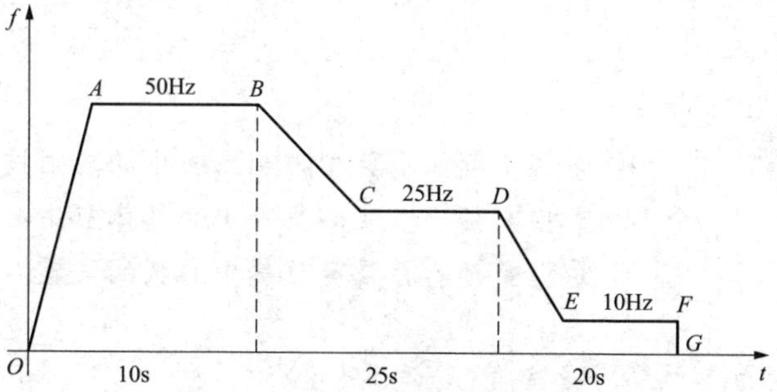

图2－42　料车的速度运行曲线图

第3章 通用变频器在典型控制系统中的应用

学习目标

1. 掌握变频器在典型控制系统中的应用技能知识。
2. 掌握变频器在实际生产中的具体应用要求和含义。
3. 掌握变频器在泵类负载中参数的设置。

3.1 恒压供水系统

学习目的

1. 掌握恒压供水的基本原理和实际应用。
2. 掌握恒压供水系统中变频器的 PID 控制方法。
3. 掌握恒压供水系统中 PLC 和变频器结合使用的方法。

◎ [基础知识]

3.1.1 PLC 与变频器的连接

通常 PLC 可以通过下面三种途径来控制变频器:

(1) 利用 PLC 的模拟量输出模块控制变频器。

(2) PLC 通过通信接口控制变频器。

(3) 利用 PLC 的开关量输入/输出模块控制变频器。

1. PLC 的三种连接方法

(1) 利用 PLC 的模拟量输出模块控制变频器。PLC 的模拟量输出模块输出 0~5V 电压或 4~20mA 电流，将其送给变频器的模拟电压或电流输入端，控制变频器的输出频率。这种控制方式的硬件接线简单，但是可编程控制器的模拟量输出模块价格相当高。

(2) PLC 通过 485 通信接口控制变频器。这种控制方式的硬线接线简单，但需要增加通信用的接口模块。通信模块的价格可能较高，而且熟悉通信模块的使用方法和设计通信程序可能要花较多的时间。本节将重点讲述此方法。

(3) 利用 PLC 的开关量输入/输出模块控制变频器。PLC 的开关量输入/

输出端一般可以与变频器的开关量输入/输出端直接相连。这种控制方式的接线很简单，抗干扰能力强。PLC 的开关量输出模块可以控制变频器的正、反转转速和加、减速时间，能实现较复杂的控制要求。虽然只能有级调速，但对于大多数系统已足够了。

2. PLC 通过 485 通信接口控制变频器

该系统硬件组成如图 3 -1 所示，主要由下列组件构成。

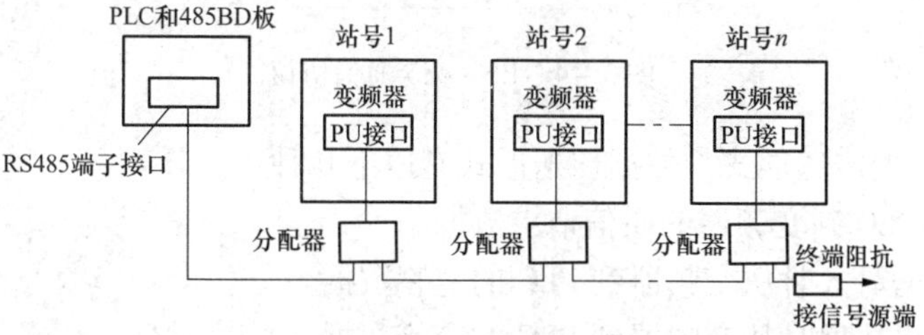

图 3 -1　系统硬件组成

（1）系统所用 PLC，如 FX2N 系列。

（2）FX2N -485 - BD 为 FX2N 系统 PLC 的通信适配器，主要用于 PLC 与变频器之间数据的发送和接收。

（3）SC09 电缆，用于 PLC 与计算机之间的数据传送。

（4）通信电缆采用五芯电缆，可自行制作。

3. PLC 与 485 通信接口的连接方式

变频器端的 PU 接口用于 RS485 通信时的接口端子排定义如图 3 -2 所示。如图 3 -3 所示，五芯电缆线的一端接变频器 FX2N -485BD，另一端用专用接口压接后接变频器的 PU 接口。

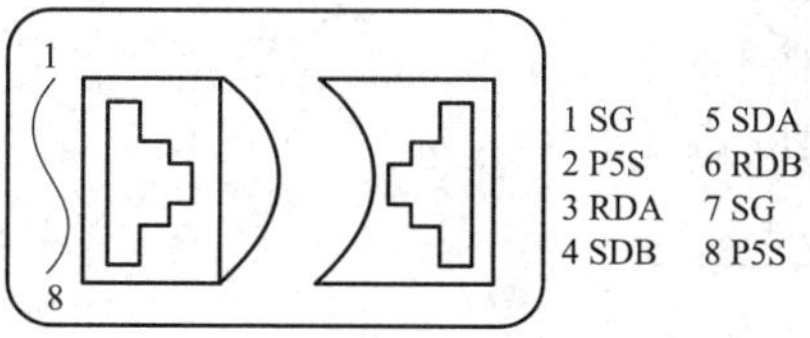

图 3 -2　变频器接口端子排定义

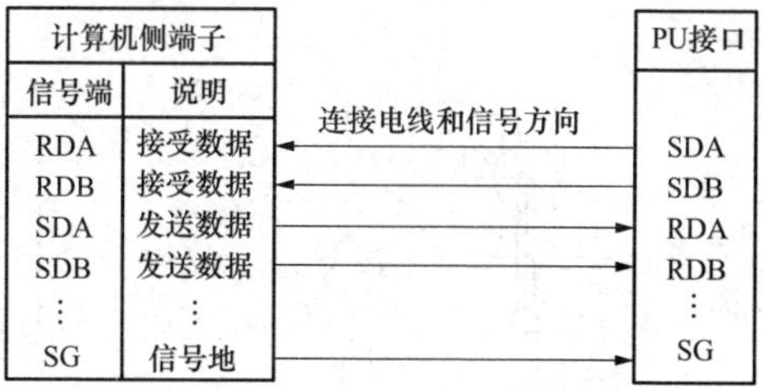

图 3 -3　PLC 与变频器的通信连接示意图

4. PLC 和变频器之间的 RS -485 通信协议和数据传送形式

（1）PLC 和变频器之间的 RS -485 通信协议。PLC 和变频器进行通信，通信规格必须在变频器的初始化设定，如果没有进行设定或有一个错误的设定，数据将不能进行通信；且每次参数设定后，需复位变频器，确保参数的设定生效。设定好参数后将按如下协议进行数据通信，如图 3－4 所示。

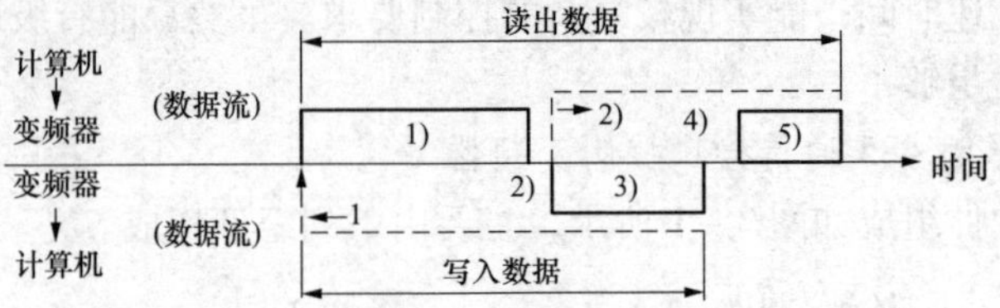

图 3－4　RS－485 通信协议

（2）数据传送形式。数据传送形式有以下几种：

1）从 PLC 到变频器的通信请求数据。

2）数据写入时从变频器到 PLC 的应答数据。

3）读出数据时从变频器到 PLC 的应答数据。

4）读出数据时从 PLC 到变频器的发送数据。

3.1.2　水泵供水的基本模型与主要参数

1. 基本模型

如图 3－5 是一生活小区供水系统的基本模型，水泵将水池中的水抽出并上扬至所需高度，以便向生活小区供水。

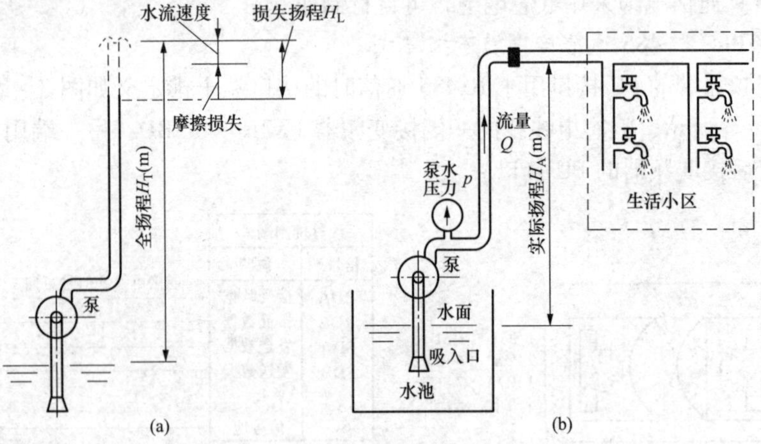

图 3－5　供水系统的基本模型

（a）全扬程的概念；（b）基本模型

2. 供水系统的主要参数

（1）流量。流量是泵在单位时间内所抽送液体的数量，常用的流量是体积流量，用 Q 表示，其单位是 m^3/s。

（2）扬程。是指单位质量的液体通过泵后所获得的能量，通常称之为扬程。扬程主要包括三个方面：

1）提高水位所需的能量。

2）克服水在管路中流动阻力所需的能量。

3）使水流具有一定的流速所需的能量。

通常用所抽送液体的液柱高度 H 表示，其单位是 m。习惯上常用水从一个位置上扬到另一个位置时水位的变化量（即对应的水位差）来代表扬程。

（3）全扬程。全扬程也叫总扬程，是表征水泵泵水能力的物理量，包括把水从水池的水面上扬到最高水位所需的能量，克服管阻所需的能量和保持流速所需的能量，符号是 H_T，在数值上等于在没有管阻，也不计流速的情况下，水泵能够上扬水的最大高度，如图 3－5（a）所示。

（4）实际扬程。实际扬程通过水泵实际提高水位所需的能量，符号是 H_A。在不计损失和流速的情况下，其主体部分正比于实际的最高水位与水池水面之间的水位差，如图 3－5（b）所示。

（5）损失扬程。全扬程与实际扬程之差，即为损失扬程，符号是 H_L。

H_T、H_A、H_L 三者之间的关系是 $H_T = H_A + H_L$。

（6）管阻。表示管道系统（包括水管、阀门等）对水流阻力的物理量，符号是 P。其大小在静态时主要取决于管路的结构和所处的位置，而在动态情况下还与供水流量和用水流量之间的平衡情况有关。

3.1.3 供水系统的特性与工作点

1. 供水系统的特性

（1）扬程特性。扬程特性即水泵的特性。在管路中阀门全打开的情况下，全扬程 H_T 随流量 Q_H 变化的曲线 $H_T = f(Q_u)$ 称为扬程特性。如图 3－6 所示，图中，A_1 点是流量较小（等于 Q_1）时的情形，这时全扬程较大的为 H_{T1}；A_2 点是流量较大（等于 Q_2）时的情形，这时全扬程较小为 H_{T2}。这表明用户用水越多（流量越大），管道中的摩擦损失以及保持一定的流速所需的能量也越大，供水系统的全扬程就越小。流量的大小取决于用户。因此，扬程特性反映了用户的用水需求对全扬程的影响。

（2）管阻（路）特性。管阻（路）特性反映的是为了维持一定的流量而必须克服管阻所需的能量。它与阀门的开度有关，实际上是表明当阀门开度一定时，为了提高一定流量的水所需要的扬程。这里的流量表示供水流量，用 Q_G 表示，所以管阻特性的函数关系是 $H_T = f(Q_G)$，如图 3－7 所示。显然，当全扬程不大于实际扬程（$H_T \leqslant H_A$）时，是不可能供水（$Q_G = 0$）的。因此，实际扬程也是能够供水的“基本扬程”。在实际的供水管路中流量具有连续性，并不存在供水流量与用水流量的差别，这里的流量是为了便于说明供水能力和用水需求之间的关系而假设的量。

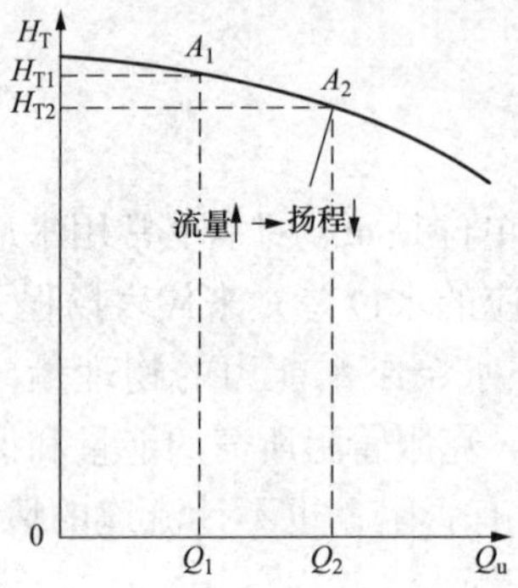

图 3－6　扬程特性

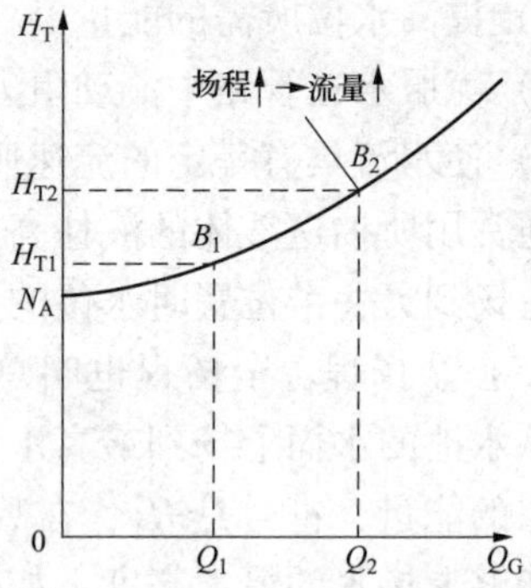

图 3－7　管阻（路）特性

从图 3－7 中可以看出，在供水流量较小（$Q_G = Q_1$）时，所需量程也较小（$H_T = H_{T1}$），如 B_1点；反之，在供水量较大（$Q_G = Q_2$）时，所需量程也较大（$H_T = H_{T1}$），如 B_2点。

2. 供水系统的工作点

（1）工作点。扬程特性曲线和管阻特性曲线的交点，称为供水系统的工作点，如图 3－8 中的 A 点所示。在这一点，系统既要满足扬程特性曲线①，也要符合管阻特性曲线②，供水系统才处于平衡状态，系统才能稳定运行。如阀门开度为 100%，转速也为 100%，则系统处于额定状态，这时的工作点成为额定工作点，或称自然工作点。

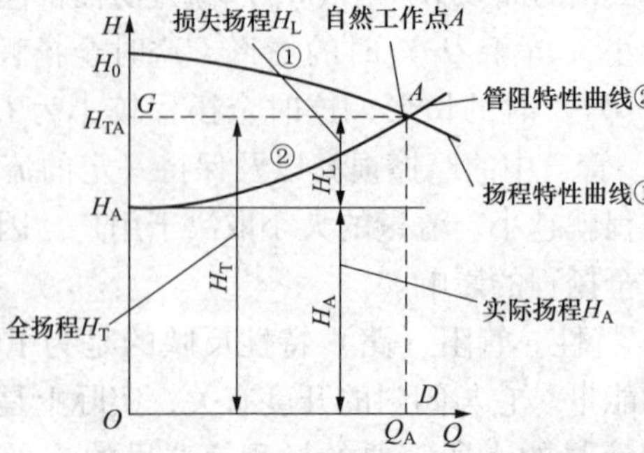

图 3－8　供水系统的工作点

（2）供水功率。供水系统向用户供水时，电动机所消耗的功率 P_0（kW）称为供水功率，供水功率与流程 Q 和扬程 H_T 的乘积成正比，其关系式为

$$P_G = G_P H_T Q$$

式中　G_P——比例常数。

由图 3-8 可以看出，供水系统的额定功率与面积 ODAC 成正比。

3.1.4　节能原理分析

1. 调节流量的方法

在供水系统中，最根本的控制对象是流量。因此，要研究节能问题必须从考虑如何调节流量入手。最成见的方法有阀门控制法和转速控制法两种。

（1）阀门控制法。即通过开关阀门大小来调节流量，即转速保持不变，通常为额定转速。阀门控制法的实质是：水泵本身的供水能力不变，而是通过改变水路中的阻力大小改变供水能力，以适应用户对流量的需求。这时管阻特性将随阀门开度的大小而改变，但扬程特性不变。如图 3-9 所示，设用户所需流量从 Q_A 减小到 Q_B，当通过关小阀门来实现时，管阻特性曲线②则改变为曲线③，而扬程特性仍为曲线①，故供水的工作点由 A 点移至 B 点，这时流量减少，但扬程却从 H_{TA} 增大到 H_{TB}，由公式 $P_G = G_P H_T Q$ 可知，供水功率 P_G 与面积 OEBF 成正比。

（2）转速控制法。转速控制法就是通过改变水泵的转速来调节流量，而阀门开度则保持不变（通常为最大开度）。转速控制法的实质是通过改变水泵的全扬程来适应用户对流量的要求。当水泵的转速改变时，扬程特性将随之改变，而管阻特性将不变。如图 3-9 所示，仍以用户所需流量 Q_A 减为 Q_B 为例，当转速下降时，扬程特性下降为曲线④，管阻特性则仍为曲线②，故工作点移至 C 点，可见在流量减小为 Q_B 的同时，扬程减小为 H_{TC}，供水功率 P_G 与面积 OECH 成正比。

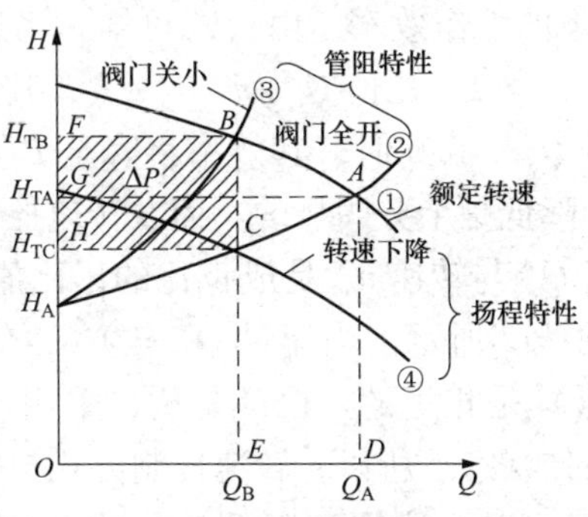

图 3-9　调节流量的方法与比较

2. 转速控制法的节能效果

(1) 供水功率的比较。比较上述两种调节流量的方法，可以看出在所需流量小于额定流量的情况下，转速控制时扬程比阀门控制时小得多，所以转速控制方式所需的供水功率比阀门控制方式小很多。图 3-9 所示中 CBFH 阴影部分的面积即表示为两者供水之差 ΔP，也就是转速控制方式节约的供水功率，它与 CBFH 面积成正比。这是采用调速供水系统具有节能效果的最基本方面。

(2) 从水泵的工作效率看节能

1) 工作效率的定义。水泵的供水功率 P_G 与轴功率 P_P 之比，即为水泵的工作效率 η_P，即

$$\eta_P = P_G/P_P$$

式中 P_P——水泵的轴功率，是指水泵的输入功率（电动机的输出功率）或是水泵的取用功率；

P_G——水泵的供水功率，是根据实际供水扬程和流量算得的功率，是供水系统的输出功率。

因此，这里所说的水泵工作效率，实际上包含了水泵本身的效率和供水系统的效率两部分。

2) 水泵工作效率的近似计算公式。水泵工作效率相对值 η^* 的近似计算公式如下

$$\eta_P{}^* = C_1\,(Q^*/n^*) - C_2\,(Q^*/n^*)^2$$

式中 $\eta_P{}^*$、Q^*、n^*——效率、流量和转速的相对值（即实际值与额定值之比的百分数）；

C_1、C_2——常数，由制造厂提供。C_1 与 C_2 之间通常遵守如下规律：$C_1 - C_2 = 1$。

上式表明水泵的工作效率主要取决于流量与转速之比。

3) 不同控制方式下的工作效率。由上式可知，当通过关小阀门来减少流量时，由于转速不变，$n^* = 1$，比值 $Q^*/n^* = Q^*$，其效率曲线如图 3-10 中的曲线①所示。当流量 $Q^* = 0.6$ 时，其效率将降至 B 点。可见，随着流量的减少，水泵工作效率的降低是十分明显的。而在转速控制方式下，由于阀门开度不变的情况下，流量 Q^* 与转速 n^* 是成正比的，比值 Q^*/n^* 不变。其效率曲线如图 3-10 中的曲线②所示。当流量 $Q^* = 0.6$，效率由 C 点决定，它和 $Q^* = 1$ 时的效率（A 点）是相等的。也就是说，采用转速控制方式时，水泵的工作效率总是处于最佳状态。所以，转速控制方式与阀门控制方式相比，水泵的工作效率要大得多，这是采用变频调速供水系统具有节能效果的第二方面。

（3）从电动机的效率看节能效果。

水泵厂在生产水泵时，由于：① 对用户的管路情况无法预测；② 管阻特性难以准确计算；③ 必须对用户的需求留有足够的余量等原因，在决定额定扬程和额定流量时，通常余量也较大。所以在实际运行过程中，即使在用水量的高峰期，电动机也通常并不处于满载状态，其功率因数和效率都比较低。

采用了转速控制方式以后，可将排水阀完全打开而适当降低转速，由于电动机在低频运行时，变频器的输出电压也将降低，从而提高电动机的工作效率，这是变频调速供水系统具有节能效果的第三个方面。

综合起来，水泵的轴功率与流量间的关系如图 3－11 所示。图中，曲线①是调节阀门开度时的功率曲线，当流量 $Q^*=0.6$ 时，所消耗的功率由 C 点决定。由图可知，与调节阀门开度相比，调节转速时所节约的功率 ΔP 是相当可观的。

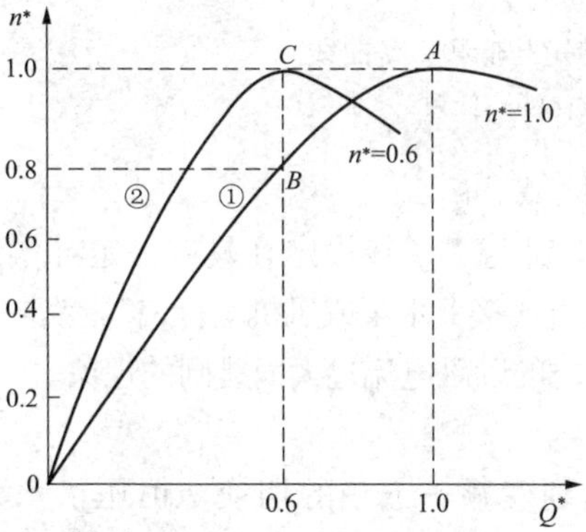

图 3－10　水泵的效率曲线

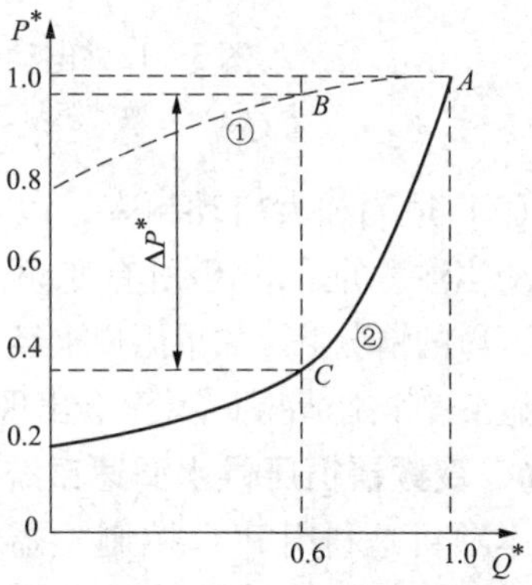

图 3－11　水泵的轴功率曲线

3.1.5　二次方根负载实现调速后如何获得最佳节能效果

如图 3－12（a）所示，曲线 0 是二次方根负载的机械特性。曲线 1 是电动机在 U/f 控制方式下转矩补偿为 0（电压调节比 K_u = 频率调节比 K_f）时的有效转矩线，与图 3－12（b）中的曲线 1 对应。当转速为 n_x 时，由曲线 0 可知，负载转矩为 T_{Lx}，由曲线 1 可知，电动机的有效转矩为 T_{MX}。

很明显，即使转矩补偿为 0，在低频运行时，电动机的转矩与负载转矩相比，仍有较大的裕量，这说明该拖动系统还有相当大的节能裕量。

为此变频器设置了若干低频 U/f（$K_u<K_f$）线，如图 3－12（b）中由曲线 01 和曲线 02 所示，与此对应的有效转矩线如图 3－12（a）中的曲线 01 和曲线 02。但在选择低 U/f（$K_u<K_f$）线时，有时也会发生难启动的问题，如图 3－12（a）中的曲线 01 和曲线 02 相交于 S 点所示，显然在 S 点以下，拖动系统不能启动，可采取以下对策：

（1）U/f 线选用图 3－12（b）中曲线 01。

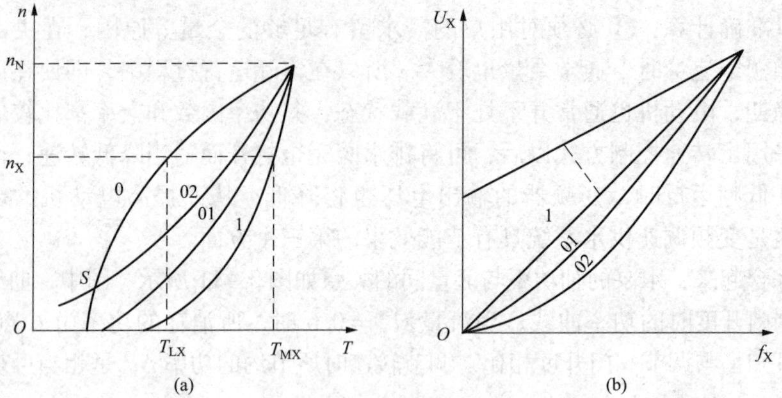

图 3－12　电动机的有效转矩与低频 U/f 曲线

（a）有效转矩与二次方根负载；（b）低频 U/f 曲线

（2）适当加大启动频率，以避免死点区域。

应当注意的是，几乎所有变频器在出厂时都将 U/f 线设定在具有一定补偿量（$U/f>1$）的情况下。如果用户未经功能预置，直接接上水泵或风机运行，节能效果就不明显了。个别情况下，甚至会出现低频运行时的励磁电流过大而跳闸的现象。

3.1.6　变频器恒压供水调速系统的构成

本项目是利用 PLC 控制电器组，来达到变频—工频的切换。恒压供水系统为闭环控制系统，其工作原理为：供水的压力通过传感器采集给系统，再通过变频器的 A/D 转换模块将模拟量转换成数字量，同时，变频器的 A/D 将压力设定值转换成数值量，两个数据同时经过 PID 控制模块进行比较，PID 根据变频器的参数设置，进行数据处理，并将数据处理的结果以运行频率的形式控制输出。PID 控制模块具有比较和差分的功能，供水的压力低于设定压力，变频器就会将运行频率升高，相反则降低，并且可以根据压力变化的快慢进行差分调节。以负作用为例，如果压力在上升接近设定值的过程中，上升速度过快，PID 运算也会自动减少执行量，从而稳定压力，如图3－13所示。供水压力经 PID 调节后的输出量，通过交流接触器组进行切换控制水泵的电动机。在水网中的用水量增大时，会出现一台变频泵效率不够的情况，这时就需要其他的水泵以工频的形式参与供水，交流接触器组就负责水泵的切换工作情况，由 PLC 控制各个接触器，按需要选择是工频供电或者是变频供电。

1. 变频器的 PID 设定

在 PID 控制下，使用一个标准输出信号 4～20mA，量程范围 0～0.5MPa

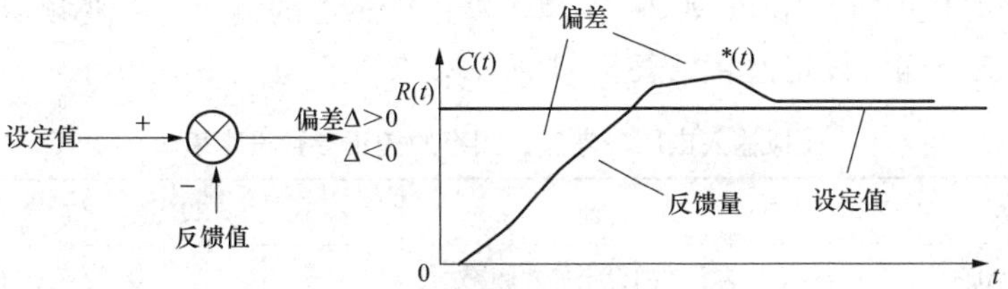

图 3－13　PID 控制原理

的传感器作为反馈信号与变频器的给定信号进行比较来调节水泵的供水压力，设定值（0～5V）通过变频器的 2 和 5 端子给定。变频器的 PID 参数设置流程图如图 3－14 所示。

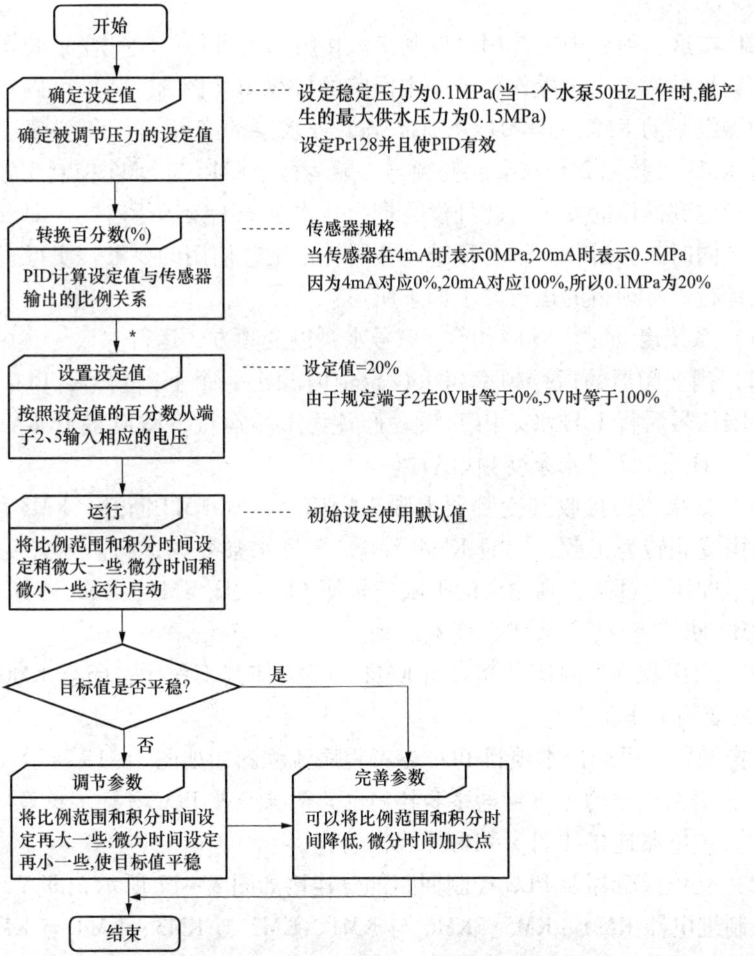

图 3－14　变频器 PID 设置流程图

如需要校准时，用 Pr. 902 ~ Pr. 905 校正传感器的输出，在变频器停止时，在 PU 模式下输入设定值。见表 3 - 1 所示。

表 3 - 1　　模拟输入电压、电流、频率的校正参数设定表

参 数 号	功　能	设 定 值	
Pr. 902	设定端子 2 的设定偏置频率	0	0
Pr. 903	设定端子 2 的频率设定增益	5V	100%
Pr. 904	设定端子 4 的设定偏置频率	4mA	0Hz
Pr. 905	设定端子 4 的频率设定增益	20mA	100%

2. PLC 控制

PLC 在这个项目中的作用是控制交流接触器组进行工频—变频的切换和水泵工作数量的调整。由操作步骤中主回路的接线图（图 3 - 16）可以看出，交流接触器组中的 KM0 与 KM1 分别控制 1 号水泵的变频运行和工频运行，而 KM2 和 KM3 则控制 2 号水泵的变频与工频运行，KM4 与 KM5 控制 3 号的变频启动。考虑到操作的安全，此处没有把 3 号水泵的工频运行连接，即没有实现三台水泵同时工频运行。读者可结合实际生产工艺使用的要求，实行三台泵的全工频运行。本项目的运行要求如下所述：

（1）系统启动时，KM0 闭合，1 号水泵以变频方式运行。

（2）当变频器的运行频率超出设定值时输出一个上限信号，PLC 接收到这个上限信号后将 1 号水泵由变频运行转为工频运行，KM0 断开 KM1 闭合，同时 KM2 闭合，2 号水泵变频启动。

（3）如果再次接收到变频器上限输出信号，则 KM2 断开，KM3 闭合，2 号水泵由变频转为工频，同时 KM4 闭合，3 号水泵变频运行。如果变频器频率偏低，即压力过高，则输出的下限信号使 PLC 关闭 KM4、KM3 使其不作用，开启 KM2 使其闭合，2 号水泵变频启动。

（4）再次收到下限信号就关闭 KM2、KM1 使其不作用，闭合 KM0，只剩 1 号水泵变频工作。

由控制要求可画出本项目 PLC 参考程序流程图，如图 3 - 15 所示。

3. 根据系统结构进行主电路和控制电路的连线及 PLC 程序的编写

（1）主电路连接如图 3 - 16 所示。

（2）交流接触器及 PLC 控制回路部分连接如图 3 - 17 所示，即 Y21 ~ Y26 分别控制继电器 KM0 ~ KM5。KM0 与 KM1、KM2 与 KM3、KM4 与 KM5 之间分别互锁，防止它们同时闭合使变频器输出端接入电源输入端。

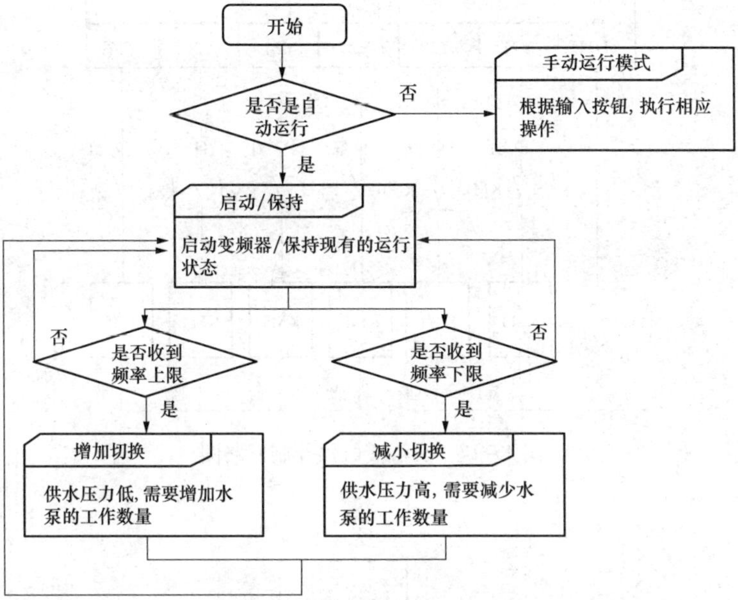

图 3－15　PLC 参考程序流程图

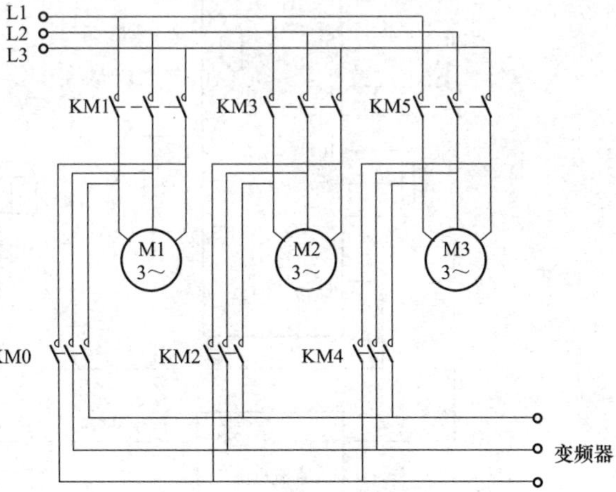

图 3－16　主电路图

（3）变频器控制回路连接如图 3－18 所示，变频器启动运行靠 PLC 的 Y0 控制，频率检测的上/下限信号分别通过变频器的输出端子功能 FU、OL 输出

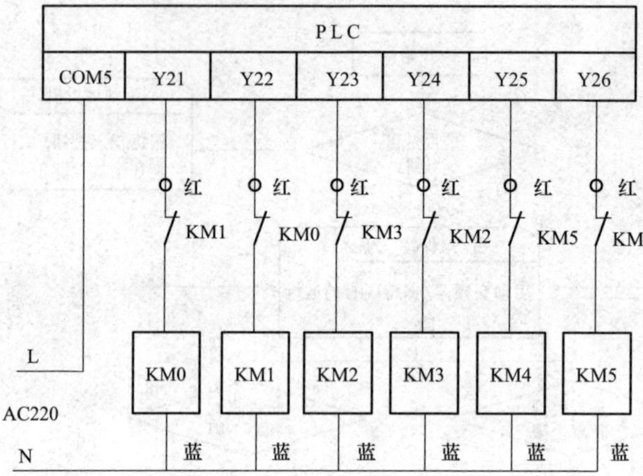

图 3-17 交流接触器控制回路图

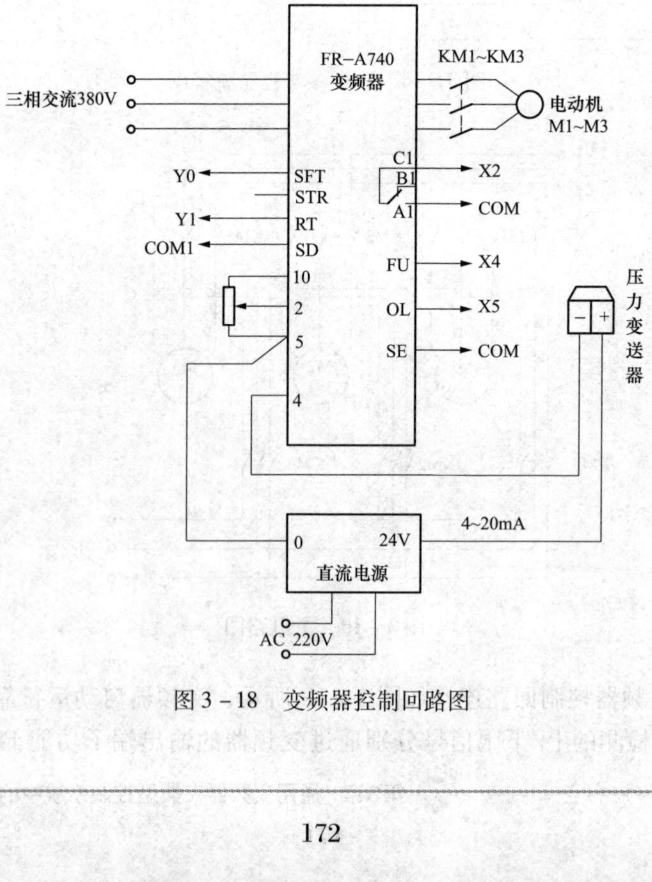

图 3-18 变频器控制回路图

至 PLC 的 X4、X5 输入端。PLC 的 X3 输入端为手自动切换信号输入，变频器 RT 输入端为手/自动切换调整时，PID 控制是否有效，由 PLC 的输出端 Y1 供给信号。故障报警输出连接与 PLC 的 X2 与 COM 端，当系统故障发生时输出触点信号给 PLC，由 PLC 立即控制 Y0 断开，停止输出。PLC 输入端 SB1 为启动按钮，SB2 为停止按钮，SA1 为手自动切换，由 SA2 ~ SA7 手动控制变频工频的启动和切换。在自动控制时由压力传感器发出的信号（4 ~ 20mA）和被控制信号（给定信号，变频器 2 端，也可用 0 ~ 10V 信号发生器供给）进行比较，通过 PID 调节输出一个频率可变的信号改变供水量的大小，从而改变了压力的高低，实现了恒压供水控制。

（4）结合项目内容列出恒压供水 PLC 控制的 I/O 分配表、接线图、状态流程图及参考程序。I/O 分配如表 3 - 2 所示，接线图如 3 - 19 所示，状态流程图如图 3 - 20 所示，参考程序如图 3 - 21 所示。

表 3 - 2　　恒压供水 I/O 分配表

输入信号			输出信号		
名称	代号	输入点编号	输出点编号	代号	名称
启动按钮	SB1	X1	Y0	STF	变频运行正转
停止按钮	SB2	X2	Y1	RT	PID 控制有效端
手自动切换	SA1	X3	Y4	HL1	上限指示灯信号
上限检测信号	FU	X4	Y5	HL2	下限指示灯信号
下限检测信号	OL	X5	Y21	KM0	电动机 1 变频控制接触器
电动机 1 变频运行（手动）	SA2	X6	Y22	KM1	电动机 1 工频控制接触器
电动机 1 工频运行（手动）	SA3	X7	Y23	KM2	电动机 2 变频控制接触器
电动机 2 变频运行（手动）	SA4	X10	Y24	KM3	电动机 2 工频控制接触器
电动机 2 工频运行（手动）	SA5	X11	Y25	KM4	电动机 3 变频控制接触器
电动机 3 变频运行（手动）	SA6	X12	Y26	KM5	电动机 3 工频控制接触器
电动机 3 工频运行（手动）	SA7	X13			

4. 据系统控制要求进行变频器参数设置如表 3 - 3 所示

（1）参数设置。按表 3 - 3 设定相关参数。

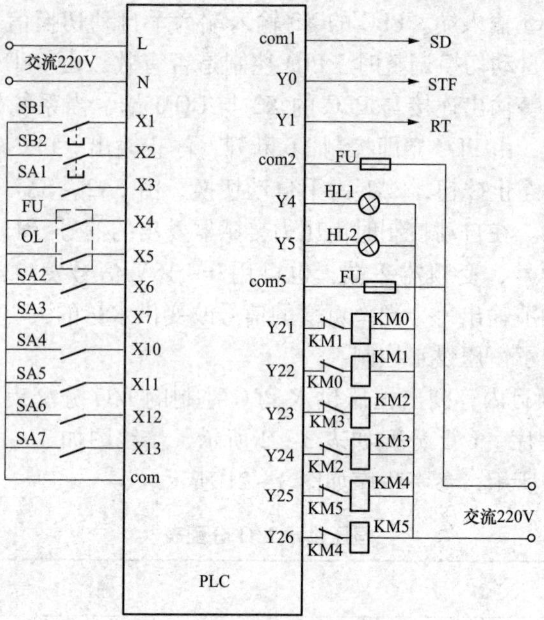

图 3－19　PLC 控制接线图

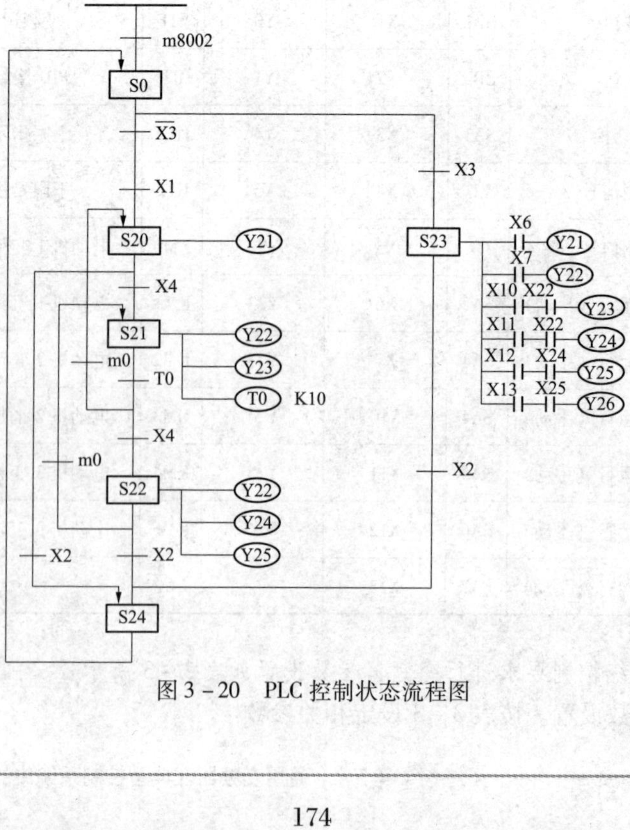

图 3－20　PLC 控制状态流程图

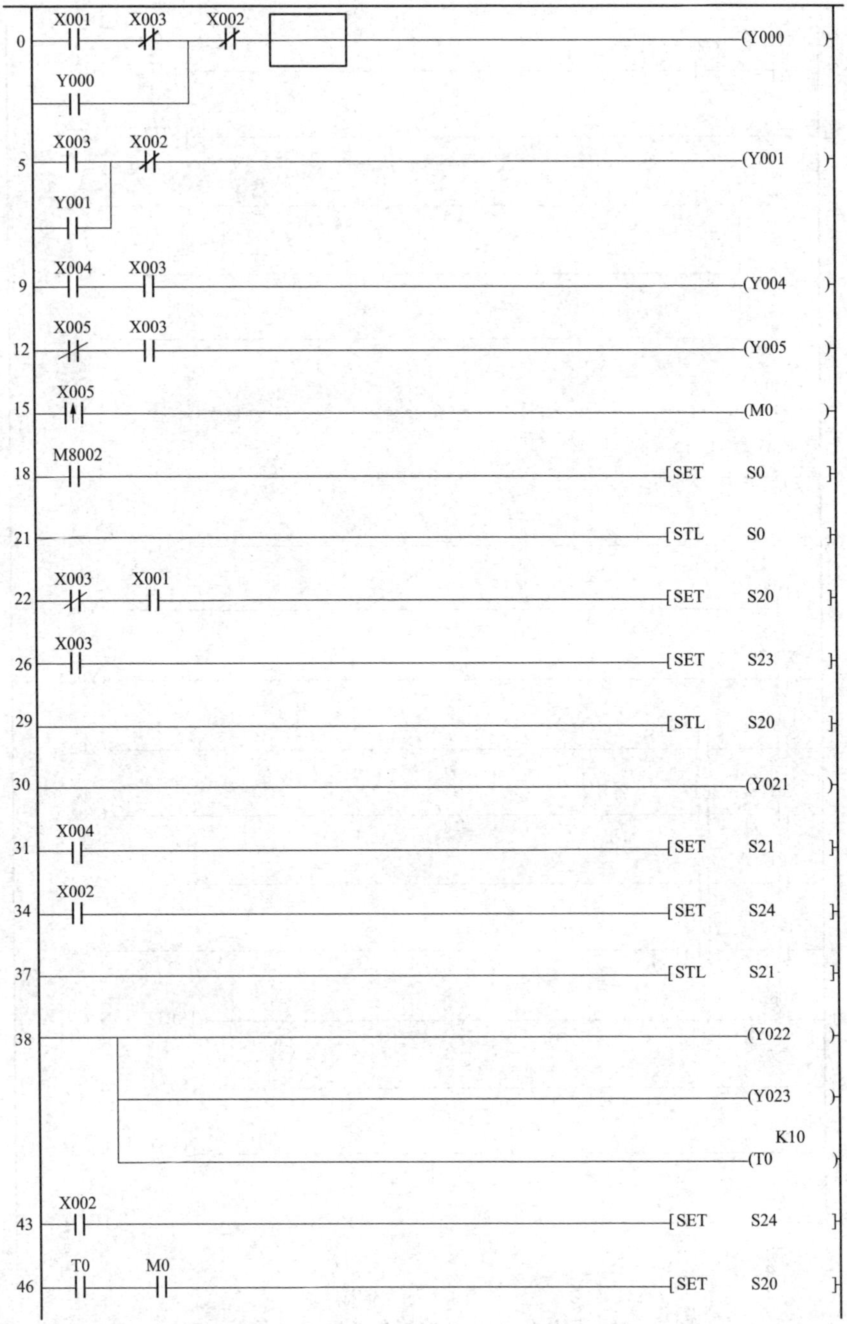

图 3－21　恒压供水 PLC 控制参考程序梯形图（一）

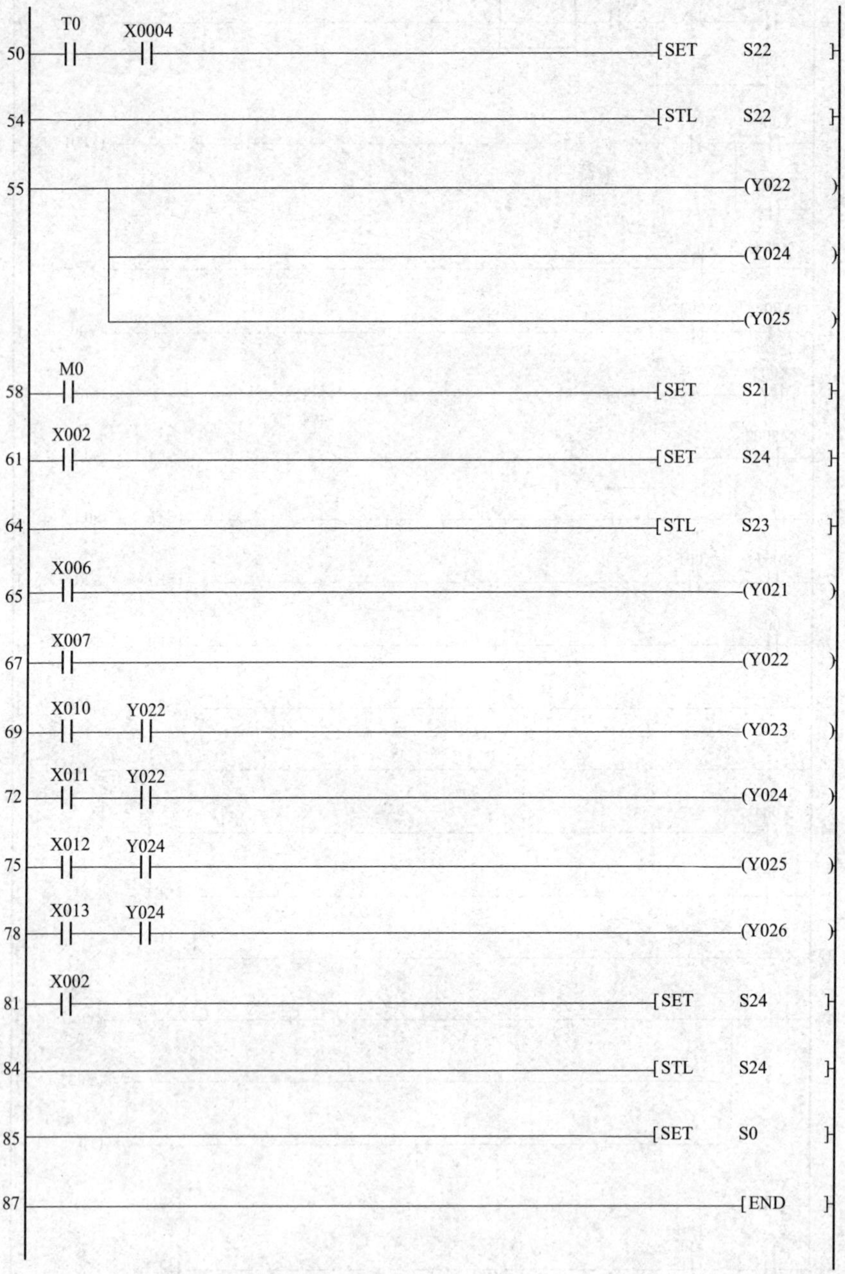

图 3－21　恒压供水 PLC 控制参考程序梯形图（二）

表 3 -3　　恒压供水控制参数设定表

参 数 代 码	功 能	设 定 数 据
Pr. 1	上限频率	50Hz
Pr. 2	下限频率	0Hz
Pr. 3	基准频率	50Hz
Pr. 7	加速时间	3s
Pr. 8	减速时间	3s
Pr. 9	电子过流保护	14. 3A
Pr. 14	适用负荷选择	0
Pr. 20	加减速基准频率	50Hz
Pr. 42	输出频率检测	10Hz
Pr. 50	第 2 输出频率检测	50Hz
Pr. 73	模拟量输入的选择	1
Pr. 77	参数写入选择	0
Pr. 78	逆转防止选择	1
Pr. 79	运行模式选择	2
Pr. 80	电动机（容量）	7. 5kW
Pr. 81	电动机（极数）	2 极
Pr. 82	电动机励磁电流	13A
Pr. 83	电动机额定电压	380V
Pr. 84	电动机额定频率	50Hz
Pr. 125	端子 2 的设定增益频率	50Hz
Pr. 126	端子 4 的设定增益频率	50Hz
Pr. 128	PID 动作选择	20
Pr. 129	PID 比例带	100%
Pr. 130	PID 积分时间	10s
Pr. 131	PID 上限	96%
Pr. 132	PID 下限	10%
Pr. 133	PID 动作目标值	20%
Pr. 134	PID 微分时间	2s
Pr. 178	STF 端子功能的选择	60
Pr. 179	STR 端子功能的选择	61
Pr. 183	RT 端子功能的选择	14
Pr. 192	IPF 端子功能的选择	16
Pr. 193	OL 端子功能的选择	4
Pr. 194	FU 端子功能的选择	5
Pr. 195	ABC1 端子功能的选择	99
Pr. 267	端子 4 的输入选择	0
Pr. 858	端子 4 的功能分配	0

（2）部分参数含义详解。

1）Pr. 42 输出频率检测。此参数为设定输出频率的动作（检测）值。当输出频率超过设定的动作值时，由端子 OL 输出 ON 信号。此参数的设定与 Pr. 193 相对应，为下限标志频率。

设定范围 0～400Hz

2）Pr. 50 输出频率检测。此参数为设定输出频率的动作（检测）值。当输出频率超过设定的动作值时，由端子 FU 输出 ON 信号。此参数的设定与 Pr. 194 相对应，为上限标志频率。

设定范围 0～400Hz

3）Pr. 193OL 端子功能的选择。此参数为 OL 端子功能的选择，本变频器所设定次值为 4，是输出频率检测功能。当检测到设定的频率值时输出为低电平，未检测到时为高电平，相当于触点的接通和断开。有时 OL 也常作为过负荷报警的输出监测，其具体功能设定参照附录。

设定范围 0～8，10～20，25～28，30～36，39，41～47，64，70，84，85，90～99，100～108，110～116，120，125～128，130～136，139，141～147，164，170，184，185，190～199，9999。

4）Pr. 194FU 端子功能的选择。此参数为 FU 端子功能的选择，本变频器所设定次值为 5，是第二输出频率检测功能。当检测到设定频率值时输出为低电平，未检测到时为高电平，相当于触点的接通和断开。有时 FU 也常作为其他功能的输出监测，其具体功能设定参照附录。

设定范围 0～8，10～20，25～28，30～36，39，41～47，64，70，84，85，90～99，100～108，110～116，120，125～128，130～136，139，141～147，164，170，184，185，190～199，9999。

5）Pr. 195ABC1 端子功能的选择。此参数为 ABC1 继电器输出端子功能的选择，本次变频器所设定值为 99，作为变频器报警、异常输出时用。当变频器因保护功能动作时输出停止的转换接点。故障时 B－C 间不导通（A－C 间导通），正常时 B－C 间导通（A－C 间不导通）。ABC1 也可作为其他功能的输出监测，其具体功能设定参照附录。

设定范围 0～8，10～20，25～28，30～36，39，41～47，64，70，84，85，90，91，94～99，100～108，110～116，120，125～128，130～136，139，141～147，164，170，184，185，190，191，194～199，9999。

◎［实战演练］

3.1.7 训练内容

利用PLC和变频器来实现恒压供水的自动控制，现场压力信号的采集由压力传感器完成。整个系统可由电脑利用工控组态软件进行实时监控。其组成见图3－22所示。

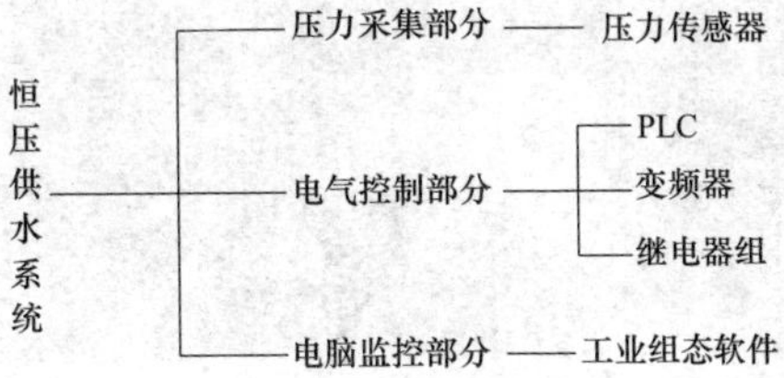

图3－22　控制系统组成图

在系统连接中参照图3－16和图3－17连接；变频器运行操作频率参照表3－3所给参数设定运行。

3.1.8 设备、工具和材料准备

（1）工具。电工工具1套，电动工具及辅助测量用具各1套。

（2）仪表。MF－500B型万用表、DT9202型数字万用表、5050型绝缘电阻表、频率计、测速表各1只。

（3）器材。三菱FR－A740－7.5k－CHT变频器1台、三菱PLC1台、0～10V信号发生器1台、24V直流电源1个、压力变送器1台，7.5kW电动机3台、按钮2只、单极开关7只，信号灯2个，交流接触器6个，电脑1台、PLC应用软件1套、PLC组态软件1套，导线若干。

3.1.9 操作步骤

1. 系统的安装接线及运行调试

（1）首先根据布置图3－23安装元器件，然后将主、控回路按图3－16、图3－17、图3－18、图3－19图进行连线，并与实际操作中情况相结合。

（2）经检查无误后方可通电。

（3）在通电后不要急于运行，应先检查各电气设备的连接是否正常，然后进行单一设备的逐个调试。

（4）按照系统要求进行变频器参数的设置，并手动运行调试直到正常。在系统手动状态下，则可通过“KM0～KM5”和“SA1～SA7”按键对系统进行手动调节控制。

图 3 – 23　布置图

（5）按照系统要求进行 PLC 程序的编写并传入 PLC 内，在手动状态下进行模拟运行调试，观察输入、输出点是否和要求一致，如图 3 – 24 所示。

图 3 – 24　输入 PLC 程序

（6）和电脑连接构成通信，由已组好态的恒压供水软件画面进行监视和调控。

（7）对整个系统统一调试，包括安全和运行情况的稳定性，观察恒压的控制效果，如稳定性不是太好，可根据实际情况按照参数原理要求进行变频器 PID 控制参数的整定。直到系统的在自动控制下稳定运行。

（8）在系统正常、自动控制状态下，按下启动按钮，系统就开始自动运行，向用户供水。根据用户用水量大小，由压力变送器时时感受压力的高低并传给变频器进行变频调速以实现压力的相对恒定，当达到压力的上、下限时，由变频器检测信号捡出并送给 PLC，进行电动机的变频及工频切换。由此而实现了用户用水压力的恒定。

（9）当有故障发生时，异常报警输出并停止运行。也可手动按下停止按钮停止运行。

2. 注意事项

（1）线路必须检查清楚才能上电。

（2）要有准确的实训记录，包括变频器 PID 参数及其对应的系统峰值时间和稳定时间。

（3）对运行中出现的故障现象准确的描述、分析。

（4）注意不能使变频器的输出电压和工频电压同时加于同一电动机，否则会损坏变频器。

（5）在运行过程中要认真观测，恒压供水系统的自动控制方式及特点，并及时进行总结。

◎ [自我训练]

用 PLC 和变频器的多段速组合对恒压供水进行设计、安装与调试。

1. 任务要求

（1）有 3 台水泵，按设计要求 2 台运行，1 台备用，运行与备用每 10 天轮换 1 次。

（2）用水高峰时 1 台工频运行，1 台变频高速运行；用水低谷时，1 台变频低速运行。

（3）变频器的升速与降速由供水压力上限和下限触点控制。

（4）工频水泵投入的条件是在水压下限且变频水泵处于最高速，工频水泵切除的条件是在水压上限且工频水泵处于最低速运行时。

（5）变频器设 7 段速度控制水泵调速：

第 1 段速 15Hz，第 2 段速 20Hz；第 3 段速 25Hz；第 4 段速 30Hz；第 5 段速 35Hz；第 6 段速 40Hz；第 7 段速 45Hz。

2. 技术要求

（1）根据任务，设计主电路图，列出 PLC 控制 I/O 口（输入/输出口）元件地址分配表；根据工艺，设计梯形图及绘制 PLC、变频器接线图，并设计出有必要的电气安全保护措施。

（2）安装与接线要紧固、美观，耗材要少。

3.2 医疗废物焚烧控制系统

学习目的

1. 掌握医疗废物焚烧控制系统的基本原理和实际应用。
2. 掌握医疗废物焚烧控制系统中变频器的参数设置及控制方法。
3. 掌握医疗废物焚烧控制系统中DCS和变频器结合使用的方法。

◎ [基础知识]

随着社会经济的发展与人类征服自然、改造自然进程的加速，生产和生活中产生的各种废弃物越来越多，环境治理与生态保护成为人类面临的一个大问题。城乡生活垃圾无害化、减量化、资源化的处理越来越引起社会的关注。尤其是医疗废物，具有更大的危害性。为了保障人类健康，减轻环境污染，对医疗废物进行无害化处置，具有一定的现实意义。目前，对医疗废物的处置主要采用高温热处理技术。

3.2.1 医疗废物的处置原理

医疗废物的处置系统包括：进料系统、焚烧系统、余热利用系统、尾气处理系统。各系统由电气自动控制实时检测控制，以达到焚烧处理过程的稳定、经济、高效。焚烧系统的主要设备是热解气化焚烧炉。热解气化焚烧炉自上而下依次为：干燥段、热解段、燃烧段、燃尽段和冷却段。医疗废物在热解气化炉（一燃室）内，通过干燥热分解（450~600℃）和气化（600~800℃），热解气化后的残留物在炉内继续进行充分燃烧，燃烧温度达到1100~1200℃，此后燃尽的结焦状残渣受到炉底部的一次风冷却，经炉排的机械挤压撞击，破碎成100mm^2以下的块状物，排至炉底的水封槽内，然后经过湿式出渣系统排出。焚烧系统温度的控制关键在于控制好两个指标：① CO含量；② O_2含量，而控制好这两个指标的关键在于控制好一次风机、二次风机和引风机的进风量，即可保证焚烧系统安全、稳定、高效的运行。

3.2.2 焚烧系统风机变频调速的构成

医疗废物焚烧系统风机变频调速的构成如图3－25所示。其中一次风机、二次风机分别对应一燃烧室和二燃烧室进行通风补氧，保证室内充分燃烧；而引风机则保持系统内恒定负压，防止烟气外泄。由DCS统一对三个风机分别控制来保证系统安全运行。

3.2.3 控制原理

在废物处理过程中，根据焚烧系统的温度、压力、气体分析信号的变化，

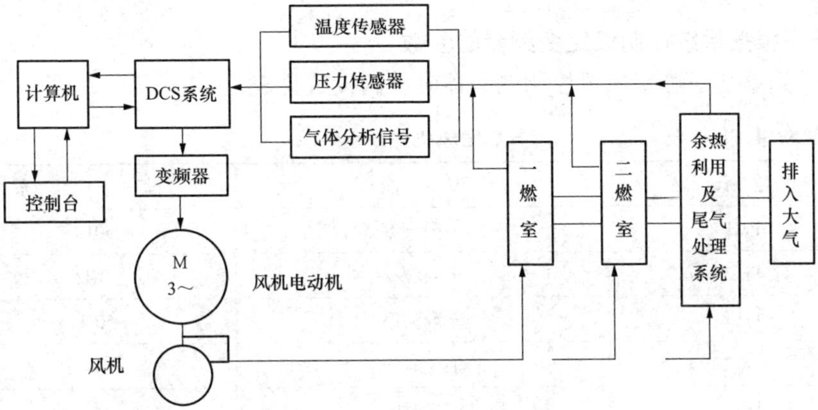

图 3－25　焚烧系统电气控制构成框图

由 DCS 集散控制系统发出改变各电动机工作频率的 4～20mA 信号，变频器根据信号大小调整风机转速，从而改变输入风量的大小，即可控制各燃烧室温度和气体成分含量。变频器还根据系统安全性的要求设置了故障报警和模拟输出信号，实时监视系统变化，使系统燃烧更充分、更安全。（系统中只画出了一燃室风机连接图，二燃室及引风机连接与之相同，风机变频控制原理及接线也一样。）

3.2.4　焚烧系统风机变频控制接线

焚烧系统风机变频控制接线如图 3－26 所示，变频器的正转由 DCS 输出节点信号控制变频器的 FWD，频率的高低由 DCS 发出 4～20mA 的模拟信号进行控制，变频器的模拟输出 0～10V 反馈给 DCS 进行转速监视，变频器故障输出及运行监视节点信号也与 DCS 相连，当有报警输出时，操作人员可以及时

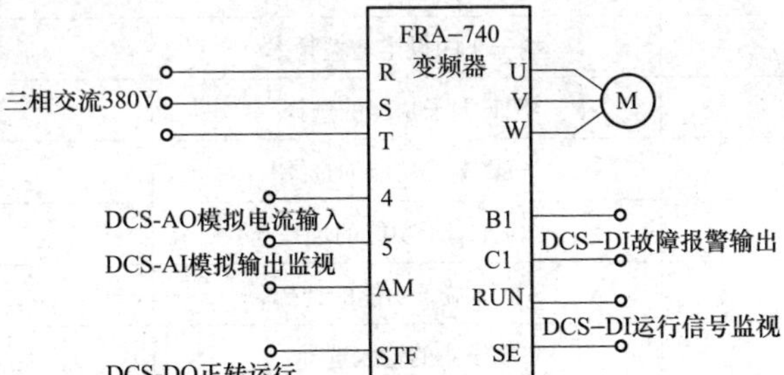

图 3－26　风机变频控制接线图

排除。

3.2.5 根据系统控制设定变频器的参数

焚烧系统一燃室风机控制变频器参数的设置见表3-4。

表3-4 一燃室风机变频参数表

参数代码	功能	设定数据
Pr.1	上限频率	50Hz
Pr.2	下限频率	0Hz
Pr.3	基准频率	50Hz
Pr.7	加速时间	4s
Pr.8	减速时间	4s
Pr.9	电子过流保护	14.3A
Pr.14	适用负荷选择	0
Pr.20	加减速基准频率	50Hz
Pr.77	参数写入选择	0
Pr.78	逆转防止选择	1
Pr.79	运行模式选择	2
Pr.80	电动机（容量）	5.5kW
Pr.81	电动机（极数）	4极
Pr.82	电动机励磁电流	13A
Pr.83	电动机额定电压	380V
Pr.84	电动机额定频率	50Hz
Pr.126	端子4的设定增益频率	50Hz
Pr.178	STF端子功能的选择	60
Pr.179	STR端子功能的选择	61
Pr.190	RUN端子功能的选择	0
Pr.195	ABC1端子功能的选择	99
Pr.267	端子4的输入选择	0
Pr.858	端子4的功能分配	0
Pr.901	AM端子输出校正	0~10V

焚烧系统二燃室风机控制变频器参数的设置见表3-5。

表3-5　　二燃室风机变频参数表

参数代码	功能	设定数据
Pr. 1	上限频率	50Hz
Pr. 2	下限频率	0Hz
Pr. 3	基准频率	50Hz
Pr. 7	加速时间	4s
Pr. 8	减速时间	4s
Pr. 9	电子过流保护	26.4A
Pr. 14	适用负荷选择	0
Pr. 20	加减速基准频率	50Hz
Pr. 21	加减速时间单位	1
Pr. 77	参数写入选择	0
Pr. 78	逆转防止选择	1
Pr. 79	运行模式选择	2
Pr. 80	电动机（容量）	11kW
Pr. 81	电动机（极数）	4极
Pr. 82	电动机励磁电流	24A
Pr. 83	电动机额定电压	380V
Pr. 84	电动机额定频率	50Hz
Pr. 126	端子4的设定增益频率	50Hz
Pr. 178	STF端子功能的选择	60
Pr. 179	STR端子功能的选择	61
Pr. 190	RUN端子功能的选择	0
Pr. 195	ABC1端子功能的选择	99
Pr. 267	端子4的输入选择	0
Pr. 858	端子4的功能分配	0
Pr. 901	AM端子输出校正	0~10V

焚烧系统引风机控制变频器参数的设置见表3-6。

表 3－6　引风机变频参数表

参数代码	功　能	设定数据
Pr. 1	上限频率	50Hz
Pr. 2	下限频率	0Hz
Pr. 3	基准频率	50Hz
Pr. 7	加速时间	3s
Pr. 8	减速时间	5s
Pr. 9	电子过流保护	123. 2A
Pr. 14	适用负荷选择	0
Pr. 20	加减速基准频率	50Hz
Pr. 21	加减速时间单位	1
Pr. 77	参数写入选择	0
Pr. 78	逆转防止选择	1
Pr. 79	运行模式选择	2
Pr. 80	电动机（容量）	55kW
Pr. 81	电动机（极数）	4 极
Pr. 82	电动机励磁电流	112A
Pr. 83	电动机额定电压	380V
Pr. 84	电动机额定频率	50Hz
Pr. 126	端子 4 的设定增益频率	50Hz
Pr. 178	STF 端子功能的选择	60
Pr. 179	STR 端子功能的选择	61
Pr. 190	RUN 端子功能的选择	0
Pr. 195	ABC1 端子功能的选择	99
Pr. 267	端子 4 的输入选择	0
Pr. 858	端子 4 的功能分配	0
Pr. 901	AM 端子输出校正	0～10V

3. 2. 6　部分参数含义详解

1. Pr. 190 RUN 端子功能的选择

此参数为 RUN 端子功能的选择，本次变频器所设定值为 0，是变频器正在运行输出时的检测，即当变频器输出频率为启动频率（初始值 0. 5Hz）以上时为低电平，正在停止或正在直流制动时为高电平，相当于接点的接通和断开。有时 RUN 也作为其他的输出监测，其具体功能设定参照附录。

设定范围 0 ~ 8，10 ~ 20，25 ~ 28，30 ~ 36，39，41 ~ 47，64，70，84，85，90 ~ 99，100 ~ 108，110 ~ 116，120，125 ~ 128，130 ~ 136，139，141 ~ 147，164，170，184，185，190 ~ 199，9999。

2. Pr. 901 AM 端子输出校正

此参数为模拟信号输出端子，输出信号作为监视用，AM 输出端子输出信号规格为 DC 0 ~ 10V，许可负载电流为 1mA，在负载电阻为 10kΩ 以上时，分辨率为 8 位。

◎ [实战演练]

3.2.7 训练内容

有一医疗废物处理系统，用变频器对风机进行变频调速，从而实现对一次风量、二次风量和引风机风量的精确控制，保证焚烧系统的安全、稳定、高效运行。在系统连接中参照图 3 – 25 和 3 – 26 连接；变频器运行操作频率参照表 3 – 4、3 – 5、3 – 6 所给参数设定运行。

3.2.8 设备、工具和材料准备

（1）工具。电工工具 1 套，电动工具及辅助测量用具各 1 套。

（2）仪表。MF – 500B 型万用表、DT9202 型数字万用表、5050 型绝缘电阻表、频率计、测速表各 1 只。

（3）器材。三菱 FR – A740 – 5. 5k – CHT 变频器、三菱 FR – A740 – 11k – CHT 变频器、三菱 FR – A740 – 55k – CHT 变频器各 1 台，5. 5kW、11kW、55kW 电动机各 1 台，DCS 控制系统 1 套，计算机 1 台，组态软件 1 套，其他辅助用交流接触器、中间继电器及导线若干。

3.2.9 操作步骤

1. 系统的安装接线及运行调试

（1）结合实际要求和情况进行设备及元器件的合理布置和安装；然后根据图纸连接导线，变频器和电动机及 DCS 的连线参照图 3 – 26 所示。

（2）经检查无误后方可通电。

（3）按照要求进行 DCS 系统设置并和上位机组态通信，设置变频器参数。

（4）参数设置好后在 DCS 系统操作下进行整个系统测试，测试合格后才可进行正常的生产运行，即废物处理。

（5）读者可根据系统变化通过 DCS 对 3 台风机的风量进行控制，从而达到温度、CO 及 O_2 的相对稳定，使生产高效、安全。

2. 注意事项

（1）线路必须检查清楚才能通电。

（2）注意运行中的安全性，温度和含量的变化，三个风机相互配合，保证废物的充分燃烧和系统的恒定负压。

（3）对运行中出现的故障现象准确地描述分析。

（4）在运行过程中对整个系统要认真观测。

◎［自我训练］

结合本项目用 PLC 和变频器组合对简易废物焚烧设备的设计、安装与调试。

1. 任务要求

有一简易垃圾焚烧设备，由三台电动机控制，分别为送料、鼓风和引风电动机。其中引风电动机和鼓风机要求变频调速，送料电动机不需变频调速，但要求每 5min 加一次料，加料时间为 1min。系统工作 30min 停止加料并将引风和鼓风调至最小（引风变频器工作在 8Hz，鼓风变频器工作在 5Hz），然后进行系统排渣，10min 后，自动按原要求进行恒温控制。系统示意图如 3 – 27 所示。

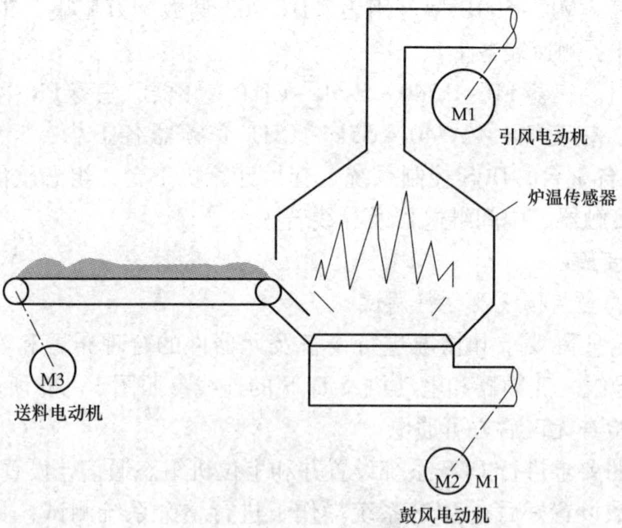

图 3 – 27　系统示意图

（1）系统启动时，温度也随之上升，在控制初期由于温度较低，引风机和鼓风机都要全速运行，随着温度上升与设定温度的接近，引风机和鼓风机逐渐减小风量，但炉内应时刻保证负压生产，即引风量应时刻大于鼓风量。

（2）温度传感器可连接温度变送器，将其转换成标准的 4～20mA 并传送给变频器进行调速控制。

（3）设计系统时，要做出必要的安全保护措施。温度的上下限控制可由变频器输出触点进行自动控制。

（4）按下停止按钮，送料和鼓风电动机立即停止，而引风电动机维持最低转速，10s 后方可停机。

2. 技术要求

（1）电路设计。根据任务设计主电路图，列出 PLC 控制 I/O 口（输入/输出口）元件地址分配表；根据工艺，设计梯形图并绘制 PLC、变频器接线图。

（2）安装与接线紧固、美观。

3.3 注塑机控制系统

学习目的

1. 掌握注塑机控制系统的基本原理和实际应用。
2. 掌握注塑机控制系统中变频器的参数设置及控制方法。
3. 掌握注塑机控制系统中 PLC 和变频器结合使用的方法。

◎［基础知识］

注塑机是塑料成型加工设备。一个注塑成型周期包括预塑计量、注射充模、保压补缩、冷却定型过程。在整个过程中，油泵有近一半时间是空载运行，为了高效节能，对注塑机实行 PLC 与变频器自动调速控制。

1. 预塑计量：预塑计量是把同体颗粒料或粉料经过加热、输送、压实、剪切、混合、均化使物料从玻璃态经过黏弹态转变为黏流态。所谓“均化”是指熔体的温度均化、黏度均化、密度均化和物料组分均化，以及聚合物分子量分布的均化，此过程统称为塑化过程。

2. 注射冲模：注射充模过程是螺杆在注射油缸推力作用下，螺杆头部产生注射压力，将储料室中的熔体经过喷嘴、模具流道、浇口注入型腔。此过程是熔体向模腔高速流动的过程。

3. 保压补缩：当高温熔体充满模腔以后，就进入保压补缩阶段，一直持续到浇口冻封为止，以便获取致密制品，即为保压补缩阶段。其特点是：熔体在高压下慢速流动，螺杆有微小的补缩位移，物料随冷却和密度增大使制品逐渐成型。在保压阶段，熔体流速很小，不起主导作用，而压力却是影响过程的主要因素，模腔中的熔体经冷却而得到补缩，模内压力和比容不断变化。

4. 冷却定型过程：使模内成型好的制品具有一定的刚性和强度，防止脱模时顶出变形。过早的脱模，会引起顶出变形，损伤制品，过晚会增加成型周期。

◎ [实战演练]

3.3.1 训练内容

一台日本川口公司K160注塑机进行变频器和PLC的改造的实例。该注塑机主油泵电动机型号为J02－42－4，功率15kW，现选用三菱FR－A740－15k－CHT变频器，输出电流30A，配接电动机为15kW。现要对其实施变频调速控制。

1. 注塑机电动机与变频器的电路连接如图3－28所示。

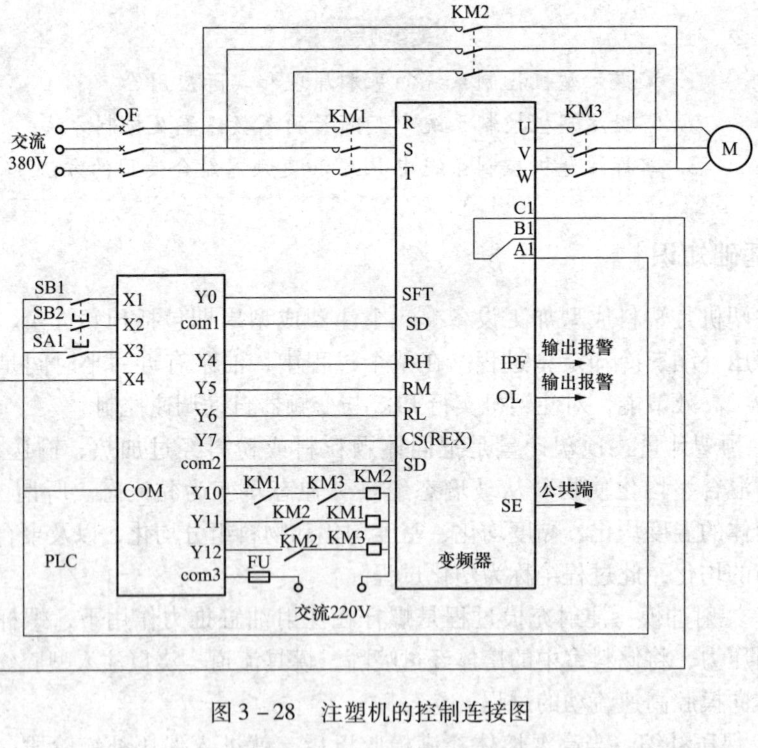

图3－28　注塑机的控制连接图

图中KM2是手动操作，当发生故障或调整模具时接通，KM1、KM3是自动位接通，PLC的Y0控制变频器的正转，Y4、Y5、Y6、Y7控制变频器的多段速选择，Y10，Y11、Y12、控制KM1、KM2、KM3接触器的自动切换。PLC

输入端按钮 SB1 为启动，SB2 为停止按钮，SA1 为手自动切换按钮，X4 连接于变频器的总报警输出。

注塑机的工作过程及压力变化情况如下：

2. 在注塑机工作的一个周期内，注塑机的合模射胶压力变化情况如图 3－29所示。

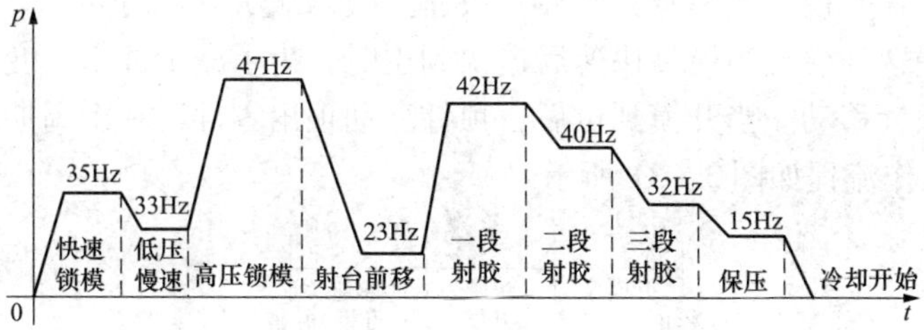

图 3－29　注塑机合模射胶压力变化图

图 3－29 中的压力变化曲线说明如下：

（1）快速锁模。需要低压适中，但时间较短。

（2）低压慢速（低压保护）。左右两个模具快要相接时，为了防止模具损伤，慢速切入合紧，直至完全闭合。

（3）高压锁模。只有高压锁模完成后才能注射熔化的塑料，这一段要求的压力最高，时间较短。

（4）射台前进。只有高压锁模信号完成后，射台才能前进。

（5）一段射胶。射台前进到位后，第一阶段射胶，时间较短。

（6）二段射胶。与第一阶段速度不同。

（7）三段射胶。与第一、二阶段速度不同。

（8）保压。射胶完成后冷却阶段。

3. 注塑机一个周期内，注塑机开模顶针压力变化情况如图 3－30 所示。

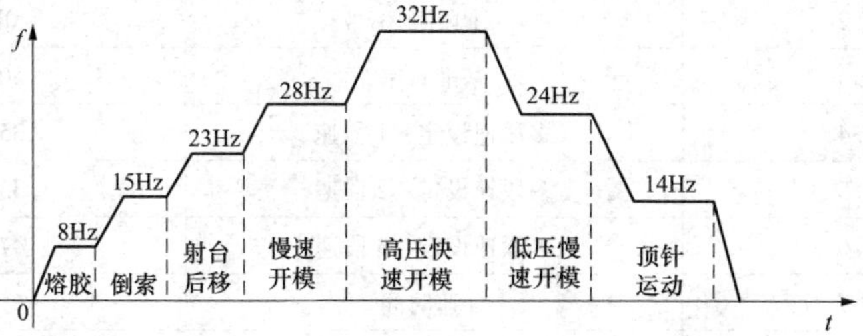

图 3－30　注塑机开模顶针压力变化图

图3－30中的压力变化曲线说明如下：

（1）熔胶。螺杆向回旋转，为下一次射胶准备。

（2）倒索（回抽）。为了防止料嘴往外流料，螺杆向后直拉一下。

（3）射台后移。螺杆回到位后，射台才能后退。

（4）慢速开模。射台退到位后才开始开模，这时速度较慢。

（5）快速开模。当模具分开后，快速开模以减少开模时间。

（6）慢速开模。当模具快速后退快到位时，为了减少冲击，变为慢速。

（7）顶针移动。当开模到位后，顶针移动顶出零件，一个周期结束。

整个工作流程如图3－31所示。

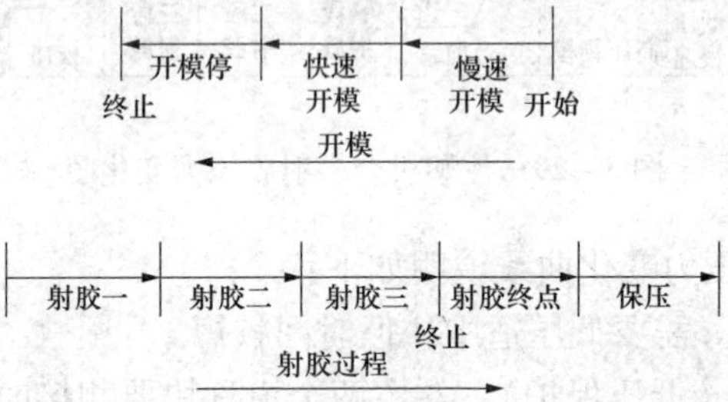

图3－31　注塑机工作流程图

4. 变频器的参数设置。

根据以上对注塑机整个工作工程的分析来进行变频器的参数设定，除基本参数设定外，还需进行多频段及多级加减速的设定。参数设定如表3－7所示。

表3－7　　PID控制参数设定表

参数代码	功能	设定数据
Pr. 0	转矩提升	4%
Pr. 1	上限频率	50Hz
Pr. 2	下限频率	0Hz
Pr. 3	基准频率	50Hz
Pr. 4	多段速设定：1段速	35Hz
Pr. 5	多段速设定：2段速	33Hz
Pr. 6	多段速设定：3段速	47Hz
Pr. 7	加速时间	2s
Pr. 8	减速时间	3s
Pr. 9	电子过流保护	33A

续表

参数代码	功能	设定数据
Pr. 14	适用负荷选择	0
Pr. 20	加减速基准频率	50Hz
Pr. 21	加减速时间单位	0
Pr. 24	多段速设定：4 段速	23Hz
Pr. 25	多段速设定：5 段速	42Hz
Pr. 26	多段速设定：6 段速	40Hz
Pr. 27	多段速设定：7 段速	32Hz
Pr. 77	参数写入选择	0
Pr. 78	逆转防止选择	1
Pr. 79	运行模式选择	3
Pr. 80	电动机（容量）	15kW
Pr. 81	电动机（极数）	4 极
Pr. 82	电动机励磁电流	30A
Pr. 83	电动机额定电压	380V
Pr. 84	电动机额定频率	50Hz
Pr. 178	STF 端子功能的选择	60
Pr. 180	RL 端子功能的选择	0
Pr. 181	RM 端子功能的选择	1
Pr. 182	RH 端子功能的选择	2
Pr. 186	CS 端子功能的选择	8
Pr. 232	多段速设定：8 段速	15Hz
Pr. 233	多段速设定：9 段速	8Hz
Pr. 234	多段速设定：10 段速	15Hz
Pr. 235	多段速设定：11 段速	23Hz
Pr. 236	多段速设定：12 段速	28Hz
Pr. 237	多段速设定：13 段速	32Hz
Pr. 238	多段速设定：14 段速	24Hz
Pr. 239	多段速设定：15 段速	14Hz

3.3.2 设备、工具和材料准备

（1）工具。电工工具 1 套，电钻和辅助测量用具各 1 套。

（2）仪表。MF－5008 型万用表、DT9202 型数字万用表、5050 型绝缘电

阻表、频率计、测速表各1只。

(3) 器材。K160注塑机1台、三菱FR-A740-3.7k-CHT变频器1台、15kW电动机1台、三菱PLC 1台。

3.3.3 操作步骤

1. 系统的安装接线及运行调试

(1) 首先将变频器、PLC、接触器等电器控制部件合理布置并安装。

(2) 将注塑机主、控同路按图3-28进行连线。

(3) 经检查无误后方可通电。

(4) 将程序和所调试好的模具生产参数，按要求正确置入变频器和PLC内部。PLC主要控制注塑机各工作段的频率切换及按顺序运行，当有故障发生，可自动保护停止系统运行。

(5) 根据情况进行局部和整个电器系统通调。

(6) 手动调整模具直至生产出合格的零件。

(7) 将开关搬至“自动”位置，则注塑机按生产要求自动运行。

(8) 当发生故障时总报警输出，停止运行。由OL和IPF输出相应的报警内容。

(9) 在需要停止时，按下停止按钮SB2注塑机停止运行。

2. 注意事项

(1) 在注塑机的改造过程中，根据生产要求除自动控制外，还要做出相对完善的保护措施。

(2) 在注塑机上安装变频器和PLC时，一定要注意安装环境，尽量避免安装在振动较大的场合。

(3) 在设定注塑机参数时，不同的模具是不相同的，对所有的新模具刚开始均要调试确定出相应的加工参数，本注塑机所列的参数仅适用于某一个模具，压力变化曲线也是由相应的模具确定，不同的形状模具注塑机过程可能不同。因此PLC的顺控程序，可根据不同模具工艺具体编写。

◎［自我训练］

用PLC和变频器配合进行工业洗衣机的改造、安装与调试。

1. 任务要求

(1) 工业洗衣机系统送电，此时PLC在初始状态，准备好启动。启动时开始进水，水位到达高水位时停止进水，并开始洗涤正转。洗涤正转15s，暂停3s；洗涤反转15s后，暂停3s为一次小循环。若小循环不足3次，则返回洗涤正转；若小循环达到3次，则开始排水。水位下降到低水位时开始脱水并继续排水。脱水 10s 即完成一次大循环。大循环不足 3 次，则返回进水，进行下一次大循环。若完成 3 次大循环，则进行洗完报警。报警后 10s 结束全部过程，自动停机，其控制流程如图 3－32 所示。

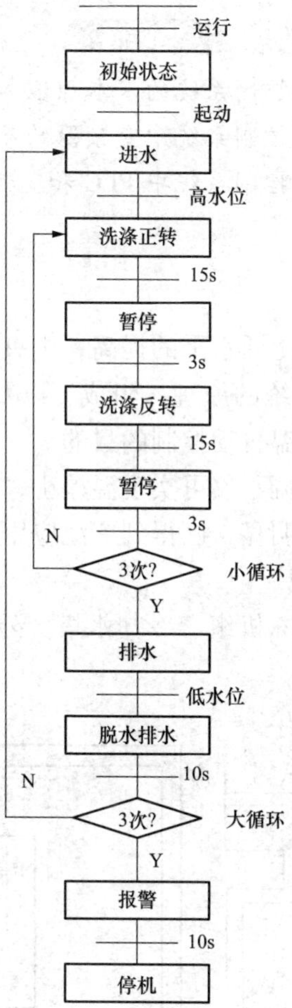

图 3－32　工业洗衣机程序控制流程图

（2）洗涤时变频器的输出频率为 35Hz，脱水时变频器的输出频率为 50Hz，其加减速时间根据实际情况自定。

2. 技术要求

（1）电路设计：根据任务，列出 PLC 控制 I/O 口（输入/输出口）元件地址分配表，根据控制要求，设计梯形图并绘制 PLC、变频器接线图。做出必要的电气安全保护措施。

（2）安装与接线要紧固、美观，耗材要少。

3.4 中央空调控制系统

学习目的

1. 掌握中央空调控制系统的基本原理和实际应用。
2. 掌握中央空调控制系统中变频器的参数设置及控制方法。
3. 掌握中央空调控制系统中PLC和变频器结合使用的方法。

◎［基础知识］

随着社会的发展和人们生活水平的提高，中央空调的应用已非常普遍。本节介绍中央空调自动控制系统的原理、组成，以及如何应用PLC和变频器的结合进行调速，最终达到恒温自动控制的目的。

变频调速控制的中央空调不仅可实现温差小，使用环境相对舒适的自动恒温控制，而且节能效果非常明显，已得到广泛应用。

3.4.1 中央空调系统的组成

中央空调系统主要由冷冻机组、冷却水塔、外部热交换系统等部分构成，其系统组成如图3－33所示。

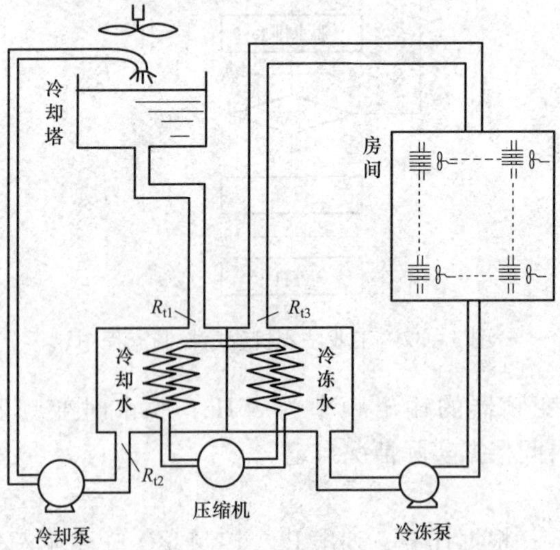

图3－33　中央空调系统构成示意图

(1) 冷冻机组。这是中央空调的“制冷源”，通往各个房间的循环水由冷冻机组进行内部热交换，成为冷冻水。

(2) 冷却水塔。用于为冷冻机组提供冷却水。冷却水在盘旋流过冷冻机组后，带走冷冻机组所产生的热量，使冷冻机组降温。

(3) 外部热交换系统。外部热交换系统由两个循环水系统组成。

1) 冷冻水循环系统。它由冷冻泵及冷冻水管组成。水从冷冻机组流出变成冷冻水，由冷冻泵加压送入冷冻水管道，在各房间内进行热交换，带走房间内的热量，使房间内的温度下降。同时，冷冻水的温度升高，循环水温度升高，循环水经冷冻机组后又变成冷冻水，如此往复循环。

从冷冻机组流出后进入房间的冷冻水称为“出水”；流经所有的房间后回到冷冻机组的冷冻水称为回水。由于回水的温度高于出水的温度，因而形成温差。

2) 冷却水循环系统。它由冷却泵、冷却水管道及冷却塔组成。冷冻机组进行热交换，使水温冷却的同时，必将释放大量的热量。该热量被冷却水吸收，使冷却水温度升高。冷却泵将升温后的冷却水压入冷却塔，使之在冷却塔中与大气进行热交换，然后再将降温后的冷却水送回到冷冻机组。如此不断循环，带走冷冻机组释放的热量。

流进冷冻机组的冷却水称为进水；从冷冻机组流回冷却塔的冷却水称为回水。同样，回水的温度高于进水的温度，也形成了温差。

(4) 冷却风机。冷却风机有两种情况：

1) 室内风机。室内风机安装于所有需要降温的房间内，用于将由冷冻水冷却了的冷空气吹入房间，加速房间内的热交换。

2) 冷却塔风机。冷却塔风机用于降低冷却塔中的水温，加速将回水带回的热量散发到大气中去。

可以看出，中央空调系统的工作过程是一个不断地进行热量交换的过程。其中，冷冻水和冷却水循环系统是能量的主要传递者。因此，对冷冻水和冷却水循环系统的控制便是中央空调控制系统的重要组成部分。

(5) 温度检测装置。通常使用热电阻或温度传感器检测冷冻水和冷却水的温度变化。

3.4.2 中央空调变频调速系统的基本控制原理

中央空调变频调速系统的控制依据是：中央空调系统的外部热交换由两个循环水系统来完成。循环水系统的回水与进（出）水温度之差，反映了需要进行热交换的热量。因此，根据回水与进（出）水温度之差来控制循环水的流动速度，从而控制热交换的速度的目的，这是比较合理的控制方法。

1. 冷冻水循环系统的控制

由于冷冻水的出水温度是冷冻机组冷冻的结果，常常是比较稳定的。因此，单是回水温度的高低就足以反映房间内的温度。所以，冷冻泵的变频调速系统，可以简单地根据回水温度进行如下控制：回水温度高，说明房间温度高，应提高冷冻泵的转速，加快冷冻水的循环速度；反之，回水温度低，说明房间温度低，可降低冷冻泵的转速，减缓冷冻水的循环速度，以节约能源。简言之，对于冷冻水循环系统，控制依据是回水温度，即通过变频调速，实现回水的恒温控制。

2. 冷却水循环系统的控制

由于冷却塔的水温是随环境温度而变的，其单侧水温不能准确地反映冷冻机组内产生热量的多少。所以，对于冷却泵，以进水和回水间的温差作为控制依据，实现进水和回水间的恒温差控制是比较合理的。温差大，说明冷冻机组产生的热量大，应提高冷却泵的转速，增大冷却水的循环速度；反之则减缓冷却水的循环速度，以节约能源。

3.4.3 中央空调变频调速系统的切换方式

中央空调的水循环系统一般都由若干台水泵组成。采用变频调速时，可以有两种方案：

1. 一台变频器方案

若干台冷冻泵由一台变频器控制，若干台冷却泵由另一台变频器控制。现对3台水泵进行控制，各台泵之间的切换方法如下：

(1) 先启动1号泵，进行恒温度（差）控制。

(2) 当1号泵的工作频率上升至50Hz时，将它切换至工频电源；同时将变频器的给定频率迅速降到0，使2号泵与变频器相接并启动，进行恒温度（差）控制。

(3) 当2号泵的工作频率上升至50Hz时，切换至工频电源；同时将变频器的给定频率迅速降到0，使3号泵与变频器相接并启动，进行恒温度（差）控制。

(4) 当3号泵的工作频率下降至设定的下限切换频率时，则将1号泵停机。

(5) 当3号泵的工作频率再次下降至设定的下限切换频率时，将2号泵停机。这时，只有3号泵处于变频调速状态。

这种方案的主要优点是只用1台变频器，设备投资较少；缺点是节能效果稍差。

2. 全变频方案

即所有的冷冻泵和冷却泵都采用变频调速。其切换方法如下：

（1）先启动1号泵，进行恒温度（差）控制。

（2）当工作频率上升至设定的切换上限值（通常可小于50Hz，如48Hz）时启动2号泵，1号泵和2号泵同时进行变频调速，实现恒温度（差）控制。

（3）当工作频率又上升至切换上限值时，启动3号泵，3台泵同时进行变频调速，实现恒温度（差）控制。

（4）当三台泵同时运行，而工作频率下降至设定的下限切换值时，可关闭3号泵，使系统进入两台运行的状态，当频率继续下降至下限切换值时，关闭2号泵，进入单台运行状态。

由于全频调速系统中每台泵都要配置变频器，故设备投资较高，但节能效果却要好得多。

3.4.4 中央空调控制系统的自动控制运行

对于系统的恒温控制，结合工艺和用户实际应用要求，对中央空调的温度调节控制。可采用变频器PID运算的一种控制，也可采用变频器的多段速进行控制。本项目采用多段速进行中央空调的自动恒温控制。

◎［实战演练］

3.4.5 训练内容

利用变频器控制压缩机的速度来实现温度控制，温度信号的采集由温度传感器完成。整个系统可由PLC和变频器配合实现自动恒温控制。系统控制要求如下：

（1）某空调冷却系统有3台水泵，按设计要求每次运行2台，1台备用，10天轮换一次。

（2）冷却进（回）水温差超出上限温度时，一台水泵全速运行，另一台变频高速运行；冷却进（回）水温差小于下限温度时，一台水泵变频低速运行，另一台停止。

（3）三台泵分别由电动机M1、M2、M3拖动，全速运行由KM1、KM3、KM5三个接触器控制，变频调速分别由KM2、KM4、KM6三个接触器控制。

（4）变频调速通过变频器的7段速度实现控制，见表3－8。

表3－8　七段速运行参数设定表

速　度	1速	2速	3速	4速	5速	6速	7速
控制端子	RH，RM，RL	RH，RM	RH，RL	RM，RL	RL	RM	RH
参数号	Pr. 27	Pr. 26	Pr. 25	Pr. 24	Pr. 6	Pr. 5	Pr. 4
设定值Hz	10	15	20	25	30	40	50

（5）全速冷却泵的开启与停止由进（回）水温差控制。

（6）结合空调制冷原理和要求，主电路的连接如图3-34所示。

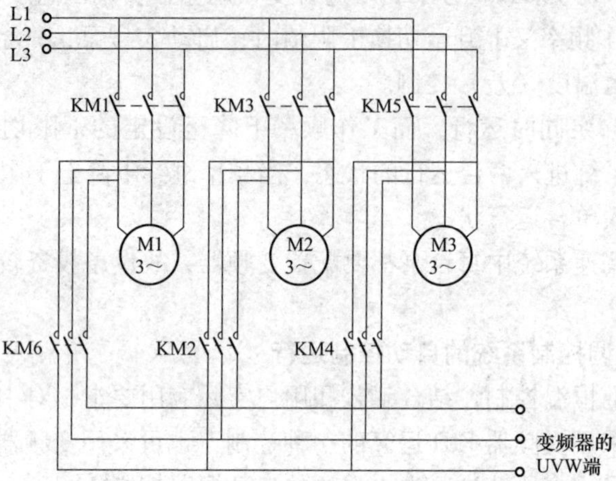

图3-34　冷却泵主回路接线图

（7）根据系统控制要求进行变频器基本参数设置，如表3-9所示。

表3-9　　空调制冷系统变频器基本参数设定表

参 数 代 码	功　能	设 定 数 据
Pr. 0	转矩提升	3%
Pr. 1	上限频率	50Hz
Pr. 2	下限频率	0Hz
Pr. 3	基准频率	50Hz
Pr. 7	加速时间	3s
Pr. 8	减速时间	4s
Pr. 9	电子过流保护	14. 3A
Pr. 14	适用负荷选择	0
Pr. 20	加减速基准频率	50Hz
Pr. 21	加减速时间单位	0
Pr. 77	参数写入选择	0
Pr. 78	逆转防止选择	1
Pr. 79	运行模式选择	3
Pr. 80	电动机（容量）	5. 5kW
Pr. 81	电动机（极数）	2 极

续表

参数代码	功能	设定数据
Pr. 82	电动机励磁电流	13A
Pr. 83	电动机额定电压	380V
Pr. 84	电动机额定频率	50Hz
Pr. 178	STF 端子功能的选择	60
Pr. 179	STR 端子功能的选择	61
Pr. 180	RL 端子功能的选择	0
Pr. 181	RM 端子功能的选择	1
Pr. 182	RH 端子功能的选择	2

3.4.6 设备、工具和材料准备

（1）工具。电工工具1套，电动工具及辅助测量用具各1套。

（2）仪表。MF－500B 型万用表、DT9202 型数字万用表、5050 型绝缘电阻表、频率计、测速表各1只。

（3）器材。三菱变频器 FR－A740－5.5k－CHT 1 台、5.5kW 电动机 1 台、三菱 PLC 和编程软件1套、电触点温度传感器1个，其他辅助用交流接触器、导线若干。

3.4.7 操作步骤

1. 系统的安装接线及运行调试

（1）首先按布置图 3－35 安装元器件，然后将主回路、控制回路按 3－34、3－36 图进行连线，并与实际操作中情况相结合。

（2）经检查无误后方可通电。

（3）在通电后不要急于运行，应先检查各电气设备的连接是否正常，然后进行单一设备的逐个调试。

（4）按照系统要求进行变频器参数的设置。

（5）PLC 状态转移图如图 3－37 所示。X0 为停止；X1 为温差下限（降低速度）；X2 为温差上限（提高速度）；X3 为启动；Y0 为 KM1；Y1 为 KM2；Y2 为 KM3；Y3 为 KM4；Y4 为 KM5；Y5 为 KM6；Y10 为 STF；Y11 为变频器 RH 端；Y12 为变频器 RM 端；Y13 为变频器 RL 端。按照系统要求进行 PLC 程序的编写并传入 PLC 内，进行模拟运行调试，观察输入和输出点是否和要求一致。

（6）冷却泵控制参考梯形图如图 3－38 所示。

（7）对整个系统进行统一调试，包括安全和运行情况的稳定性。

图 3－35　布置图

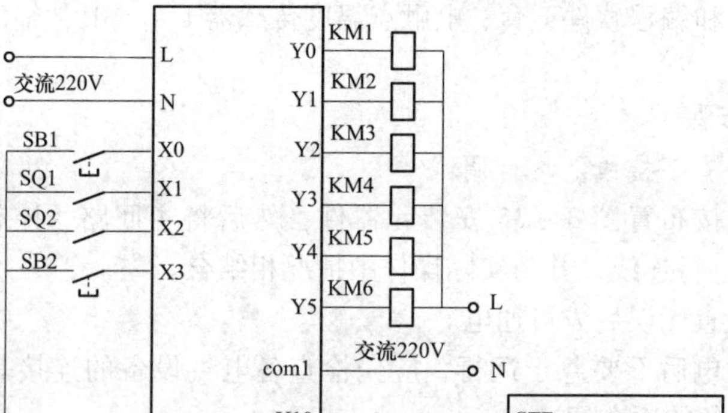

图 3－36　PLC 与变频器控制接线图

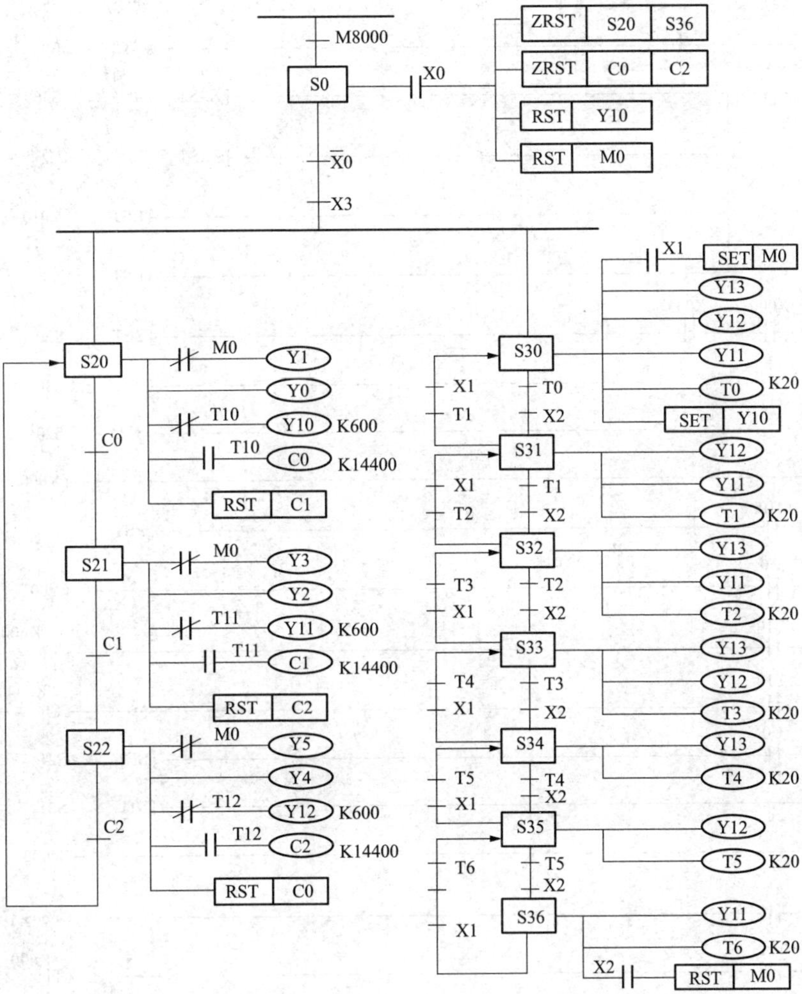

图 3 – 37　PLC 状态转移图

（8）在系统正常情况下按下启动按钮，系统就开始自动运行。根据温度的变化由温度传感器检测出温度的上、下限并发出触点命令（由 SQ1，SQ2 端输入），PLC 将检测到的上、下限进行自动切换变频器输入端 RH、RM、RL 的连接状态，以达到多段速的控制，从而实现空调制冷系统的恒温差控制。

（9）按下停止按钮，SB2 停止运行。

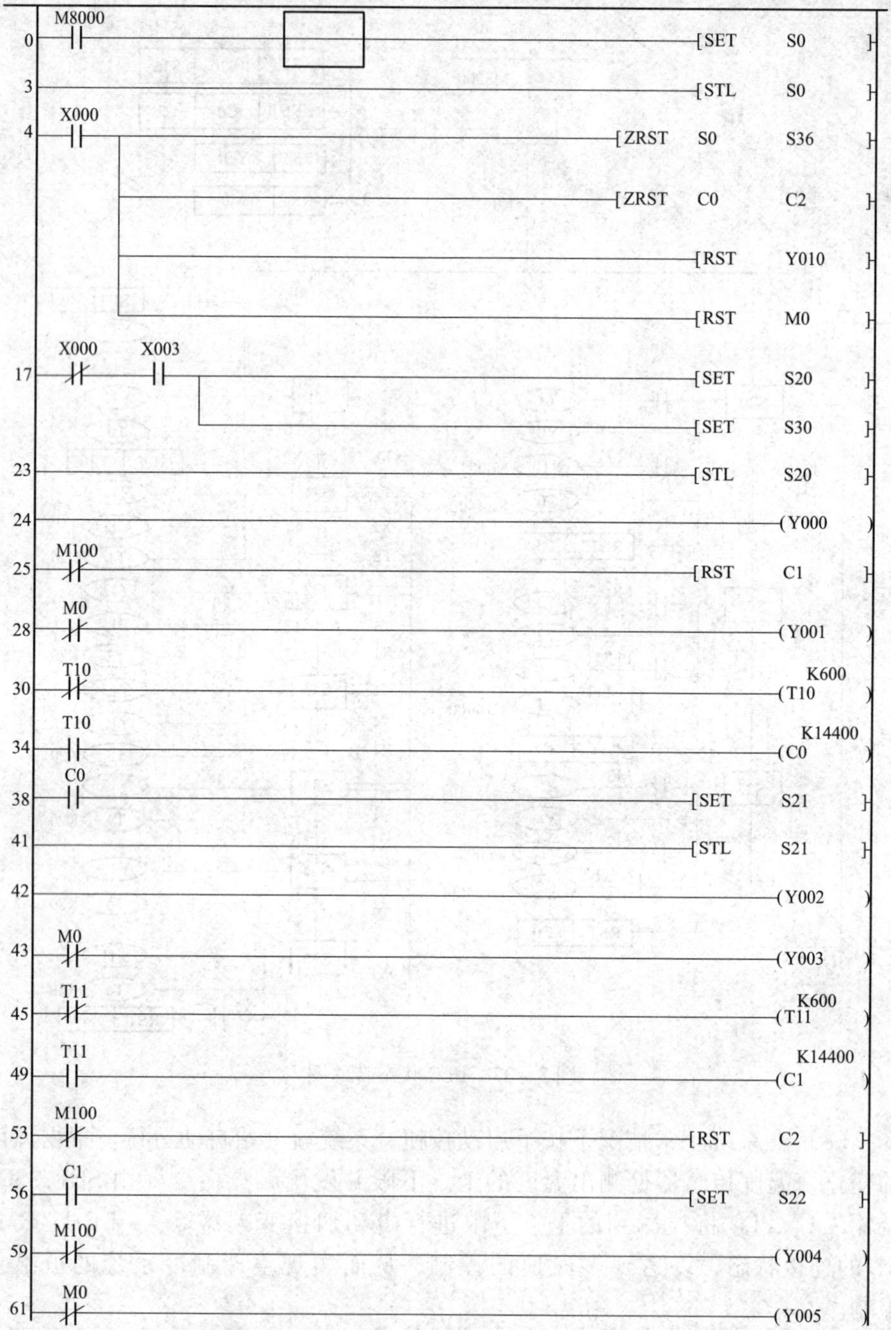

图 3－38　冷却泵控制参考梯形图（一）

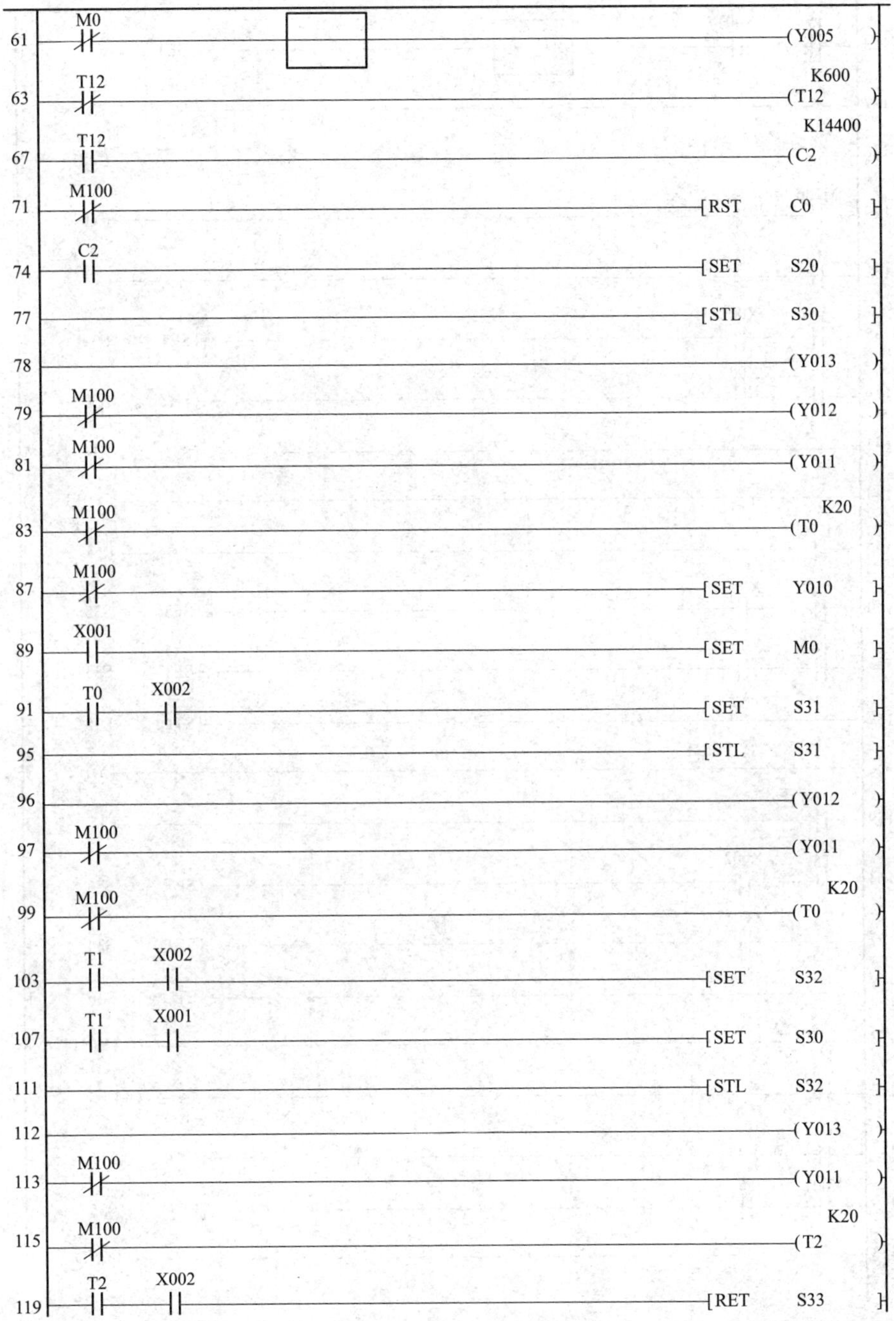

图 3－38　冷却泵控制参考梯形图（二）

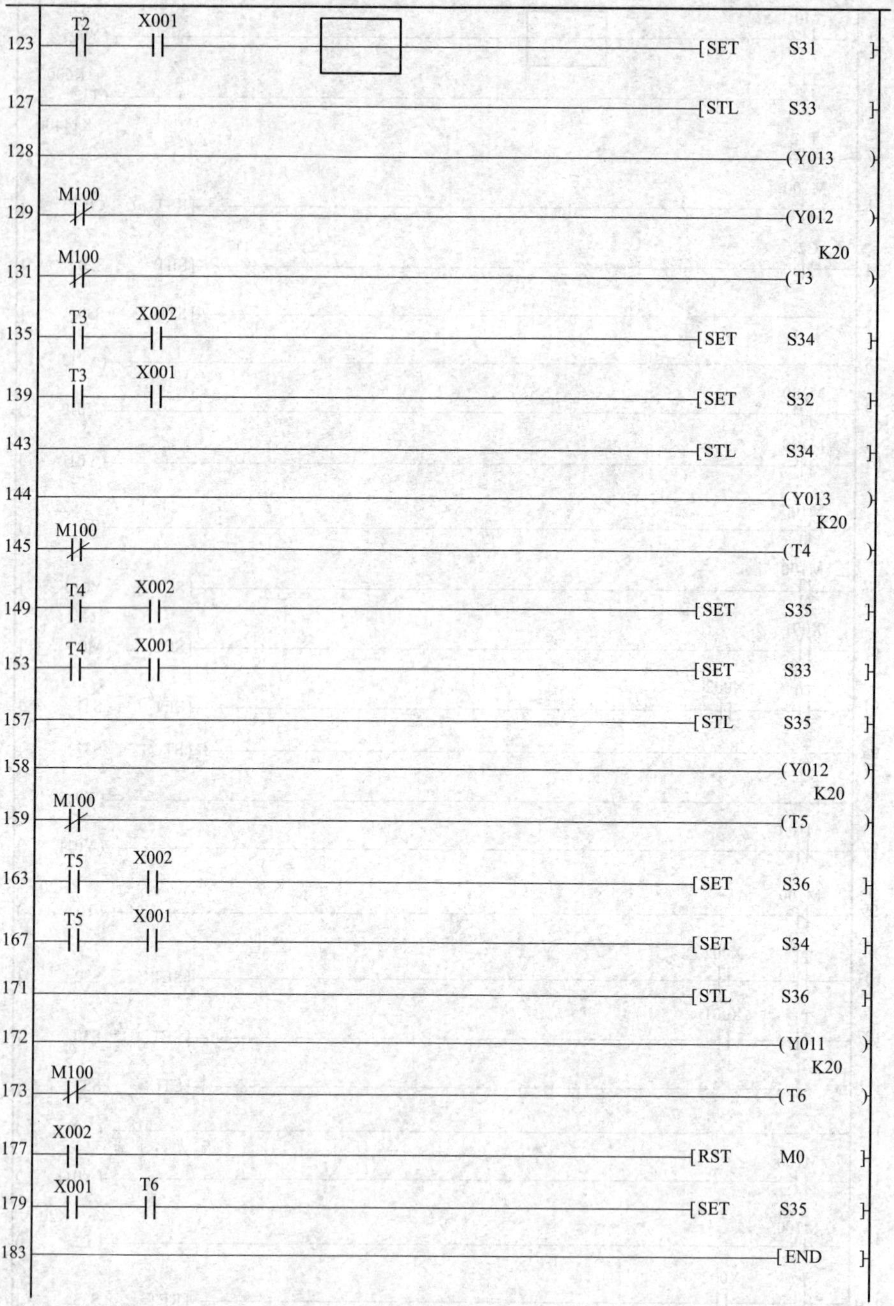

图 3－38　冷却泵控制参考梯形图（三）

2. 注意事项

（1）线路必须检查无误方能通电。

（2）在系统运行调整中要有准确的实际记录，如温度变化范围是否合适，运行是否平稳，以及节能效果如何。

（3）准确地描述分析运行中出现的故障现象。

（4）注意不能使变频器的输出电压和工频电压同时加于同一电动机，否则会损坏变频器。

（5）在运行过程中要认真观察空调制冷系统的变频自动控制方式及特点。

◎ ［自我训练］

用 PLC 和变频器组合对恒压供气进行设计、安装与调试。

1. 任务要求

（1）用 2 台电动机拖动 2 台气泵，1 台变频器控制 1 台电动机实现变频调速，另一台工频运行。

（2）如一台气泵变频到 50Hz 压力还不够，则另一台气泵全速运行；当压力超过上限压力时，变频泵速度逐渐下降，当降至最低时如压力还高，切断全速泵，由一台变频泵变频调速控制压力。

（3）变频调速采用传感器输出的 4～20mA 标准信号，反馈给变频器进行 PID 运算，调节输出转速控制。

2. 技术要求

（1）电路设计。根据任务，设计出控制系统主电路图，列出 PLC 控制 I/O 口（输入/输出口）元件地址分配表；根据加工工艺，设计梯形图及绘制 PLC、变频器接线图。设计必要的电气安全保护措施。

（2）安装与接线要紧固、美观，耗材要少。

3.5 运料小车控制系统

学习目的

1. 掌握运料小车控制系统的基本原理和实际应用。
2. 掌握运料小车控制系统中变频器的参数设置及控制方法。
3. 掌握运料小车控制系统中 PLC 和变频器结合使用的方法。

◎ ［基础知识］

随着社会的发展和技术的不断进步，工业生产的自动化程度及性能都得到了大幅提高。变频器不仅可以改变转速，而且在启动、停止时减小了对设备的冲击，使生产相对稳定。

小车运料采用PLC和变频器配合，提高了生产线的自动控制性能、稳定程度和设备的安全性能，从而提高了生产效率和设备的使用寿命。

◎ [实战演练]

3.5.1 训练内容

用PLC和变频器组合对生产线中的小车自动运行进行设计、安装与调试。

1. 任务要求

(1) 某车间有5个工位，小车在5个工位之间往返运行送料，当小车所停工位号小于呼叫号时，小车右行至呼叫号处停车。

(2) 小车所停工位号大于呼叫号时，小车左行至呼叫号处停车。

(3) 小车所停工位号等于呼叫号时，小车原地不动。

(4) 小车启动加速时间、减速时间可根据实际情况自定。

(5) 小车具有正、反转及高、低两种运行速度运行功能，高速运行在50Hz，低速运行在30Hz。

(6) 具有小车行走工位的7段数码管显示。小车工位示意如图3-39所示。

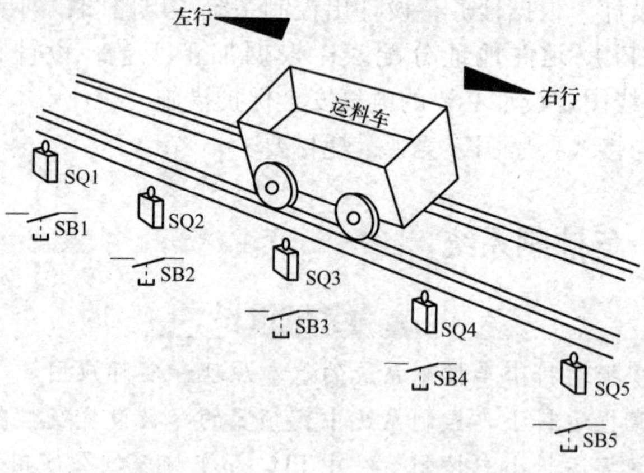

图3-39 小车运行工位示意图

2. 结合控制要求进行PLC程序的编写及变频器参数的设定

(1) I/O分配表，见表3-10。

表 3－10　　I/O 分配表

输入			输出		
名　称	代号	输入点编号	输出点编号	代号	名　称
启停开关	SA1	X0	Y0		数码管 A
小车呼叫按钮	SB1	X1	Y1		数码管 B
小车呼叫按钮	SB2	X2	Y2		数码管 C
小车呼叫按钮	SB3	X3	Y3		数码管 D
小车呼叫按钮	SB4	X4	Y4		数码管 E
小车呼叫按钮	SB5	X5	Y5		数码管 F
低速开关	SB6	X6	Y6		数码管 G
位置行程开关	SQ1	X11			
位置行程开关	SQ2	X12	Y10	STF	右行
位置行程开关	SQ3	X13	Y11	STR	左行
位置行程开关	SQ4	X14	Y12	RL	低速运行
位置行程开关	SQ5	X15			

（2）小车运行自动控制电路图的连接如图 3－40 所示。

（3）小车运行控制参考梯形图如图 3－41 所示。

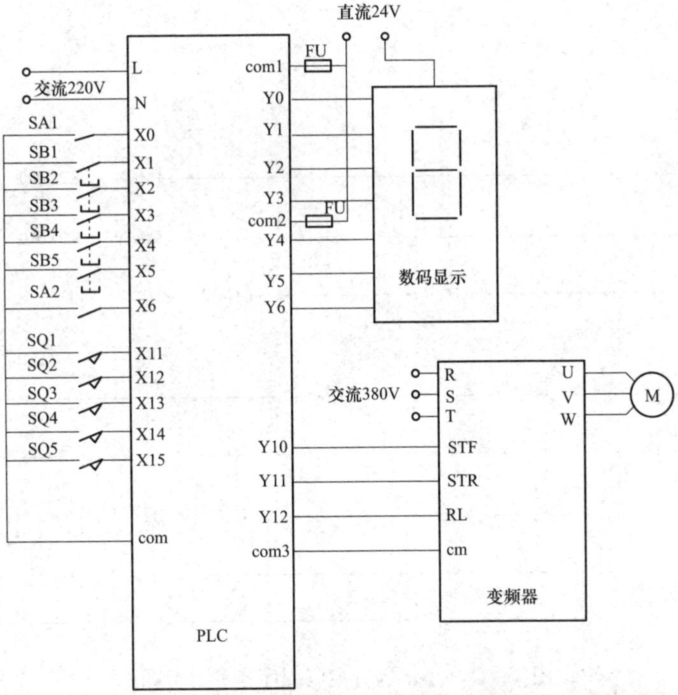

图 3－40　小车运行自动控制接线图

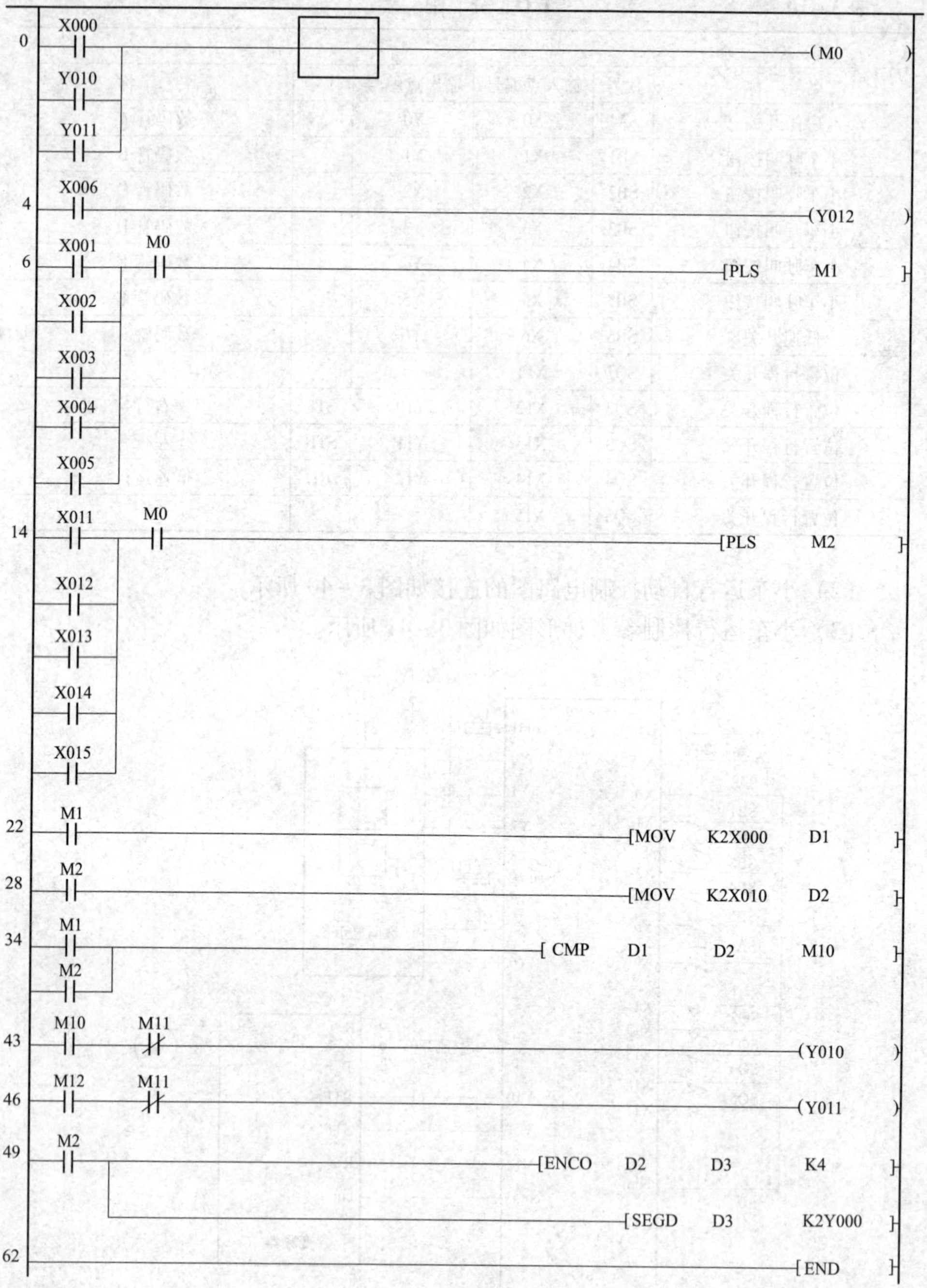

图 3－41　小车运行控制程序参考梯形图

（4）结合实际控制应用及要求，设置变频器的参数。如表 3 – 11 所示。

表 3 – 11　　小车控制变频器参数设定表

参数代码	功能	设定数据
Pr. 1	上限频率	50Hz
Pr. 2	下限频率	0Hz
Pr. 3	基准频率	50Hz
Pr. 6	多段速频率	30Hz
Pr. 7	加速时间	2s
Pr. 8	减速时间	1s
Pr. 9	电子过流保护	7. 48A
Pr. 14	适用负荷选择	0
Pr. 20	加减速基准频率	50Hz
Pr. 21	加减速时间单位	0
Pr. 77	参数写入选择	0
Pr. 78	逆转防止选择	0
Pr. 79	运行模式选择	3
Pr. 80	电动机（容量）	3. 7kW
Pr. 81	电动机（极数）	4 极
Pr. 82	电动机励磁电流	6. 8A
Pr. 83	电动机额定电压	380V
Pr. 84	电动机额定频率	50Hz
Pr. 178	STF 端子功能的选择	60
Pr. 179	STR 端子功能的选择	61
Pr. 180	RL 端子功能的选择	0

3. 5. 2　设备、工具和材料准备

（1）工具。电工工具 1 套，电动工具及辅助测量用具等。

（2）仪表。MF – 5008 型万用表、DT9202 型数字万用表、5050 型绝缘电阻表、频率计、测速表各 1 只。

（3）器材。三菱 FR – A740 – 3. 7k – CHT 变频器 1 台、3. 7kW 电动机 1 台、三菱 PLC 应用软件 1 套，其他辅助用按钮、位置开关、交流接触器、导线若干。

3.5.3 操作步骤

1. 系统的安装接线及运行调试

(1) 将主回路、控制回路按图 3-40 进行连线，并与实际操作中情况相结合。

(2) 经检查无误后方可通电。

(3) 在通电后不要急于运行，应先检查各电气设备的连接是否正确，然后进行单一设备的逐个调试。

(4) 按照系统要求进行变频器参数的设置。

(5) 按照系统要求进行 PLC 程序的编写并传入 PLC 内，然后进行模拟运行调试，观察输入和输出点是否与要求一致。

(6) 对整个系统统一调试，包括安全和运行情况的稳定性。

(7) 在系统正常情况下，接通启停开关，小车就开始按照控制要求自动运行。根据程序由变频器控制小车的转速，以达到多段速的控制，从而实现运料小车的高、低速自动控制。

(8) 断开启停开关 SA1，小车停止运行。

2. 注意事项

(1) 线路必须检查清楚才能上电。

(2) 在系统运行调整中要有准确的实际记录，是否温度变化范围小，运行是否平稳，以及节能效果如何。

(3) 对运行中出现的故障现象进行准确地描述分析。

(4) 注意在运送物料时不得超负荷运行，否则电动机和变频器将因过载而停止运行。

(5) 在运行过程中要认真观测小车运料系统的控制方式及特点。

◎ [自我训练]

用 PLC 和变频器组合对机械手进行设计、安装与调试

1. 任务要求

如图 3-42 所示。

(1) 把启/停开关拨动到开启位置，进入待机状态，机械手处于原点位置(SQ6、SQ7 闭合)。

(2) 按动选位按钮 SB1 可选择放置物体的位置。具体要求为：从第一次按下 SB1 开始，2s 内可连续多次按下该按钮，在此时间内按下按钮的次数将决定机械手放置物体的位置。如：2s 内按下 1 次，则把物体放到 1 号位，如按下 3 次或大于 3 次，则把物体放到 3 号位。

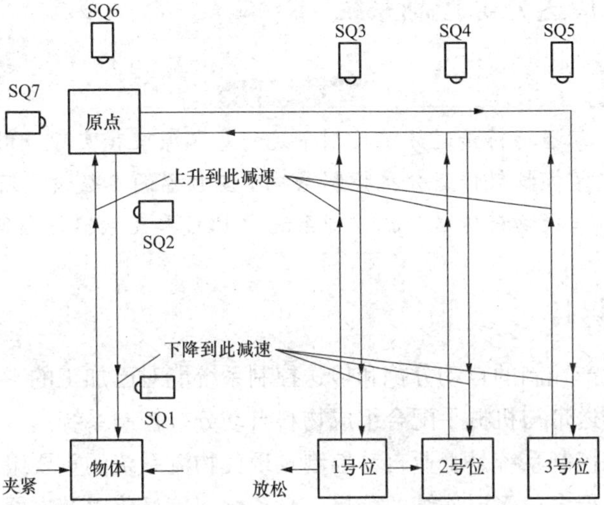

图 3－42　机械手动作示意图

(3) 机械手的左右行驶由三相电动机 M1 的正、反转来控制。机械手的上升下降由变频器控制 M2 来实现，并进行如下调速设置：假如在上述 2s 时间内按动了 2 次 SB1，此时机械手开始启动下降，2s 内加速到最大速度（对应频率为 30Hz），当下降到 SQ1 时开始下降减速，减速时间为 4s；机械手停止后开始夹紧物体（夹紧时间 1s），然后上升加速，2s 内加速到最大速度（对应频率 30Hz），当运行到 SQ2 处开始上升减速，减速时间 2s；机械手压合 SQ6 并停止后开始右行，经过 SQ3 时不停，到达 SQ4 时（2 号位限位）停止右行，开始下降；下降过程同上要求，到位后放松物体并立即返回，上升过程同上；上升到位后返回原点停止，第一次任务结束，并等待下一次任务。

(4) 停止。当前任务结束方可停止系统，并切断选位电路。

注意：在机械手下降时触动 SQ2 无效，在上升时触动 SQ1 无效；机械手的夹紧和放松由中间继电器控制电磁阀的通、断来实现。

2. 技术要求

(1) 电路设计。根据任务设计主电路图，列出 PLC 控制 I/O 口（输入/输出口）元件地址分配表；根据加工工艺，设计梯形图及绘制 PLC、变频器接线图，并设计出必要的电气安全保护措施。

(2) 安装与接线要紧固、美观，耗材要少。

3.6 物料传送分拣控制系统

学习目的

1. 掌握物料传送分拣控制系统的基本原理和实际应用。
2. 掌握物料传送分拣控制系统中变频器的参数设置及控制方法。
3. 掌握物料传送分拣控制系统中 PLC 和变频器结合使用的方法。

◎ [基础知识]

自动化生产控制的自动分拣和传送控制系统能对已加工的工件进行分拣和传输，可由传送带与机械手配合组成物料自动分拣控制系统。

自动分拣控制系统是工业自动控制及现代物流系统的重要组成部分，能实现物料同时进行多口多层连续的分拣。自动化、信息化以及方便地系统集成是目前物流行业控制系统发展的趋势。

自动分拣控制系统的电气控制部分由上位计算机、传感器、光电控制器、变频器、电动机及继电器控制部分等构成。

自动分拣系统的主要特点有：

（1）能连续、大批量地分拣物料。由于采用流水线自动作业方式，自动分拣系统不受气候、时间、人的体力等的限制，可以连续运行，同时由于自动分拣系统单位时间内分拣件数多，比用人工多几十倍甚者更多，大大提高了劳动效率，减小了劳动强度。

（2）分拣误差率极低。自动分拣系统的分拣误差靠光电传感器和接近开关来控制，减少了分拣的误差。

（3）能最大限度地减少人员的使用。分拣作业本身并不需要使用人员，人员的使用仅局限于在系统出现故障和手动调试时。

（4）运输皮带与变频器配合可选择最合适的输送速度。

下面是一简单的物料传送及分拣系统，它由传送系统和分拣系统组成。传送系统由机械手完成工件的抓取和转移；分拣系统由传送带输送工件并对不同要求的工件进行区别、分类和拣出。此系统结合传感器和位置控制等技术，并运用梯形图编程，实现对铝块及白色、蓝色两种塑料块共三种材料的自动分拣。该系统的通用性极强，可靠性好，程序开发简单，可满足材料分拣生产线的需求。其系统结构如图 3－43 所示。

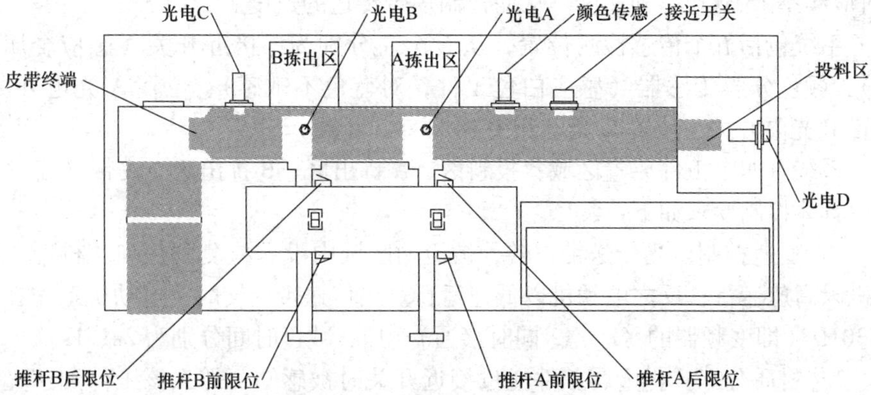

图 3－43　物料分拣系统结构图

◎ [实战演练]

3.6.1　训练内容

1. 根据图 3－43 所示的物料分拣控制系统进行物料分拣控制，控制要求如下：

(1) 机械手传送系统。系统由三台直流电动机拖动。通过三台电动机的正、反转切换来控制机械手的上下、左右及水平旋转运动，且均为恒压、恒速控制。机械手由电磁铁的通、断电完成对工件的吸取和释放动作。

具体要求如下：

1) 初始状态。机械手电磁铁处于放置工件位置（料盘）上方，机械手位于上限、左限（伸出）位置。整个系统启动时机械手应优先检测初始状态，并保证处于初始位置。

2) 抓取转移工件。当有符合要求的工件到达传送带左端时，机械手开始工作。从初始位置逆时针旋转到被抓工件上方，下降至下限位，吸取工件，停留 1s，上升至上限位，顺时针旋转至机械手料盘正上方，下降至下限位，释放工件，停留 1s，返回初始位置。为避免意外发生，从机械手吸合工件到释放至料盘期间，传送系统不响应停止信号。

3) 工件返回重拣。当需要把被机械手转移的工件取回重新分拣时，机械手首先在废品料盘中吸取工件，然后按照同上述相反的过程把工件放回到皮带终端（传送带左端），然后机械手返回到初始位置。

(2) 工件分拣系统。系统由变频器控制的三相异步电动机拖动，可实现正、反转变换，有高速（对应频率 50Hz）、中速（对应频率 30Hz）和低速

（对应频率 15Hz）三种速度，从而控制皮带传送的速度。

系统包括五个传感检测位置，从右至左分别为：接近开关（感应金属工件）、颜色分辨传感器（感应白色工件，对蓝色不敏感）、位置 A 光电开关、位置 B 光电开关、位置 C 光电开关。

系统有四个工件放置区域：投料区、A 拣出区、B 拣出区、皮带终端。

具体控制要求如下：

1）变速控制。当传送带正转，被检测区域中没有检测到任何工件时，电动机以高速运行；反之电动机以低速运行。当传送带反转时，电动机工作在中速 30Hz（即变频器的 X1、X2 同时接通）。加、减速时间分别为 2s、1s。

2）材质分拣。当金属工件通过接近开关时被感知，那么该工件到达光电开关 A 处时，推杆 A 把金属工件推入 A 拣出区。同时该区计数器加 1。

3）颜色分拣。当白色工件通过颜色传感器时被感知，那么该工件到达光电开关 B 处时，推杆 B 把白色工件推入 B 拣出区。同时该区计数器加 1。

4）废品分拣。当废品（蓝色工件）到来时，接近开关和颜色传感器均无感应，那么该工件作为废品运送到位置 C 处的光电开关时，延时 1s 后传送带停止，等待机械手来把工件抓走，等待重新加工。

5）工件放置。投放工件时应在投料区内，并且要等前一个工件越过标志线后才能放第二个工件。工件随机、连续摆放，没有个数限制。

6）工件包装。当 A 拣出区或 B 拣出区内达到 4 只工件时，即相应的拣出区计数器累计数值等于 4 时，传送带停止（暂停），等待包装，假设等待 5s 后包装完毕，传送带继续按照暂停前的状态运行（同时该计数器清零）。

7）工件转移。被分拣工件中混杂着的废品（蓝色工件）到达皮带终端时需要停止传送（此状态也为暂停状态），当机械手把其转移到废品料盘，且返回初始位置后，暂停状态结束，传送带继续按照暂停前的状态运行。

8）返回重拣。当需要把废品区的工件返回到传送带上重新进行分拣时，先按下重拣按钮，此时蜂鸣器长鸣，提示不得在投料区投放工件；等传送带把已经在皮带上的物料分拣完毕后，机械手执行工件返回重拣动作。当工件被机械手放回到皮带终端后 1s 时，传送带以反向中速运行，把该工件送回到投料区（光电开关 D 感应到）后停止，然后立即转换为正向高速运行，进入正常分拣程序。

9）启停控制。按下启动按钮时，系统启动，但需等待机械手检测并回到初始状态后，传送带才开始高速运行等待检测工件。按下停止按钮时，如果机械手吸合工件并正在转移的过程中，则不响应该停止信号，必须等废品工件安全释放到料盘后（或从料盘转移到皮带终端后）才可停止整个传送系统。

2. 物料分拣控制系统的设计。

结合系统进行 PLC 的输入、输出点分配，系统控制接线的设计和变频器参数的设定。

（1）I/O 分配表，如表 3－12 所示。

表 3－12　物料分拣系统 PLC 控制 I/O 分配表

输入			输出		
名称	代号	输入点编号	输出点编号	代号	名称
机械手上限位	SQ1	X0	Y0	STF	变频器正转
机械手下限位	SQ2	X1	Y1	STR	变频器反转
机械手前限位	SQ3	X2	Y2	RL	低速运行
机械手后限位	SQ4	X3	Y3	RH	高速运行
机械手左限位	SQ5	X4	Y4	KA1	推杆 A 伸出
机械手右限位	SQ6	X5	Y5	KA2	推杆 A 缩回
重拣按钮	SB3	X6	Y6	KA3	推杆 B 伸出
启动按钮	SB1	X10	Y7	KA4	推杆 B 缩回
停止按钮	SB2	X11	Y10	KA5	机械手上升
颜色检测开关	SQ10	X12	Y11	KA6	机械手下降
金属检测开关	SQ11	X13	Y12	KA7	机械手伸出
光电开关 A	SQ12	X14	Y13	KA8	机械手缩回
光电开关 B	SQ13	X15	Y14	KA9	机械手右转
光电开关 C	SQ14	X16	Y15	KA10	机械手左转
光电开关 D	SQ15	X17	Y16	KA11	机械手吸合
推杆 A 前限位	SQ20	X20	Y17	KA12	蜂鸣器
推杆 A 后限位	SQ21	X21	Y20		数码显示 A1
推杆 B 前限位	SQ22	X22	Y21		数码显示 B1
推杆 B 前限位	SQ23	X23	Y22		数码显示 C1
			Y23		数码显示 D1
			Y24		数码显示 A2
			Y25		数码显示 B2
			Y26		数码显示 C2
			Y27		数码显示 D2

（2）物料分拣控制系统接线，如图 3－44 所示。

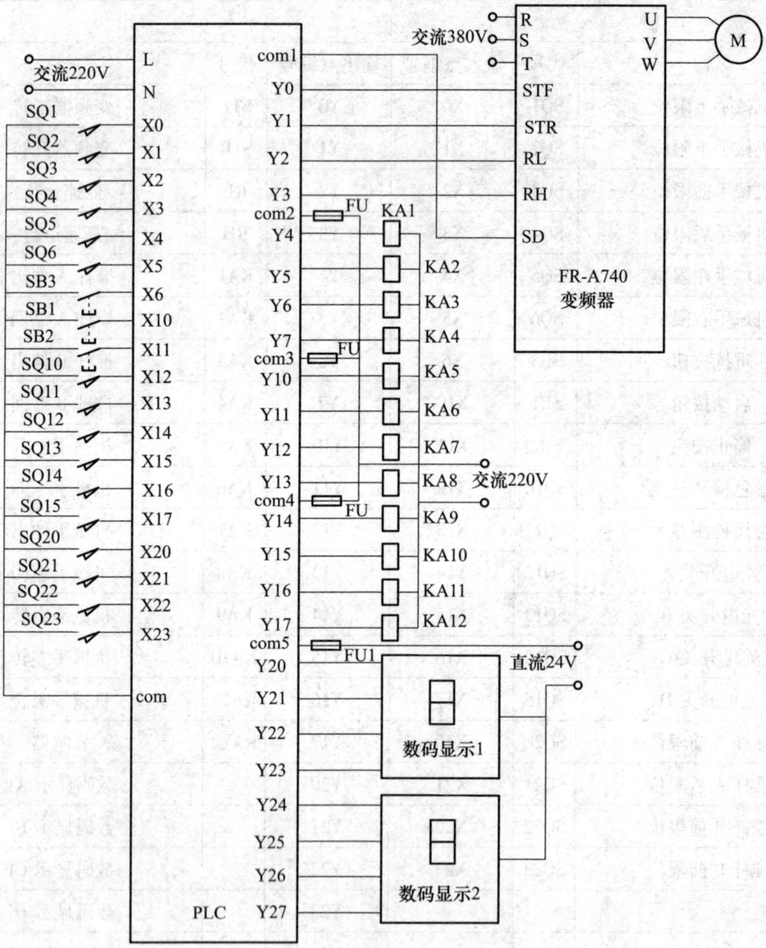

图 3-44 物料分拣系统控制接线图

（3）物料分拣系统控制 PLC 参考梯形图如图 3-45 所示。

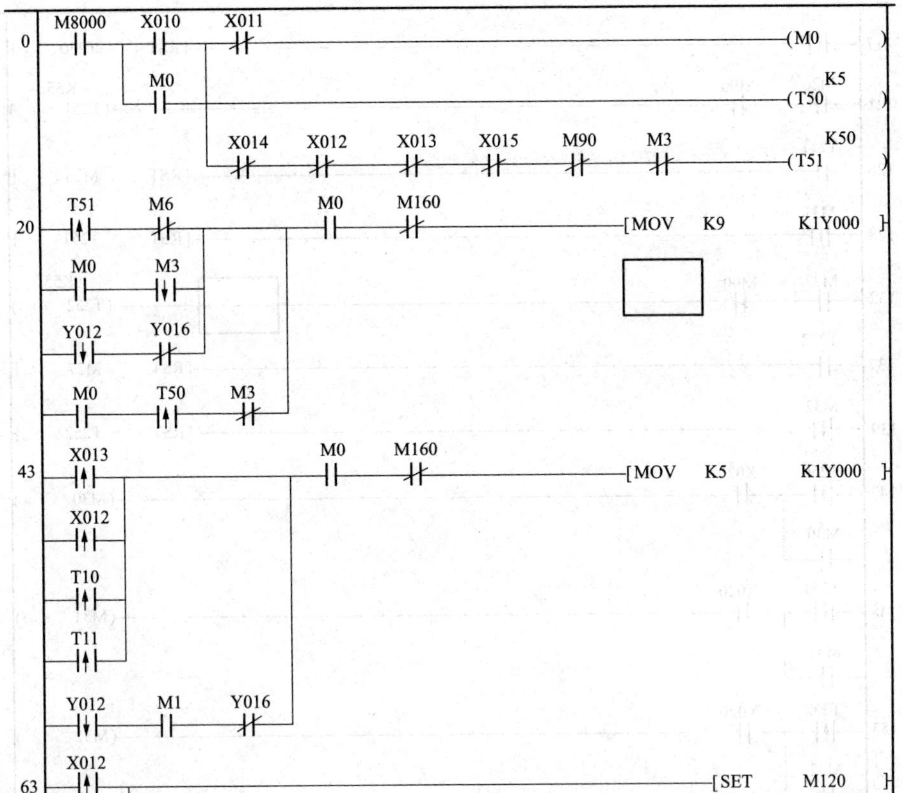

图 3－45　物料分拣系统控制参考梯形图（一）

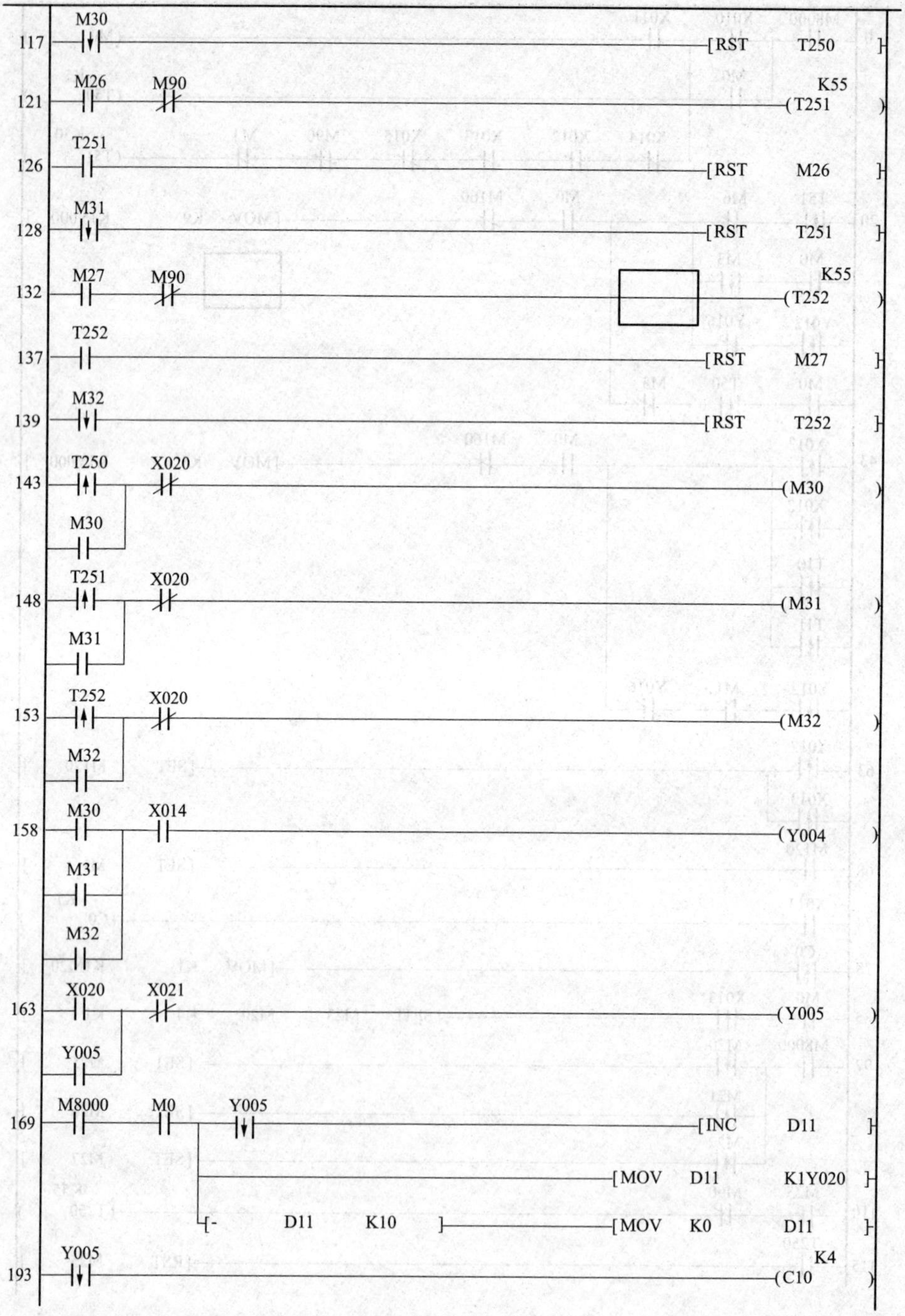

图 3－45　物料分拣系统控制参考梯形图（二）

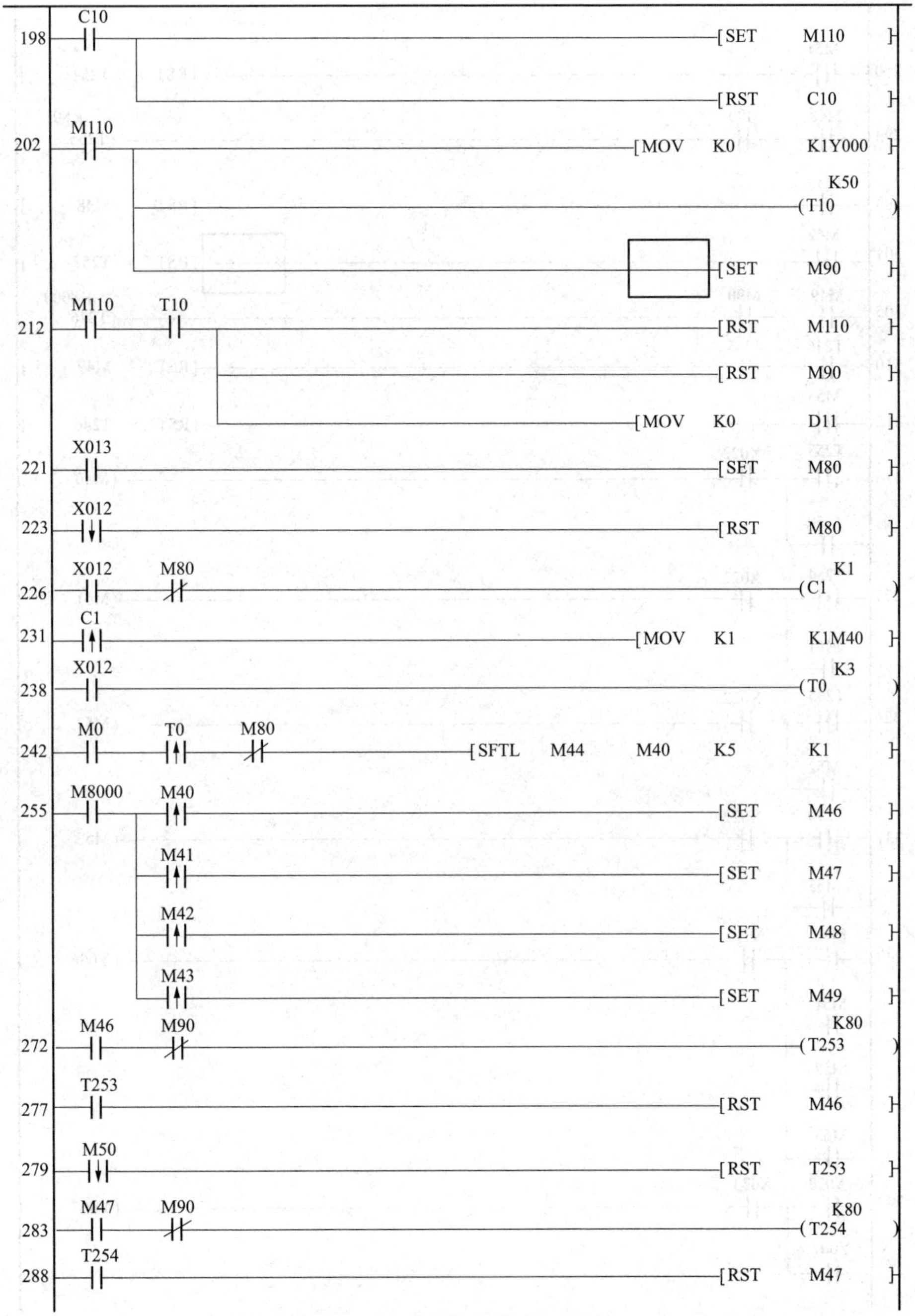

图 3－45　物料分拣系统控制参考梯形图（三）

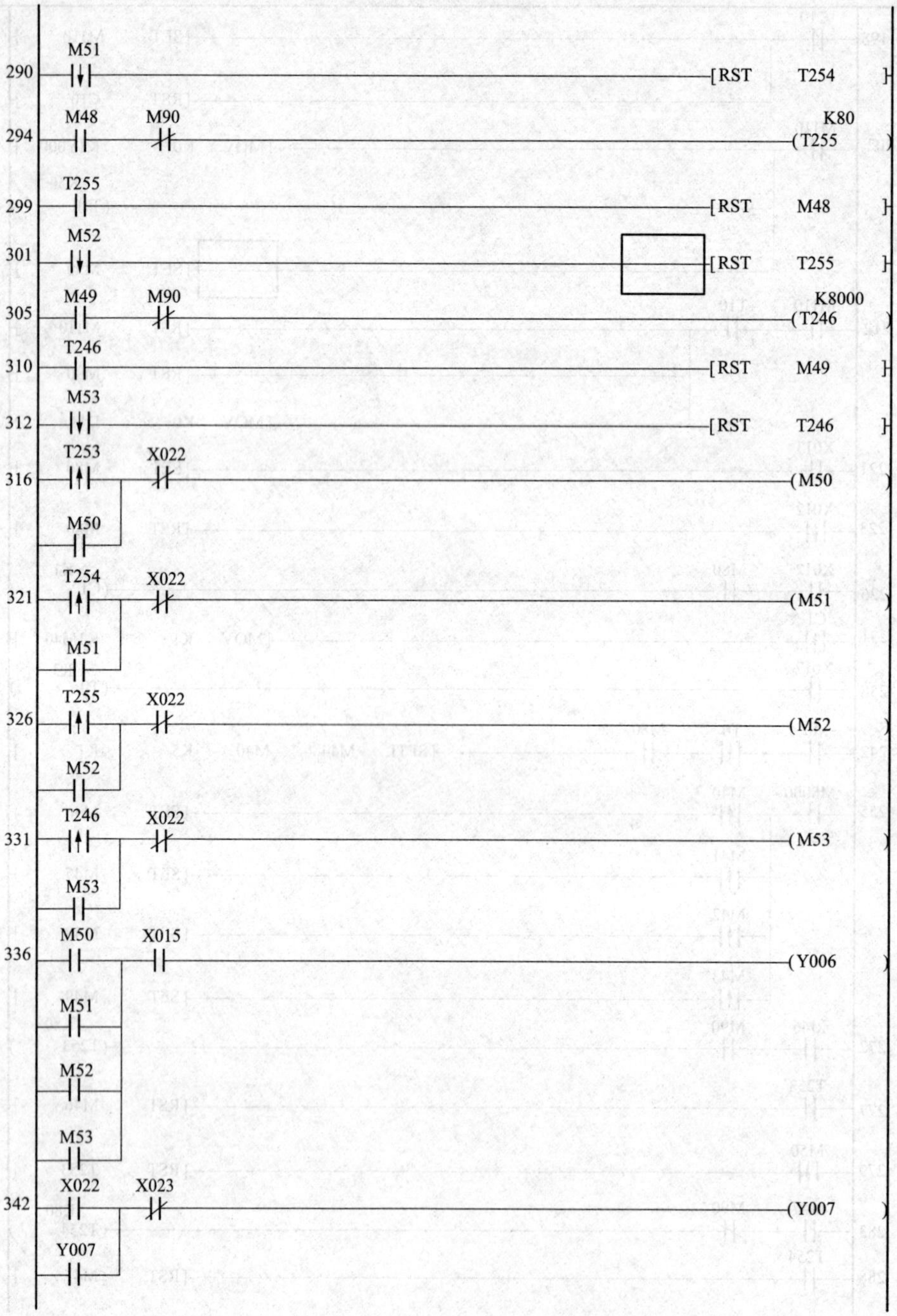

图 3-45 物料分拣系统控制参考梯形图（四）

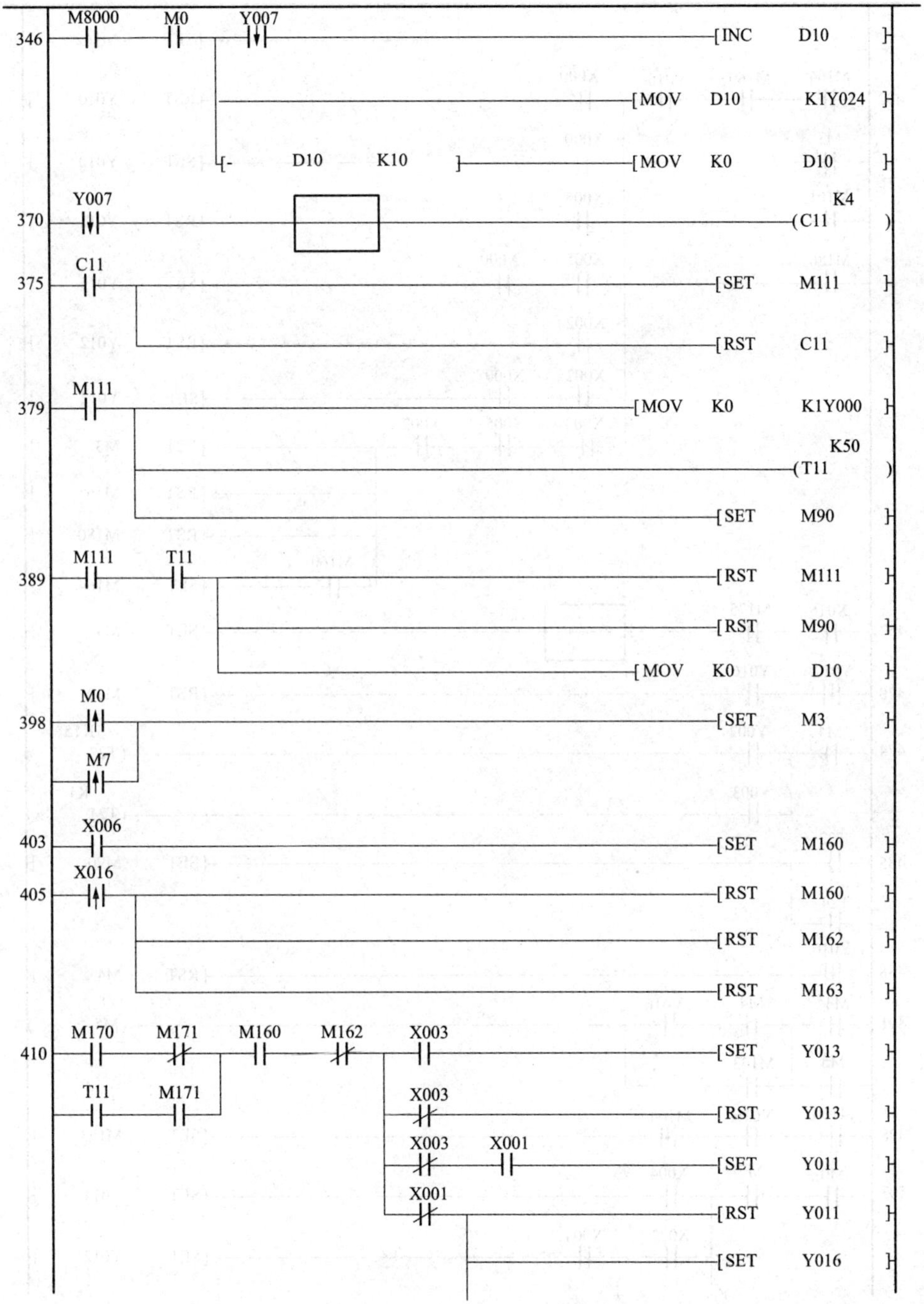

图 3－45　物料分拣系统控制参考梯形图（五）

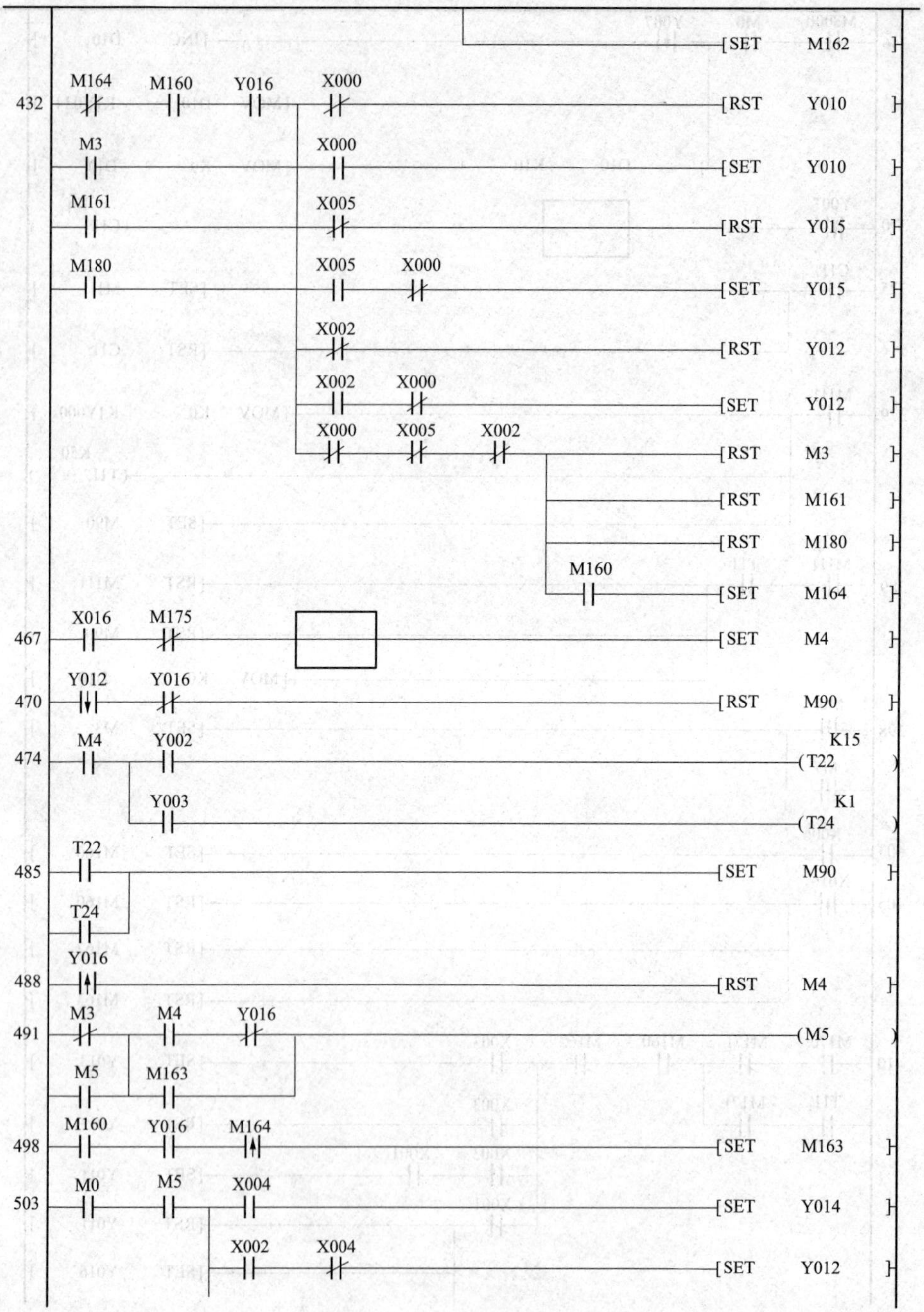

图3-45　物料分拣系统控制参考梯形图（六）

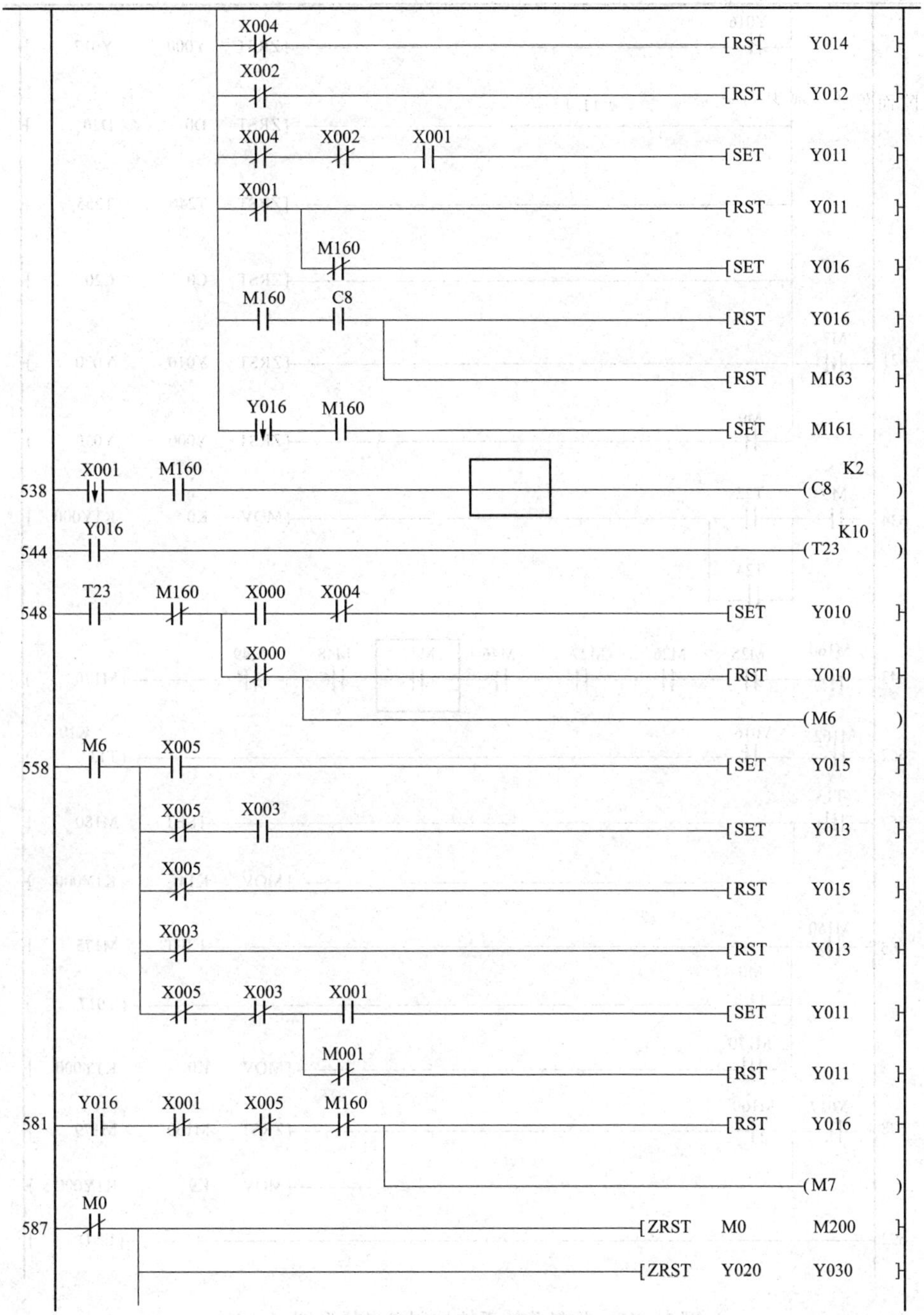

图 3－45　物料分拣系统控制参考梯形图（七）

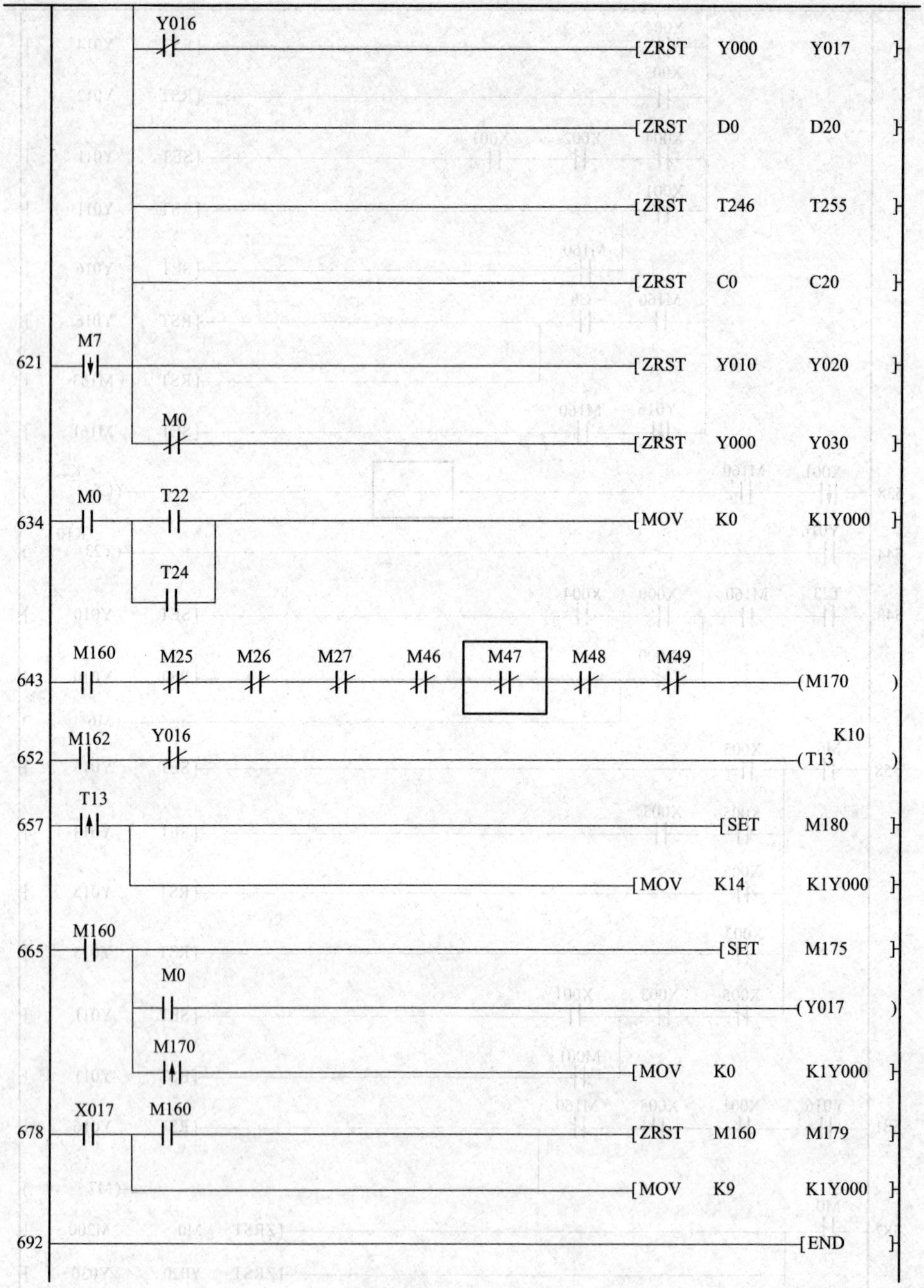

图 3－45 物料分拣系统控制参考梯形图（八）

（4）按物料传送要求进行变频器参数设定，如表3－13，表3－14所示。

表3－13　　物料传送运行参数表

参数代码	功能	设定数据
Pr. 0	转矩提升	3%
Pr. 1	上限频率	50Hz
Pr. 2	下限频率	0Hz
Pr. 3	基准频率	50Hz
Pr. 4	多段速（高速）	50Hz
Pr. 6	多段速（低速）	15Hz
Pr. 7	加速时间	3s
Pr. 8	减速时间	2s
Pr. 9	电子过流保护	14. 3A
Pr. 14	适用负荷选择	0
Pr. 20	加减速基准频率	50Hz
Pr. 21	加减速时间单位	0
Pr. 25	多段速（中速）	30Hz
Pr. 77	参数写入选择	0
Pr. 78	逆转防止选择	0
Pr. 79	运行模式选择	3
Pr. 80	电动机（容量）	5. 5kW
Pr. 81	电动机（极数）	4极
Pr. 82	电动机励磁电流	13A
Pr. 83	电动机额定电压	380V
Pr. 84	电动机额定频率	50Hz
Pr. 178	STF端子功能的选择	60
Pr. 179	STR端子功能的选择	61
Pr. 180	RL端子功能的选择	0
Pr. 182	RH端子功能的选择	2

表3－14　　运行状态与接线端子对照表

速度	高速	中速	低速
控制端子	RH	RH，RL	RL
参数号	Pr. 4	Pr. 25	Pr. 6
设定值Hz	50	30	15

3.6.2 设备、工具和材料准备

（1）工具。电工工具1套，电动工具及辅助测量用具各1套。

（2）仪表。MF－500B型万用表、DT9202型数字万用表、5050型绝缘电阻表、频率计、测速表各1只。

（3）器材。三菱FR－A740－5.5k－CHT变频器、5.5kW电动机1台、三菱PLC和编程软件各1套、按钮3个、位置开关16个、数码显示器2个，中间继电器及导线若干。

3.6.3 操作步骤

1. 系统的安装接线及运行调试

（1）首先将主回路、控制回路按图3－44进行连线，并与实际操作中情况相结合。

（2）经检查无误后方可通电。

（3）通电后不要急于运行，应先检查各电气设备的连接是否正常，然后进行单一设备的逐个调试。

（4）按照系统要求进行变频器参数的设置。

（5）按照系统要求进行PLC程序的编写并传入PLC内，进行模拟运行调试，观察输入、输出点是否和要求一致。

（6）对整个系统统一调试，包括安全和运行情况的稳定性。

（7）当按下启动按钮SB1时，系统启动，但需等待机械手检测并回到初始状态后，传送带才开始高速运行等待检测工件，当检测到工件时传送带低速运行。当按下重拣按钮SB3时，进行物料重拣，系统将按照所设定好的程序运行。

（8）按下停止按钮SB2时，物料分拣系统停止，如果机械手吸合工件并正在转移的过程中，则不响应该停止信号，必须等废品工件安全释放到料盘后（或从料盘转移到皮带终端后）才可停止整个传送系统。

2. 注意事项

（1）线路必须检查清楚才能上电。

（2）在系统运行调整中要有准确的实际记录，观察运行是否平稳。

（3）对运行中出现的故障现象进行准确地描述分析。

（4）在运行过程中如遇到问题，则应能分析是程序故障还是外部硬件故障，必须做到对较复杂系统控制的清晰理解。

（5）由于系统控制较复杂，必须认真检查，严禁误操作，注意设备及人身安全。

（6）在运行过程中要认真观察，并写出操作鉴定和个人总结。

◎［自我训练］

用 PLC 和变频器进行物料传送及分拣系统设计、安装与调试。

物料传送及分拣系统由传送系统和分拣系统组成。传送系统由机械手完成工件的抓取和转移；分拣系统由传送带输送工件并对不同要求的工件进行区别、分类和拣出。

系统控制要求如下：

（1）机械手传送系统。系统由三台直流电动机拖动。通过三台电动机的正、反转切换来控制机械手的上下、左右及水平旋转运动，且均为恒压、恒速控制。机械手通过电磁铁的通、断电完成对工件的吸取和释放动作。

具体动作要求如下：

1）初始状态。机械手电磁铁处于放置工件位置（料盘）上方，机械手位于上限、左限（伸出）位置。整个系统启动时机械手应优先检测初始状态，并保证处于初始位置。

2）抓取转移工件。当有符合要求的工件到达传送带左端时，机械手开始工作。从初始位置逆时针旋转到被抓工件上方，下降至下限位，吸取工件，停留 1s，上升至上限位，顺时针旋转至机械手料盘正上方，下降至下限位，释放工件，停留 1s，返回初始位置。为避免意外发生，从机械手吸合工件到释放至料盘期间，传送系统不响应停止信号。

（2）工件分拣系统。系统由变频器控制的三相异步电动机拖动，有高速（对应频率 50Hz）和低速（对应频率 20Hz）两种速度，从而控制皮带传送速度的快慢。

系统包括六个传感检测位置，从右至左分别为：光电开关 D、接近开关（感应金属工件）、颜色分辨传感器（感应白色工件，对蓝色不敏感）、位置 A 光电开关、位置 B 光电开关、位置 C 光电开关。

系统有四个工件放置区域：投料区、A 拣出区、B 拣出区、皮带终端。

模拟工件至少每工位 12 件：蓝色 2 件、白色 5 件、金属 5 件。

具体控制要求如下：

1）变速控制。当传送带的被检测区域中没有检测到任何工件时，电动机以高速运行。反之电动机以低速运行。加、减速时间分别为 2s、1s。

2）材质分拣。当金属工件通过接近开关时被感知，那么该工件到达光电开关 A 处时，推杆 A 把金属工件推入 A 拣出区。同时该区计数器加 1。

3）颜色分拣。当白色工件通过颜色传感器时被感知，那么该工件到达光电开关 B 处时，推杆 B 把白色工件推入 B 拣出区。同时该区计数器加 1。

4）废品分拣。当废品（蓝色工件）到来时，接近开关和颜色传感器均无感应，那么该工件作为废品运送到位置 C 处的光电开关时，延时 1s 后传送带停止，等待机械手来把工件抓走，等待重新加工。

5）工件放置。投放工件应在投料区内，并且要等前一个工件越过标志线后才能放第二个工件（两工件之间的距离约为 85mm）。工件随机、连续摆放，没有个数限制。

6）工件包装。当 A 拣出区或 B 拣出区内达到 4 只工件时，即相应的拣出区计数器累计数值等于 4 时，传送带停止（暂停），等待包装，假设 5s 后包装完毕，传送带继续按照暂停前的状态运行（同时该计数器清零）。

7）工件转移。当传送工件中混杂着的废品（蓝色）到达皮带终端时需要停止传送，此状态也为暂停状态，当机械手把其转移到废品料盘，且返回初始位置后，暂停状态结束，传送带继续以暂停前的状态运行。

8）报警输出。系统一旦检测到白色工件和金属工件摆放过于密集（间距小于 55mm）时，分拣系统立即停止并发出声音报警，蜂鸣器产生 1s 为周期的“嘀、嘀、嘀……”的报警声。此时需手动清除传送带上所有工件，并按下停止按钮，复位报警输出。

9）启停控制。按下启动按钮时，系统启动，但需等待机械手检测并回到初始状态后，传送带才开始高速运行并等待检测工件。按下停止按钮时，如果机械手吸合工件并正在转移的过程中，则不响应该停止信号，必须等废品工件安全释放到料盘时才可停止传送系统。除此之外，停止或复位。控制系统的任何一个环节（再次启动前需手动清除传送带上的所有工件）。

附录Ⅰ　三菱 FR－A740 变频器参数表

变频器参数出厂设定值均被设置为完成简单的变速运行，如要进行实际的项目操作，则应重新设定某些相关参数，可通过面板按键来实现参数的设定、修改和确定。设定参数之前，必须先选择参数号。设定参数分两种情况：一种是在停机 STOP 方式下重新设定参数，这时可以设定所有的参数；另一种是运行时也可设定，这时只能设定一部分功能参数。FR－A740 变频器参数表参见附表Ⅰ。

附表Ⅰ　FR－A740 变频器参数表

功能	参数号	名　称	最小单位	初始值	范围	备注内容
基本功能	0	转矩提升	0.1%	6/4/3/2/1/%	0～30%	初始值根据变频器容量的不同而定（0.4kW，0.75kW/1.5～3.7kW/5.5kW，7.5kW/11～55kW/75kW 以上）
	1	上限频率	0.01Hz	120/60Hz	0～120Hz	根据变频器容量的不同而定（55kW 以下/75kW 以上）
	2	下限频率	0.01Hz	0Hz	0～－120Hz	设定输出频率的下限
	3	基准频率	0.01Hz	50Hz	0～400Hz	设定电动机的额定频率（50/60Hz）
	4	多段速设定（高速）	0.01Hz	50Hz	0～400Hz	设定 RH－ON 时的频率
	5	多段速设定（中速）	0.01Hz	30Hz	0～400Hz	设定 RM－ON 时的频率
	6	多段速设定（低速）	0.01Hz	10Hz	0～400Hz	设定 RL－ON 时的频率
	7	加速时间	0.1/0.01s	5s/15s	0～3600s/360s	初始值根据变频器容量的不同而定（7.5kW 以下/11kW 以上）
	8	减速时间	0.1/0.01s	5s/15s	0～3600s/360s	初始值根据变频器容量的不同而定（7.5kW 以下/11kW 以上）
	9	电子过流保护	0.01/0.1A	额定输出电流	0～500A/0～3600A	根据变频器容量的不同而定（55kW 以下/75kW 以上）

续表

功能	参数号	名 称	最小单位	初始值	范围	备注内容
直流制动	10	直流制动动作频率	0.01Hz	3/0.5Hz	0~120Hz	从矢量控制以外的控制方式变为矢量控制时，初始值从3Hz变为0.5Hz
					9999	输出频率低于Pr.13启动频率时动作
	11	直流制动动作时间	0.1s	0.5s	0	无直流制动
					0.1~10s	设定直流制动的动作时间
					8888	在X13信号为ON期间动作
	12	直流制动动作电压	0.1%	4/2/1%	0.1%~30%	根据变频器容量的不同而定（7.5kW以下/11~55kW/75kW以上）
标准运行功能	13	启动频率	0.01Hz	0.5Hz	0~60Hz	可以设定启动时的频率
	14	适用负载选择	1	0	0	用于恒定转矩负荷
					1	用于低转矩负荷
					2	恒转矩升降用 反转时提升0%
					3	恒转矩升降用 正转时提升0%
					4	RT信号ON.恒转矩负荷用（同0） RT信号OFF.恒转矩升降用（同2） 反转时提升0%
					5	RT信号ON.恒转矩负荷用（同0） RT信号OFF.恒转矩升降用（同3） 正转时提升0%
	15	点动频率	0.01Hz	5Hz	0~400Hz	设定点动时的频率
	16	点动加减速时间	0.1/0.01s	0.5s	0~3600/360s	加减速时间设定为加速到Pr.20中设定的加减速基准频率的时间
	17	MRS输入的选择	1	0	0	动断输入
					2	动合输入
					4	外部端子：常闭输入，通信：常开输入
	18	高速上限频率	0.01Hz	120/60Hz	120~400Hz	在120Hz以上运转时用，根据变频器容量而定（55kW以下/75kW以上）

续表

功能	参数号	名　称	最小单位	初始值	范围	备注内容
标准运行功能	19	基准频率电压	0.1V	9999	0～1000V	设定基准电压
					8888	电源电压的95%
					9999	与电源电压一样
	20	加减速基准频率	0.01Hz	50Hz	1～400Hz	设定加减速时间的基准频率
	21	加减速时间单位	1	0	0	单位：0.1s，范围：0～3600s
					1	单位：0.01s，范围：0～360s
	22	失速防止动作水平	0.1%	150%	0	失速防止动作无效
					0.1%～400%	可设定失速防止动作开始的电流值
	23	倍速时失速防止动作水平补偿系数	0.1%	9999	0～200%	可降低额定频率以上的高速运行时的失速动作水平
					9999	一律Pr.22
多段速设定	24	多段速设定4	0.01Hz	9999	0～400Hz 9999	用RH，RM，RL，REX的组合来设定4～15速的频率，设定为9999：不选择
	25	多段速设定5	0.01Hz	9999		
	26	多段速设定6	0.01Hz	9999		
	27	多段速设定7	0.01Hz	9999		
	28	多段速补偿选择	1	0	0	无补偿
					1	有补偿
避免机械共振	31	频率跳变1A	0.01Hz	9999	0～400Hz 9999	1A－1B，2A－2B，3A－3B为跳变的频率，9999为功能无效
	32	频率跳变1B	0.01Hz	9999		
	33	频率跳变2A	0.01Hz	9999		
	34	频率跳变2B	0.01Hz	9999		
	35	频率跳变3A	0.01Hz	9999		
	36	频率跳变3B	0.01Hz	9999		
标准运行功能	42	频率检测	0.01Hz	6Hz	0～400Hz	设定FU（FB）置为ON时的频率
	44	第二加减速时间	0.1/0.01s	5s	0～3600/360s	设定RT信号为ON时的加减速时间
	45	第二减速时间	0.1/0.01s	9999	0～3600/360s，9999	设定RT信号为ON时的减速时间 设定9999时，加速时间＝减速时间

续表

功能	参数号	名　称	最小单位	初始值	范围	备注内容
标准运行功能	50	第二频率检测	0.01Hz	30Hz	0 ~ 400Hz	设定 FU2（FB2）置为 ON 时的频率
	71	适用电动机	1	0	0 ~ 8	根据电动机适配的特性进行选择
	73	模拟量输入选择	1	1	0 ~ 7，10 ~ 17	对端子 2（0 ~ 5V/0 ~ −10V/4 ~ 20mA）和端子 1（0 ~ +5V，0 ~ +10V）的选择
	76	报警代码输出选择	1	0	0	报警代码不输出
					1	报警代码输出
					2	仅在异常时输出报警代码
	77	参数写入选择	1	0	0	仅在停止时可以写入
					1	不可写入参数
					2	可不受运行限制地写入参数
	78	反转防止选择	1	0	0	正转和反转均可
					1	不可反转
					2	不可正转
	79	运行模式选择	1	0	0	外部/PU 切换模式
					1	PU 运行模式固定
					2	外部运行模式固定
					3	外部/PU 组合运行模式 1
					4	外部/PU 组合运行模式 2
					6	电源溢出模式
					7	外部运行模式（PU 运行互锁）
电动机额定参数选择	80	电动机容量	0.01/0.1kW	9999	0.4 ~ 55kW/0 − 3600kW	根据变频器容量的不同而定（55kW 以下/75kW 以上）
					9999	成为 V/F 控制
	81	电动机极数	1	9999	2，4，6，8，10，112	设定值为 112 时，是 12 极
					12，14，16，18，20，122	X18 信号 ON：V/F 控制。10 + 设定电动机极数，122 为 12 极
					9999	成为 V/F 控制

续表

功能	参数号	名称	最小单位	初始值	范围	备注内容
电动机额定参数选择	82	电动机励磁电流	0.01/0.1A	9999	0-500A/0-3600A	根据变频器容量的不同而定(55kW以下/75kW以上)
					9999	使用三菱电动机 SF-JR，SF-HRCA 常数
	83	电动机额定电压	0.1V	400V	0~1000V	设定电动机额定电压
	84	电动机额定频率	0.01Hz	50Hz	10~120Hz	设定电动机额定频率
第三加减速选择	110	第三加减速时间	0.1/0.01s	9999	0~3600s/360s	设定 X9 信号为 ON 时的加减速时间
					9999	功能无效
	111	第三减速时间	0.1/0.01s	9999	0~3600s/360s	设定 X9 信号为 ON 时的加减速时间
					9999	加速时间=减速时间
模拟端子频率设定	125	端子2频率设定增益频率	0.01Hz	50Hz	0~400Hz	设定端子2输入增益（最大）频率
	126	端子4频率设定增益频率	0.01Hz	50Hz	0~400Hz	设定端子4输入增益（最大）频率，[Pr.858=0（初始值）时有效]
PID控制	127	PID 控制自动切换频率	0.01Hz	9999	0~400Hz	设定自动 PID 控制切换的频率
					9999	无 PID 自动切换功能
	128	PID 动作选择	1	10	10	PID 负作用：偏差值信号输入（端子1）
					11	PID 正作用：偏差值信号输入（端子1）
					20	PID 负作用：测定值输入（端子4），目标值输入（端子2）
					21	PID 正作用：测定值输入（端子4），目标值输入（端子2）
					50	PID 负作用：偏差信号输入（LONWORKS 通信，CC-LINK 通信）
					51	PID 正作用：偏差信号输入（LONWORKS 通信，CC-LINK 通信）
					60	PID 负作用：测定值目标值信号输入（LONWORKS 通信，CC-LINK 通信）
					61	PID 正作用：测定值目标值信号输入（LONWORKS 通信，CC-LINK 通信）
	129	PID 比例带	0.1%	100%	0.1%~1000% 9999	比例带小时，测定值的微小变化可得到大的输出变化。随比例带的变小，响应会更好，但可会引起超调，降低稳定性。9999：为无比例控制

续表

功能	参数号	名称	最小单位	初始值	范围	备注内容
PID控制	130	PID 积分时间	0.1s	1s	0.1～3600s 9999	仅用积分动作完成比例动作相同操作量所需要的时间。随着积分时间变小，完成速度越快，但容易超调。9999：无积分控制
	131	PID 上限	0.1%	9999	0～100% 9999	设定上限，超过反馈量设定值，输出 FUP 信号，测定值（端子4）的最大输入（20MA，5V，10V）相当于100%　9999：无功能
	132	PID 下限	0.1%	9999	0～100% 9999	设定下限，测定值降到设定值，输出 FDN 信号，测定值（端子4）的最大输入（20mA，5V，10V）相当于100%　9999：无功能
	133	PID 动作目标值	0.01%	9999	0～100%	设定 PID 控制时的目标值
					9999	端子 2 输入电压成为目标值
	134	PID 微分时间	0.01s	9999	0.01～10.00s 9999	只用微分动作完成比例动作相同操作量所需的时间，随微分时间增大，对偏差的反应越大。9999：无微分
变频与工频的切换	135	工频电源切换输出端子选择	1	0	0	无工频切换
					1	有工频切换
	136	MC 切换互锁时间	0.1s	1s	0～100s	设定 MC2 与 MC3 的动作互锁时间
	137	启动等待时间	0.1s	0.5s	0～100s	在设定时间时，所设定的时间应比从 MC3 中输入 ON 信号到实际吸引之间的时间稍长一些约(0.3－0.5s)
	138	异常时工频切换选择	1	0	0	变频器异常时停止输出
					1	变频器异常时自动切换工频运行（过电流故障时不能切换）
	139	变频－工频自动切换频率	0.01Hz	9999	0～60Hz	变频运转切换到工频运转的频率
					9999	不能自动切换

续表

功能	参数号	名　称	最小单位	初始值	范围	备注内容	
	161	频率设定/键盘锁定操作选择	1	0	0	M 旋钮频率设定模式	键盘锁定模式无效
					1	M 旋钮音量设定模式	
					10	M 旋钮频率设定模式	键盘锁定模式有效
					11	M 旋钮音量设定模式	
输入端子功能	178	STF 端子功能选择	1	60	0～20，22～28，37，42～44，60，62，64～71，9999	0：低速运行 1：中速运行 2：高速运行 3：第二功能选择 4：端子 4 的输入选择 5：点动运行选择 6：顺停再启动选择，非强制驱动功能（高速起步） 7：外部热继电器输入 8：15 速选择 9：第三功能 10：变频器运行许可信号 11：FR-HC，MT-HC 连接（瞬时掉电检测） 12：PU 运行外部互锁 13：外部直流制动开始 14：PID 控制有效端子 15：制动器开放完成信号 16：PU 运行，外部运行互换 17：适用负荷选择正反转提升 18：V/F 切换 19：负荷转矩高速频率 20：S 字加减速 C 切换端子 22：定向指令 23：预备励磁 24：输出停止 25：启动自我保持选择 26：控制模式切换 27：转矩限制选择 28：启动时调整 37：三角波功能选择 42：转矩偏置选择 1 * 43：转矩偏置选择 2 *	
	179	STR 端子功能选择	1	61	0～20，22～28，37，42～44，61，62，64～71，9999		
	180	RL 端子功能选择	1	0	0～20，22～28，37,42～44，62，64～71，9999		
	181	RM 端子功能选择	1	1			
	182	RH 端子功能选择	1	2			
	183	RT 端子功能选择	1	3			
	184	AU 端子功能选择	1	4	0～20，22～28，37，42～44，60，62～71，9999		
	185	点动端子功能选择	1	5	0～20，22～28，37，42～44，62，64～71，9999		
	186	CS 端子功能选择	1	6			
	187	MRS 端子功能选择	1	24			
	188	STOP 端子功能选择	1	25			
	189	RES 端子功能选择	1	62			

续表

功能	参数号	名　称	最小单位	初始值	范围	备注内容
输入端子功能	189	RES 端子功能选择	1	62	0～20，22～28，37，42～44，62，64～71，9999	44：P/PI 控制切换 60：正转指令（只能分配给 STF 端子） 61：反转指令（只能分配给 STR 端子） 62：变频器复位 63：PTC 热敏电阻输入（只能分配给 AU 端子） 64：PID 正负作用切换 65：PU－NET 运行切换 66：外部－NET 运行切换 67：指令权切换 68：简易位置脉冲列符号 * 69：简易位置残留脉冲清除 * 70：直流供电解除 9999：无功能 * 仅在使用 FR－A7AP 时功能有效
输出端子功能分配	190	RUN 端子功能选择	1	0	0～8，10～20，25～28，30～36，39，41～47，64，70，84，85，90～99，100～108，110～116，120，125～128，130～136，139，141～147，164，170，184，185，190～199，9999	0，100：变频器运行 1，101：频率到达 2，102：瞬时掉电/低电压 3，103：过负荷报警 4，104：输出频率检测 5，105：第二输出频率检测 6，106：第三输出频率检测 7，107：再生制动预报警 8，108：电子过电流保护预报警 10，110：PU 运行模式 11，111：变频器运行准备就绪 12，112：输出电流检测 13，113：零电流检测 14，114：PID 下限 15，115：PID 上限 16，116：PID 正反动作输出 17：工频切换 MC1 18：工频切换 MC2
	191	SU 端子功能选择	1	1		
	192	IPF 端子功能选择	1	2		
	192	OL 端子功能选择	1	3		
	194	FU 端子功能选择	1	4		

续表

<table>
<tr><th>功能</th><th>参数号</th><th>名　称</th><th>最小单位</th><th>初始值</th><th>范围</th><th>备注内容</th></tr>
<tr><td rowspan="2">输出端子功能分配</td><td>195</td><td>ABC1 端子功能选择</td><td>1</td><td>99</td><td rowspan="2">0~8,
10~20,
25~28,
30~36,
39, 41~47,
64, 70,
84, 85,
90, 91,
94~99,
100~108,
110~116,
120, 125~128, 130~136, 139,
141~147,
164, 170,
184, 185,
190, 191,
194~199,
9999</td><td rowspan="2">19：工频切换 MC3
20，120：制动器开放要求
25，125：风扇故障输出
26，126：散热片过热预报警
27，127：定向结束 *
28，128：定向错误 *
30，130：正转中输出 *
31，131：反转中输出 *
32，132：再生状态输出 *
33，133：运行准备完成 2
34，134：低速输出 *
35，135：转矩检测
36，136：定位结束 *
39，139：启动时调谐完成信号
41，141：速度检测
42，142：第二速度检测
43，143：第三速度检测
44，144：变频器运行中 2
45，145：变频器运行中和启动指令 ON
46，146：停电减速中（保持到解除）
47，147：PID 控制中
64，164：再试中
70，170：PID 输入中断中
84，184：位置控制准备完成 *
85，185：直流供电中
90，190：寿命报警
91，191：异常输出 3（电源切断信号）
92，192：省电平均值更新时间
93，193：电流平均值监视器信号
94，194：异常输出 2
95，195：维修时钟信号
96，196：远程输出
97，197：轻故障输出 2
98，198：轻故障输出
99，199：异常输出
9999：无功能
0~99：正逻辑
100~199：负逻辑
*仅在使用 FR - A7AP 时功能有效</td></tr>
<tr><td>196</td><td>ABC2 端子功能选择</td><td>1</td><td>9999</td></tr>
</table>

续表

功能	参数号	名　称	最小单位	初始值	范围	备注内容
多段速设定	232	多段速设定8	0.01Hz	9999	0～400Hz，9999	用RH，RM，RL，REX的组合来设定4～15段速的频率，设定为9999：不选择
	233	多段速设定9	0.01Hz	9999		
	234	多段速设定10	0.01Hz	9999		
	235	多段速设定11	0.01Hz	9999		
	236	多段速设定12	0.01Hz	9999		
	237	多段速设定13	0.01Hz	9999		
	238	多段速设定14	0.01Hz	9999		
	239	多段速设定15	0.01Hz	9999		
模拟输入端子功能分配	858	端子4功能分配	1	0	0	频率/速度指令
					1	磁通指令
					4	失速防止/转矩限制
					9999	无功能
	868	端子1功能分配	1	0	0	频率设定辅助
					1	磁通指令
					2	再生转矩限制
					3	转矩指令
					4	失速防止/转矩限制/转矩指令
					5	正转、反转速度限制
					6	转矩偏置
					9999	无功能
模拟输入电压、电流频率调整校正参数	C0900	CA端子校正	—	—	—	校正接在端子CA上的仪表的标度
	C1901	AM端子校正	—	—	—	校正接在端子AM上的模拟仪表的标度
	C2902	端子2频率设定偏置频率	0.01Hz	0Hz	0～400Hz	设定端子2输入的频率偏置
	C3902	端子2频率设定偏置	0.1%	0%	0～300%	设定端子2输入的电压（电流）偏置的%换算值
	C4903	端子2频率设定增益	0.1%	100%	0～300%	设定端子2输入的电压（电流）增益的%换算值

续表

功能	参数号	名　称	最小单位	初始值	范围	备注内容
模拟输入电压、电流频率调整校正参数	C5904	端子4频率设定偏置频率	0.01Hz	0Hz	0~400Hz	设定端子4输入的频率偏置[Pr.858=0（初始值）时有效]
	C6904	端子4频率设定偏置	0.1%	20%	0~300%	设定端子4输入的电流（电压）偏置的%换算值。[Pr.858=0（初始值）时有效]
	C7905	端子4频率设定增益	0.1%	100%	0~300%	设定端子4输入的电流（电压）增益的%换算值。[Pr.858=0（初始值）时有效]

附录Ⅱ　三菱 FR－A740 变频器保护功能表

附表Ⅱ　三菱 FR－A740 变频器保护功能表（出错、报警定义）

操作面板显示	名　称	说　明
E－－－－	报警历史	可显示过去 8 次历史报警，用 M 旋钮可以调出
HOLD	操作面板锁定	设定了操作锁定模式，除了 STOP/RESET 之外的操作无效
Er1～4	参数写入错误	Er1：禁止写入错误；Er2：运行中写入错误；Er3：校正错误；Er4：模式指定错误
rE1～4	拷贝操作错误	rE1：参数读取错误。rE2：参数写入错误。rE3：参数对照错误。rE3：机种错误
Err	错误	RES 信号处于 ON 时；PU 与变频器不能进行正常通信时；将控制回路电源作为主回路电源时；均显示错误信息
OL	失速防止（过电流）	变频器在加速、恒速、减速运行中，输出电流超出了失速防止动作水平时，将停止频率上升，从而可以避免因过流而切断输出
oL	失速防止（过电压）	减速运行时，电动机的再生能量过大时，防止频率上升和过电压引起的电源切断
RB	再生制动预报警	再生制动器使用率达到 100% 时，会引起再生过压。再生制动器使用率在 Pr. 70 设定值的 85% 以下时显示
TH	电子过流保护预报警	电子热继电器积分达到 Pr. 9 电子过流保护积分设定值的 85% 时显示；达到 100% 时，电动机过负荷断路
PS	PU 停止	在 Pr. 75 的复位选择/操作面板脱出检测/操作面板停止状态下用 PU 的 STOP/RESET 键设定停止
MT	维护信号输出	提醒变频器的累计通电时间已经到达所设定
CP	参数复制	55kW 以下容量的变频器和 75kW 以上容量的变频器之间进行复制操作时显示
SL	速度限位显示	在实施转矩控制时，如果超出了速度限制水平便输出该显示

续表

操作面板显示	名　称	说　明	
FN	风扇故障	冷却风扇因故障而停止，或者转速下降时，进行了 Pr. 244 冷却风扇动作选择的设定时，面板显示 FN	
E. OC1	加速时	过电流断路	当变频器输出电流达到或超过大约额定电流的 220%。保护回路动作，停止变频器输出
E. OC2	定速时		
E. OC3	减速时 停止时		
E. OV1	加速时	再生过电压断路	如果来自运行电动机的再生能量使变频器内部直流主回路电压上升达到或超过规定值，保护回路动作，停止变频输出，也可能是由电源系统的浪涌电压引起的
E. OV2	定速时		
E. OV3	减速时 停止时		
E. THM	过负荷断路 （电子过电流保护）	电动机	变频器的电子过电流保护功能检测到由于过负荷或定速运行时冷却能力降低引起的电动机过热。当达到预设值的 85% 时，预报警（TH 指示）发生。当达到规定值时，保护回路动作，停止变频器输出。当多极电动机类的特殊电动机或两台以上电动机运行时，不能用电子过电流保护电动机，需在变频器输出回路安装热继电器
E. THT		变频器	如果电流超过额定输出电流的 150% 而未发生过电流断路（OC）（220% 以下），反时限特性使电子过电流保护动作，停止变频器的输出。（过负荷延时：150%，60s）
E. IPF	瞬时停电保护	停电（变频器输入电源断路也一样）超过 15ms 时，此功能动作，停止变频器输出，以防止控制回路误动作，同时，报警输出触点，断开（B－C）和闭合（A－C）（注：如果停电时间持续超过 100ms，报警不输出，如果电源恢复时，启动信号是闭合的，变频器将再启动。如果瞬时停电在 15ms 以内，控制回路仍然运行。）	
E. UVT	欠电压保护	如果变频器电源电压降低，控制回路将不能正常动作，导致电动机转矩降低或发热增加，因此，如果电源电压降至 300V 时，此功能停止变频器输出 当 P/＋，P1 间无短路片时，欠电压保护功能也动作	
E. FIN	散热片过热	如果散热片过热，温度传感器动作使变频器停止输出	

续表

操作面板显示	名　称	说　明
E. BE	制动晶体管报警	由于制动晶体管损坏使制动回路发生故障，此功能停止变频器输出。在此情况下，变频器电源必须立刻关断
E. GF	输出侧接地故障过电流保护	变频器启动时，变频器的输出侧（负荷）发生接地故障和对地有漏电流时，变频器的输出停止
E. OHT	外部热继电器动作	为防止电动机过热安装外部继电器或电动机内部安装的温度继电器断开（继电器接点“打开”），这类触点信号进入变频器使变频器输出停止，如果继电器接点自动复位，变频器只有在复位后才能重新启动。［注：仅当 Pr. 178 ~ Pr. 189（输入端子功能选择）中任一个设定为 7 “ON”时，外部热继电器动作才有效］
E. OLT	失速防止	当失速防止动作使得输出频率降低到 0. 5Hz 时，失速防止动作出现 E. OLT，并停止变频器的输出。在实时无传感器矢量控制，矢量控制方式下进行速度控制时，由于转矩限制动作使得频率降低到 Pr. 865 低速检测中的设定值，且输出转矩超出了 Pr. 874/OLT 水平设定中的设定值状态，经过 3s 后将显示报警 E. OLT，停止输出
E. OPT	选件报警	如果变频器内置专用选件由于设定错误或连接（接口）故障将停止变频器出。当选择了提高功率因数变流器时，如果将交流电源连接到 R、S、T 端，此报警也会显示
E. PE	参数存储器元件错误	如果存储参数设定时发生 EEPROM 故障，变频器将停止输出
E. PUE	PU 脱离	当在 Pr. 75 复位选择/PU 脱出检测/PU 停止选择中设定“2”，“3”，“16”或“17”。如果变频器和 PU 之间的通信发生中断，例如操作面板或参数单元脱出，此功能将停止变频器的输出。当 Pr. 121 的值设定为“9999”用 RS－485 通过 PU 接口通信时，如果连续发生通信错误次数超过允许再试次数，此功能将停止变频器的输出。如果通信停止时间达到 Pr. 122 设定的时间，此功能将停止变频器的输出
E. RET	再试次数超出	如果在再试设定次数内运行没有恢复，此功能将停止变频器的输出
E. LF	输出缺相保护	当变频器输出侧（负荷侧）三相（U、V、W）中有一相断开时，此功能停止变频器的输出
E. 6/ E. 7/ E. CPU	CPU 错误	如果内置 CPU 的通信异常发生时，变频器停止输出

续表

操作面板显示	名　　称	说　　明
E. P24	直流 24V 电源输出短路	当从 PC 端子输出的直流 24V 电源被短路，此功能切断电源输出，同时，所有外部触点输入关断。通过输入 RES 信号不能复位变频器，需要复位时，用操作面板复位或关断电源，再重新合闸
E. CTE	操作面板电源短路，RS－485 端子用电源短路	当操作面板电源（PU 接口的 P5S），此功能切断电源输出，同时，不能用操作面板（参数单元）和通过 PU 接口用 RS－485 通信进行复位。若需要复位，输入 RES 信号或关断电源、再重新合闸
E. PTC *	PTC 热敏电阻动作	连接在端子 AU 上检测从外部 PTC 热敏电阻输入 10s 以上的电动机过热状态的情况下显示
E. ILF *	输入缺相	在 Pr. 872 输入缺相保护设定为 1 时，且三相电源输入中缺一相时启动
E. ECT	断线检测	在定向控制，PLG 反馈控制，矢量控制方式下，切断 PLG 信号时，停止变频器的输出
E. CDO *	输出电流超过检测值	输出电流超过了 Pr. 150 输出电流检测水平中设定的值时启动
E. IOH *	浪涌电流抑制电路电阻过热	浪涌电流抑制电流的电阻过热时启动。侵入电流抑制回路的故障
E. OS	发生过速度	在 PLG 反馈控制，矢量控制方式下，表示当前电动机速度超过了过速度设定水平
E. OD *	位置偏差过大	表示在位置控制时位置指令和位置反馈的差超过了基准值
E. EP	编码器相位错误	离线自动调谐时，变频器的运转指令与从 PLG 检测的电动机实际转向不一致
E. SER *	通信异常（主机）	从 RS－485 的通信中在 Pr. 335，RS－485 通信重试次数不等于“9999”的情况下，超过了重试次数，引发了通信错误，此时变频器将停止输出。通信切断时间超过在 Pr. 336 设定的 RS－485（通信检测时间间隔）时变频器也将停止输出
E. AIE *	模拟量输入异常	端子 2/4 输入电流的设定，在输入 30mA 以上时，或有输入电压（7. 5V 以上）时显示

续表

操作面板显示	名　称	说　明
E. MB1 ~ MB7	制动器顺控程序顺序错误	如果在使用顺序制动功能（Pr. 278 ~ Pr. 285）时发生顺控程序错误，此功能将停止变频器的输出
E. USB *	USB 通信异常	在 Pr. 548 USB 通信检查时间间隔中所设定时间内通信中断时，将停止变频器的输出
E. 11	反转减速错误	在实时无传感器矢量控制时，从正转向反转（或从反转向正转）切换时，如果发生速度指令与速度方向不同状态时，低速下速度不减速且也无法切换到相反方向运转，从而引起过负荷时，将停止变频器的输出
E. 13	内部电路异常	内部电路异常时显示

* 表示使用 FR - PU04 - CH 时，参数如果发生了动作，将显示“Fault 14”。另外，对于 FR - PU04 - CH 在确认报警履历记录时的显示为“E. 14”。

参 考 文 献

[1] 宋峰青. 变频技术. 北京：中国劳动社会保障出版社，2004.

[2] 刘建华. 变频调速技术. 北京：中国劳动社会保障出版社，2006.

[3] 李华德. 交流调速控制系统. 北京：电子工业出版社，2003.

[4] 王建、徐洪亮、张宏. 变频器操作实训. 北京：机械工业出版社，2007.

[5] 唐修波. 变频技术及应用. 北京：中国劳动社会保障出版社，2006.

[6] 岳庆来. 变频器、可编程控制器及触摸屏综合应用技术. 北京：机械工业出版社，2007.

[7] 吴启红. 变频器、可编程控制器及触摸屏综合应用技术实操指导书. 北京：机械工业出版社，2007.